职业教育公共基础课新形态系列教材

职业素养

主　编　刘兰明　刘若汀
副主编　潘桂云　张　杨　蔡雯清

电子工业出版社
Publishing House of Electronics Industry
北京·BEIJING

内 容 简 介

本书是"十二五"职业教育国家规划教材《职业基本素养》的升级更新版，并配套职业素养教育线上线下教学及学习的一体化新形态教学资源。

职业素养是学生未来职业生涯的安身立命之本。《职业素养》是根据教育部《关于职业院校专业人才培养方案制订与实施工作的指导意见》而编写的教材。

本书根据现代社会对职场人才的外在诉求，围绕学生职业生涯可持续发展的内在需要编制而成。本书层次分明、条理清楚、体例新颖、特色鲜明、富于创新，做到了理论与实践的结合、学习与应用的统一。为方便教师教学和学生学习，本书编写团队提供了媒体素材丰富、教学设计巧妙、动画制作精良、融趣味性、可视性、时代性于一体的在线课程。希望学生立足现在、把握未来，使职业素养伴随并成就他们的一生。

本书能满足不同学校、不同专业及不同岗位的职业素养教育需要，可作为本科院校、职业院校的教学及学习用书，也可作为职场培训指导书。

未经许可，不得以任何方式复制或抄袭本书之部分或全部内容。
版权所有，侵权必究。

图书在版编目（CIP）数据

职业素养/刘兰明，刘若汀主编．—北京：电子工业出版社，2020.8
ISBN 978-7-121-39433-1

Ⅰ．①职… Ⅱ．①刘… ②刘… Ⅲ．①职业道德—高等学校—教材 Ⅳ．① B822.9

中国版本图书馆 CIP 数据核字（2020）第 156254 号

责任编辑：朱怀永
印　　刷：北京京师印务有限公司
装　　订：北京京师印务有限公司
出版发行：电子工业出版社
　　　　　北京市海淀区万寿路 173 信箱　邮编 100036
开　　本：787×1092　1/16　印张：14　字数：358 千字
版　　次：2020 年 8 月第 1 版
印　　次：2020 年 8 月第 1 次印刷
定　　价：44.80 元

凡所购买电子工业出版社图书有缺损问题，请向购买书店调换。若书店售缺，请与本社发行部联系，联系及邮购电话：（010）88254888，88258888。
质量投诉请发邮件至 zlts@phei.com.cn，盗版侵权举报请发邮件至 dbqq@phei.com.cn。
本书咨询联系方式：（010）88254609 或 zhy@phei.com.cn。

前　言

职业素养有广义、狭义之分。广义的职业素养是指内在的行为规范，是个体在职业生涯过程中的综合体现。广义的职业素养一般包含以下四方面内容：职业道德、职业思想（意识）、职业行为习惯、职业技能。狭义的职业素养没有明确的专业指向和特殊需求，编者将其称为职业基本素养。现实及本书中所说的职业素养，一般是指狭义的职业素养。职业基本素养仅包括职业道德、职业意识和职业行为习惯，不包含职业技能。

1. 职业基本素养的界定

职业基本素养源于职业素养。

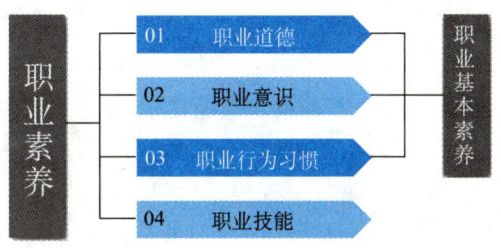

职业基本素养具有更广泛的普适性。如果把职业技能称为显性素养，那么职业基本素养就是隐性素养。显性素养和隐性素养的总和就构成了一个人所具备的全部职业素养。就如同冰山有八分之七存在于水底一样，正是这八分之七的隐性素养支撑了一个人的显性素养！一个人的隐性素养对一个人未来的职业发展至关重要。

2. 职业素养的缘起

在美国有人曾对800名男性青年进行了30多年的追踪调查，成就最大者和成就最小者之间在智力上没有显著差异，他们的最大差异在于意志品质、自信心和百折不挠的精神等方面。事实上，一个人的成功，智商约占20%，情商约占80%。我们所说的职业基本素养就包含了意志品质、自信心等情商的要素。也就是说，一个人的职业基本素养水平是决定他（她）是否成功和成就大小的最根本因素。

据我国在北京、天津、广东、黑龙江等地进行的面向中外大中小型企业的同类调查显示，企业对职业院校学生的职业技能要求通常排在第三位以后，排在前几位的都是对职业素养方面的要求。这充分说明，现代企业所需的人才，不仅应该是"实用型、应用型"的技术技能型人才，而且应该具有较好职业道德、职业基本素养、团队合作意识，了解和认同企业文化的高素质人才。亦即，他们的职业基本素养是导致他们是否成功和成就大小的最根本因素。

3. 职业素养的内容

从构成上看，职业基本素养具体体现在学习能力、沟通能力、组织协调能力、意志品质、进取心、求知欲、敬业精神、责任意识、团队意识等方面。这些正是高等职业教育要重点关注的，因为它恰恰体现高等职业教育的"职业性"的内涵，而这些往往被忽视。

职业素养涉及面广，覆盖内容多。其中，最重要、最核心的内容，可以概括为职业道德篇、职业态度篇和职业发展篇三篇，共十二个单元。

职业道德篇包含爱国、敬业、诚信、友善四个单元。爱国、敬业、诚信、友善也是24字社会主义核心价值观中的公民价值观。职业态度篇包含踏实、沟通、协作、主动、坚持五个单元。职业发展篇包含学习、自控、创新三个单元。爱国是职业人生之魂，敬业是职场第一美德，诚信是每个人做人的根本，友善是共享和睦之美。踏实是每个职业人应有的职业态度，沟通、协作、主动和坚持则涵盖了职业基本素养的职业个性、应对能力、沟通协调和团队意识等元素。学习是职业发展的前提，自控是职业发展的保证，创新则是职业发展的关键。作为新时代的学生，要获得职业长远的、可持续的发展，就必须学会学习、学会自控、学会创新。

4.《职业素养》素材

本书是在"十二五"职业教育国家规划教材《职业基本素养》基础上的升级更新版，是根据本科、职业院校多年使用反馈基础上修订完善而成。该书是国家精品课《职业基本素养》、国家精品开放课程《职业基本素养》的配套教材，也是北京市和国家级教学成果奖一等奖、二等奖《高职学生职业基本素养培养体系的创建与实践》《职业素养类线上线下"四化"一体课程资源开发与应用》的主要支撑材料。

本书配套对应的在线课程，登录华信SPOC在线学习平台（www.hxspoc.cn），搜索"职业素养"即可进行学习。

编者

2019年12月

目录 CONTENTS

第一单元　学会爱国——职业人生之魂 ... 1
　素养风向标 ... 2
　素养加油站 ... 4
　　一、认知爱国 ... 4
　　二、爱国作为价值观的基本要求 ... 4
　　三、爱国作为价值观的内涵 ... 6
　　四、爱国作为价值观的时代意义 ... 9
　素养成长路 ... 11
　　一、当代爱国主义的新特征 ... 11
　　二、大学生培养爱国主义价值观的主要途径 ... 12
　素养训练营 ... 15
　　拓展活动一：讨论沙龙 ... 15
　　拓展活动二：调研园地 ... 16
　　拓展活动三：活动舞台 ... 16
　素养光荣榜 ... 16
　单元测试题及答案 ... 16

第二单元　学会敬业——夯实人生之基 ... 17
　素养风向标 ... 18
　素养加油站 ... 19
　　一、认知敬业 ... 19
　　二、"差不多先生"的悲剧 ... 19
　　三、李嘉诚："打倒差不多先生！" ... 20

素养成长路 ··· 22
　　　一、做事情与做事业 ··· 22
　　　二、这样才敬业 ··· 24
　　素养训练营 ··· 30
　　　　拓展活动一：今天你敬业了吗 ··· 30
　　　　拓展活动二：寻找身边的敬业榜样 ·· 31
　　素养光荣榜 ··· 32
　　单元测试题及答案 ·· 32

第三单元　学会诚信——赢得信赖之源　　　　　　　　　　　　　33
　　素养风向标 ··· 34
　　素养加油站 ··· 35
　　　一、认知诚信 ·· 35
　　　二、诚信的价值 ··· 36
　　　三、企业品牌源于诚信 ·· 38
　　素养成长路 ··· 39
　　　一、诚信从身边做起 ·· 39
　　　二、诚信在职场中铸就 ·· 41
　　　三、诚信有"度" ·· 43
　　素养训练营 ··· 44
　　　　拓展活动一：诚信大征询 ··· 44
　　　　拓展活动二：诚信榜样的力量 ··· 45
　　素养光荣榜 ··· 46
　　单元测试题及答案 ·· 46

第四单元　学会友善——共享和睦之美　　　　　　　　　　　　　47
　　素养风向标 ··· 48
　　素养加油站 ··· 49
　　　一、认知友善 ·· 49
　　　二、友善的作用 ··· 49
　　　三、实现友善的方法——内心有爱，善待他人 ······························ 51
　　　四、实现友善的方法——关爱他人，一视同仁 ······························ 52
　　　五、实现友善的方法——真诚守信，助人为乐 ······························ 53
　　　六、实现友善的方法——平等宽厚，共享和谐 ······························ 54
　　　七、实现友善的方法——顺应自然，天人合一 ······························ 55

素养成长路 ·· 56
一、友善是微笑 ·· 56
二、友善是尊重 ·· 57
三、友善是谦让 ·· 57
四、友善是宽容 ·· 58
五、友善是关爱 ·· 58
六、友善是同情 ·· 58
素养训练营 ·· 59
拓展活动一：组织一次以"友善你我他"为主题的研讨活动 ·············· 59
拓展活动二：以"友善合作才能共赢"为主题的演讲活动 ················ 60
素养光荣榜 ·· 60
单元测试题及答案 ·· 60

第五单元 学会踏实——肩负重任之法 61
素养风向标 ·· 62
素养加油站 ·· 63
一、认知踏实 ·· 63
二、踏实的价值 ·· 63
素养成长路 ·· 66
一、踏实是成功的起点 ·· 66
二、做个踏实的职场人 ·· 70
素养训练营 ·· 74
拓展活动一：组织一次以"频繁跳槽是否有利于职业发展"为主题的辩论赛 ········ 74
拓展活动二：寻找自己身边踏实工作、学习的榜样 ························ 75
素养光荣榜 ·· 78
单元测试题及答案 ·· 78

第六单元 学会沟通——搭建成功之桥 79
素养风向标 ·· 80
素养加油站 ·· 81
一、认知沟通 ·· 81
二、沟通的价值 ·· 81
三、有想法更要有说法 ·· 83
四、会说话不等于会沟通 ·· 83
五、良好的沟通与拙劣的沟通 ·· 84

六、大学生沟通能力的现状 ································· 85
　素养成长路 ··· 85
　　一、沟通从身边做起 ····································· 85
　　二、职场沟通很关键 ····································· 87
　　三、练就一副"铁齿铜牙" ································ 91
　素养训练营 ··· 94
　　　拓展活动一：囊中失物 ······························· 94
　　　拓展活动二：数字传递 ······························· 95
　素养光荣榜 ··· 96
　单元测试题及答案 ··································· 97

第七单元　学会协作——驰骋职场之翼　　99
　素养风向标 ·· 100
　　一、认知团队协作 ······································ 101
　　二、团队的力量 ·· 103
　　三、不做团队中的"短板" ······························· 103
　　四、团队是个人成功的源泉 ······························ 106
　　五、团队协作是企业发展的基石 ·························· 107
　素养成长路 ·· 108
　　一、学会与同事相处 ···································· 109
　　二、明确职责，学会配合 ································ 110
　　三、培养意识，做合作型员工 ···························· 110
　素养训练营 ·· 113
　　　拓展活动一：坐地起身 ······························ 113
　　　拓展活动二：蒙眼三角形 ····························· 113
　素养光荣榜 ·· 114
　单元测试题及答案 ·································· 114

第八单元　学会主动——获得先机之钥　　115
　素养风向标 ·· 116
　素养加油站 ·· 117
　　一、认知主动 ·· 117
　　二、主动与被动 ·· 117
　　三、主动是走向优秀的秘诀 ······························ 118
　　四、你离主动有多远 ···································· 119

五、不做守株待兔的人 ·· 120
六、主动才能创造机会 ·· 121
素养成长路 122
一、积极主动，勤为先 ·· 122
二、眼中有事，心中有谋 ·· 123
三、"分外"的事也要做 ··· 124
四、让主动成为一种习惯 ·· 125
素养训练营 127
拓展活动一：无家可归 ·· 127
拓展活动二：寻人行动 ·· 128
素养光荣榜 131
单元测试题及答案 131

第九单元 学会坚持——超越平凡之道 133
素养风向标 134
素养加油站 135
一、认知坚持 ·· 135
二、成功需要坚持 ··· 135
三、坚持不懈，终有所成 ·· 137
四、发展需要坚持的力量 ·· 138
素养成长路 140
一、树立明确的目标 ··· 140
二、采取积极的行动 ··· 140
三、绝不放弃 ·· 141
四、再来一次 ·· 142
素养训练营 143
拓展活动一：坚持21天，养成一个好习惯 ··························· 143
拓展活动二：挖井的启示 ·· 143
素养光荣榜 145
单元测试题及答案 145

第十单元 学会学习——通向成功之梯 147
素养风向标 148
素养加油站 149
一、认知学习 ·· 149

二、"成功方程式"的启示 ………………………………………………… 152
　　三、学会学习与个人生存 ………………………………………………… 154
　　四、学会学习与终身发展 ………………………………………………… 155
素养成长路 ……………………………………………………………… 156
　　一、学习从自身问题出发 ………………………………………………… 156
　　二、学习目标应当高远与卓越 …………………………………………… 156
　　三、学习的关键在于自主学习 …………………………………………… 157
　　四、养成科学的学习方法 ………………………………………………… 157
　　五、转变学习观念，从"学会"到"会学" …………………………… 157
素养训练营 ……………………………………………………………… 159
　　　　拓展活动一："孔子学习观"阅读感言 ……………………………… 159
　　　　拓展活动二：职场生涯角色扮演 …………………………………… 159
素养光荣榜 ……………………………………………………………… 161
单元测试题及答案 ……………………………………………………… 161

第十一单元　学会自控——把握进退之慧　163
素养风向标 ……………………………………………………………… 164
素养加油站 ……………………………………………………………… 165
　　一、认知自控 ……………………………………………………………… 165
　　二、自控是成功的关键 …………………………………………………… 165
　　三、大学生的自控能力 …………………………………………………… 167
素养成长路 ……………………………………………………………… 167
　　一、学会控制自己的情绪 ………………………………………………… 167
　　二、学会控制自己的行为 ………………………………………………… 169
　　三、做好从学生到职业人的转化 ………………………………………… 171
素养训练营 ……………………………………………………………… 178
　　　　拓展活动一：自控能力讨论 ………………………………………… 178
　　　　拓展活动二：对自我控制能力的自查、自省和自我成长 ………… 178
素养光荣榜 ……………………………………………………………… 180
单元测试题及答案 ……………………………………………………… 180

第十二单元　学会创新——铸就事业之魂　181
素养风向标 ……………………………………………………………… 182
素养加油站 ……………………………………………………………… 183
　　一、认知创新 ……………………………………………………………… 183

二、创新成就事业 ………………………………………………… 183
三、加强创新意识培养 …………………………………………… 185
四、发展科学思维能力 …………………………………………… 186

素养成长路 ………………………………………………………… 192
一、培养创新的信心和意志 ……………………………………… 192
二、培养创新能力 ………………………………………………… 195
三、发挥自己的创新优势 ………………………………………… 198

素养训练营 ………………………………………………………… 200
　　拓展活动一：寻找你的创新优势 …………………………… 200
　　拓展活动二：大学生校园活动创意设计大赛 ……………… 201

素养光荣榜 ………………………………………………………… 203
单元测试题及答案 ………………………………………………… 204

附录A　职业素养测试题（A卷）　　　　　　　　　　205
附录B　职业素养测试题（B卷）　　　　　　　　　　207
参考文献　　　　　　　　　　　　　　　　　　　　209

第一单元

学会爱国——职业人生之魂

我是中国人民的儿子。我深情地爱着我的祖国和人民。

——邓小平

每个人应该遵守生之法则,把个人的命运联系在民族的命运上,将个人的生存放在群体的生存里。

——巴金

各出所学,各尽所知,使国家富强不受外侮,足以自立于地球之上。

——詹天佑

科学没有国界,科学家却有国界。

——巴甫洛夫

爱国是文明人的首要美德。

——拿破仑

单元教学课件

单元微课一

单元微课二

职业素养

素养风向标

案例 "两弹"元勋邓稼先

案例导读

在新中国建设史上,有一位长期以来鲜为人知的科学家,他是我国核工业的奠基人之一,他就是邓稼先。

案例描述

邓稼先,1924年出生在安徽省怀宁县一个书香门第之家,1945年邓稼先从西南联大毕业,1947年通过了赴美研究生考试,翌年秋进入美国印第安纳州的普渡大学研究生院。由于他学习成绩突出,不到两年便读满学分,并通过博士论文答辩。此时他只有26岁,人称"娃娃博士"。导师跟他说:你很有才呀,你留在美国,我能让你成为世界一流的科学家。但是邓稼先在获得博士学位九天后,便谢绝了恩师和同校好友的挽留,毅然回到了一穷二白的祖国。1950年10月,邓稼先到中国科学院近代物理研究所任研究员。

在此后的八年间,邓稼先一直从事中国原子核理论的研究。34岁时,邓稼先带领几十个大学毕业生开始研究原子弹制造理论。这之后的28年里,邓稼先始终站在中国核武器设计制造和研究的第一线,领导许多学者和技术人员,成功地设计了中国的第一颗原子弹和氢弹,把中华民族国防自卫武器引导到了世界先进水平。

1964年10月16日,中国爆炸了第一颗原子弹。1967年6月17日,中国爆炸了第一颗氢弹。

这些日子是中华民族五千年历史上的重要日子,是中华民族完全摆脱任人宰割危机的新生日子!

在一次试验中,核弹的碎片散落在地面,有半个足球场那么大。为了找到原因,他不顾危险抵达现场,不由自主地捡起了弹片。瞬间,他急忙将弹片扔到地上,他清楚钚和铀的放射毒性。他拖着疲惫的双腿返回,见到领导的第一句话是"平安无事"。几天后,邓稼先回到北京住院检查。结果表明,他的尿液具有很强的放射性,几乎所有的化验指标都不正常。妻子许鹿希带着他拜访一些知名医学专家,他们惊讶地问,如何使得邓稼先的身体状况坏到极点?妻子无言以对。

回到家,邓稼先表示要回单位,还有一些事情没有做完。妻子气得跺着脚冲他嚷:"你一定不能去了,一定得回来。"邓稼先义无反顾地回到单位。实际上,邓稼先带领的团队当时正在攻克中子弹,根本无法离开。

1985年7月31日，任中国工程物理研究院院长的邓稼先回北京向国防部长张爱萍及有关领导汇报工作。张爱萍发现他气色不好，逼着邓稼先去医院检查。医生检查完说："你今天不能走了。"

邓稼先的直肠癌已经到了晚期。8月10日，他做了第一次手术。在医院的病床上，他对妻子说："我有两件事必须做完，那一份建议和那一本书。"

当时的国际环境是核大国已达到了理论极限。邓稼先敏锐地意识到，如果中国不能抢在这个时间内完成既定发展目标，就会丧失在国际政治、外交中的主动权，就有可能造成多年的努力功亏一篑。

出院回家小住时，他找来大堆英文、俄文、法文、德文的杂志、剪报和其他资料，为起草建议书做准备。1986年3月29日，邓稼先的癌细胞转移加快，疼痛剧烈，又做了第二次手术。他不断地约同事们到医院讨论，最终完成了给中央的建议书。

1986年5月16日，邓稼先又做了第三次大手术。他对来看望的同志们说得最多的一句话是：你们快去工作吧，别让那些国家把我们的国家落得太远。1986年7月29日是他最后的日子，邓稼先平静地说："死而无憾！"

"鞠躬尽瘁，死而后已"十分准确地描述了邓稼先的一生。他是中华民族核武器事业的奠基人和开拓者，是当之无愧的"两弹"元勋。

案例分析

邓稼先为了报效祖国放弃美国的优厚待遇，甘愿奉献，拼尽全力为中国的国防建设事业做出了突出的贡献。他用实际行动践行爱国主义精神，是当代大学生学习的好榜样。

案例交流与讨论

1. 邓稼先放弃国外优厚的待遇毅然回国的动力是什么？
2. 邓稼先为国家的国防建设做出了哪些突出贡献？
3. 我们应该向邓稼先学习什么？

素养加油站

一、认知爱国

什么是爱国？爱国就是热爱自己的国家。爱的意思是对人或事物具有深厚的感情。《说文解字》对国字的解释是：从人、从戈、从口，意思是持有武器的一个士兵，守卫着一片有一定疆域、有一定人口的国土。从这个意义上说爱国是把国与家、国与疆域、国与人口及其所代表的文化紧密地联系起来了。爱国是一种极其深厚的民族感情，包含对故乡、对亲人的热爱，对集体、对人民的热爱，对民族、对传统的热爱，对国家和对国家制度的热爱。

所谓爱国主义就是热爱自己国家所持有的系统的理论和主张。爱国是爱国情感心理和思想行为的理性升华，是系统的思想、观点。所谓爱国主义价值观就是将报效国家、为国家做贡献、为国捐躯视为最高价值取向。

爱国主义有历史的范畴，它随着历史条件和历史阶段的变化而发展变化。世界上每个国家主张的爱国和爱国主义都有其特定的政治意义和文化传统。在社会发展的不同时期，爱国主义随着各民族面临的不同任务而有不同的内容、不同的时代价值。

中华民族有着悠久的爱国传统，它突出表现在两个方面，一是热爱祖国，矢志不渝。这是一种坚定的爱国意志和忠贞不渝的报国情怀。二是维护统一，反对分裂，同仇敌忾，抗御外侮。这是一种强烈的保家卫国和保卫家园的意识。中华民族有着悠久的爱国传统，从最早对君王报恩，即"士为知己者死"，到后来忧国忧民，以天下的安危为己任，再到后来维护民族的团结统一，维护国家的统一，抵抗外来入侵，再到努力奋斗，建设国家等，都是爱国情感的表现，也说明了爱国主义有其时代性。

中华民族是富有爱国主义光荣传统的伟大民族，爱国主义是鼓舞民族志气、凝聚民族精神、增进民族团结的一面旗帜，是推动我国社会历史前进的力量，是全国各族人民共同的精神支柱。在新的历史条件下，继承和发扬爱国主义传统，对于振奋民族精神，凝聚全民族的力量，团结一心，自力更生，艰苦创业，建设中国特色社会主义和实现中华民族伟大复兴，具有特别重要的意义。

二、爱国作为价值观的基本要求

爱国是社会主义核心价值观中的重要内容之一，具体要求如下。

（一）热爱祖国的自然环境，热爱人民，热爱祖国的历史文化传统

祖国的大好河山、风土人情、风俗习惯和历史文化，都是与我们关系最密切的，与我们的成长发展息息相关的，也是我们最熟悉、最认可、最能够接受的，最有感情的对象。这种热爱是自然的、天生的，是一种基于地缘的、血缘的和家园的自然天赋性。中华民族

是一个多民族的大家庭，具有忠实于民族整体利益、维护国家团结统一的价值取向，具有各个民族和睦相处、友好相待、共赴国难、共渡难关的优良传统。中国传统文化在历久弥新中培育了以爱国主义为核心的团结统一、爱好和平、勤劳勇敢、自强不息的民族精神，这种伟大的精神是中华民族获取自尊和坚定自信的力量源泉，是中华民族生存和发展壮大的精神支柱，是实现中华民族伟大复兴的最大价值共识，也是社会现代化进程中促进国家统一、维护民族团结、寻求价值和谐的终极文化基因。

（二）投身中国特色社会主义建设事业

中国特色社会主义建设事业是我国现阶段的鲜明主题。中国走上社会主义道路，是中国人民和中华民族经过长期的革命斗争所得出的正确的选择，是中国近代历史发展的必然结果。经过长期努力，中国特色社会主义进入了新时代，这是中国发展新的历史方位。爱国主义和爱社会主义在本质上是一致的，这是中华民族爱国主义传统在新的历史条件下的继承和发展。建设中国特色社会主义是实现社会主义现代化、创造人民美好生活的必由之路。支持并且投身中国特色社会主义事业是爱国主义价值观的一个基本要求，也是我们每个公民，尤其是大学生的一个基本责任。

（三）维护国家稳定，捍卫和平发展，保卫国家统一

维护国家的稳定，捍卫和平发展，维护国家统一，是全体中国人的责任，是社会主义爱国价值观最基本的要求和最基本的体现。大学生要自觉履行维护民族团结和国家统一的义务，尊重各民族的宗教信仰、风俗习惯、语言文字，宣传国家的民族政策，并坚决同一切破坏民族团结和制造民族分裂的言行做斗争。不利于民族团结的话不说，不利于民族团结的事不做，自觉维护民族团结，增进各民族间的友谊，为维护民族团结、国家统一和繁荣做贡献。

拓展阅读　南海撞机事件 17 年："81192" 不再仅仅是一架飞机

"呼叫81192，这里是553，我奉命接替你机执行巡航任务，请返航！"

"81192收到，我已无法返航，你们继续前进，重复，你们继续前进！"

每年的4月1日，"81192"这组数字都会出现在许多人的脑海里，也让人们再次想起一张已经离开了17年的面孔。

他叫王伟，曾是海军航空兵某部一级飞行员。

2001年4月1日，美国军机非法入侵我国南海领空，在"不开火则南海门户空中主权尽丧，开火则中美两国必战"的危急情况下，他选择了用舍命的方式来终结这场入侵。

那日，当一阵战斗警报声骤然响起时，王伟和赵宇百米冲刺般跑向战机。紧急升空，战鹰仰首直刺海天，上升高度，调整航向，空中编队，向目标飞去……

他们向目标接近，很快判明这是美国的EP-3型军用电子侦察机，正向海南岛三亚外海抵近侦察。王伟、赵宇迅速调整航向，驾驶战鹰与美机同向同速飞行。他们沉着冷静，在海南一侧平稳编队飞行，美国EP-3飞机在外侧。

突然，美机大动作转向，向王伟驾驶的飞机撞压过来。美机左翼外侧螺旋桨将王伟驾驶的飞机垂直尾翼打成碎片，接着美机机头又重重地撞上了王伟驾驶的飞机的尾部。

此时，赵宇听见翻滚坠落的飞机上依然传来了王伟镇定的报告声："飞机控制失灵。"王伟还在继续驾驶着已经完全失控的战机。

1秒，2秒，……，8秒，9秒，……将个人生死置之度外的王伟与坠落的战机在空中翻滚，他在用自己的血肉之躯为救护战机做最后的冲刺。直到赵宇大声命令："跳伞！"

王伟终于选择离开自己心爱的战机，犹如一颗流星用自己最后的光芒，在海天之际划出一道壮丽的彩虹。战机悲壮地扑向大海，激起冲天巨浪，像一座尊严的丰碑。

事后，中国政府出动10万军民进行搜救，持续14天，仍没有结果，最后确认王伟已经牺牲。

2001年4月24日，中央军委在北京举行大会，授予王伟"海空卫士"荣誉称号和"一级英模"奖章。

那天，南海上空的火球里没有伞花；

那天，美机迫降在中国海南的机场；

那天，中国人以生命为代价拿着比美国落后二十年的军事装备喝退了美国；

那天，中国人咬碎钢牙和血吞下，扬起的是不屈的头颅。

如今，时间已匆匆过去17载。

81192不仅仅是一架飞机，更不仅仅是一个编号，那是中华民族在艰难成长中，面对强敌时一次次的抗争与反击。

祖国终将选择那些忠诚于祖国的人，祖国终将铭记那些奉献于祖国的人。

案例分析

王伟是海军航空兵某部一级飞行员。2001年4月1日上午，在执行跟踪监视美侦察机任务时，他所驾驶的飞机被美机撞毁后跳伞落海，为捍卫祖国领空安全和民族尊严壮烈牺牲，年仅33岁。中央军委授予他"海空卫士"荣誉称号。

习近平总书记说："青年兴则国家兴，青年强则国家强。青年一代有理想、有本领、有担当，国家就有前途，民族就有希望。"当代大学生应该学习英雄王伟的爱国主义优良品质，胸怀远大理想，树立家国情怀，克己奉公，为祖国和人民的利益，不怕流血牺牲。同时要脚踏实地，爱岗敬业，艰苦奋斗，完成学业，以优异的成绩和过硬的本领服务祖国，报答人民的养育之恩。

三、爱国作为价值观的内涵

（一）爱国作为价值观具有强烈的情感基础

列宁说："爱国主义是由于千百年来固定下来的对自己祖国的一种最深厚的感情。"一个民族的爱国情感,是这个民族经过长期的社会实践积累而逐步形成并巩固下来的。随着民族和国家的形成,人们祖祖辈辈的情感传递和逐渐发展,形成并巩固成一种对祖国的挚爱。中国人民深厚的爱国情感可以从诗歌中体现出来,如战国时期爱国诗人屈原在《离骚》中的诗句"长太息以掩涕兮,哀民生之多艰。亦余心之所善兮,虽九死其犹未悔";唐代大诗人李白在《春夜洛城闻笛》中的诗句"此夜曲中闻折柳,何人不起故园情",杜甫的诗句"国破山河在,城春草木深";南宋爱国诗人陆游的诗句"死去元知万事空,但悲不见九州同。王师北定中原日,家祭无忘告乃翁";现代爱国诗人艾青在《我爱这土地》中的诗句"为什么我的眼里常含泪水?因为我对这土地爱得深沉……",都将爱国情感表达得淋漓尽致。

(二)爱国作为价值观具有崇高的道德境界

爱国就是超越自我、超越小我、超越对个体利益的追求,这是对一般思想情感的超越和升华。中华民族是一个重道守义的民族。在中国人民的道德观念体系中把爱国上升为一种崇高的道德境界,实际上这种道德境界就是中华民族的一种特质。作为朋友,心怀诚意,以仁爱之心相待;作为夫妻,比翼齐飞,生死相依;作为警察,匡扶正义,执法如山;作为战士,捍卫祖国不怕流血牺牲。崇高的道德是伟大的,崇高的道德又是那么平凡,它矗立在高山之巅,又依偎在我们身旁。

(三)爱国作为价值观是一种法律规范

当今世界,所有国家都把爱国以法律和法律规范的形式加以规定。在一定意义上,爱国是一个国家的公民应履行的最基本的义务。《中华人民共和国宪法》第54条规定:中华人民共和国的公民有维护祖国的安全、荣誉和利益的义务。不得有危害祖国的安全、荣誉和利益的行为。第55条规定:保卫祖国、抵抗侵略是中华人民共和国每个公民的神圣职责。

(四)爱国作为价值观还有政治层面的体现

作为价值观,爱国是一种政治要求。在当今世界所有国家中,把爱国规定为一种价值观,都反映了一种政治层面的要求,反映人们在政治上的一种表达。我们的爱国包含两个一致性,即爱国与爱社会主义的一致性,爱国与拥护国家统一的一致性。

拓展阅读　守护母亲河　再苦也心甜

2016年3月25日晚,村支书罗光贤遭到了不法之徒报复,脸上、颈部和身上被刺了7刀,幸亏乡亲们及时把他送进医院。

罗光贤是大方县大山乡光华村人,当了30多年村干部。他为保护家乡的母亲河——赤水河上游支流格里河,仅住院两周,伤未痊愈就返回了村里,继续守护与他相伴一生的格里河。

职业素养

"按照经济指标计算，全村实现了小康，但我们的生态环境也要同步进入小康啊！建设好家乡的绿水青山，赢来的是金山银山，流血流汗也在所不惜。"罗光贤说。他从小喝着格里河的水长大，对它充满感情。

近年来，经济发展了，村民富裕了，格里河的生态却遭到了破坏。村民们在离河不远的地方办起塑料颗粒厂、砂石厂，办起了养殖场，废水、粪便和垃圾直接排到河里，有的村民背起电鱼机电鱼，有的干脆在河里投放农药，一瓶药下去数十里河道中的水生动物皆不能幸免。

2013年11月，在罗光贤的倡导下，沿河23个村支书及部分村民共27人齐聚光华村，商量保护格里河事宜，一致同意成立格里河流域生态保护协会，决定把格里河划分为23段，沿河的23个村支书自封"河长"，将河流的管护工作责任分解，落实到人。

林某是罗光贤的堂舅子，早年在云南一家塑料颗粒厂打工，有了积蓄后，回乡办厂。

"厂里流出的废水流到水沟里，被淹的石头都变成了蓝色。废水沿着水沟淌了300余米后，流进了格里河，不关闭咋行！"罗光贤召开格里河流域生态保护协会会议时，对自己的堂舅子也不留情面。

"什么？关了？我投资了近20万元嘞！"林某吃惊地望着姐夫。

"不行，必须关闭！"罗光贤斩钉截铁。

第二天，林某厂里的机器依然轰鸣，第三天、第四天依然……

"你不关，我就叫执法部门来帮你关。"罗光贤到县环保局反映了情况，环保局执法人员跟着罗光贤来到村里，责令林某关闭厂子。

村里的贾某曾长期悄悄用电鱼机电鱼，换几个零花钱。被罗光贤逮着后狠狠批评了一顿，因此怀恨在心。

2016年3月25日晚上10时，贾某跑到罗光贤家门口与罗光贤发生口角后，一把抱住罗光贤，拿出事先准备好的划木板的刀子拼命朝罗光贤身上刺，剧痛中，罗光贤晕了过去。

罗光贤被紧急送到县人民医院，医生检查发现，他的脸上、颈部、胳肢窝、肋骨上、手上共中7刀，其中颈部被划断了静脉血管，幸亏抢救及时，没有生命危险，但身上还是缝了110多针。

住院期间，大方县委、县政府及相关部门领导，光华村群众共300多人前来看望罗光贤。"这么多领导、群众看望我，说明我做的事情是对的，哪怕流血我也不会退缩。不理解的毕竟是少数。"罗光贤语气铿锵。

"治水的同时也得治山。"罗光贤说，只有山绿水清，生态才好。近年来，光华村村民先后在山顶种了2000亩方竹，山腰种了2000亩核桃，在河谷种了3000余亩李子、葡萄等水果。初夏时节，满山翠绿。

经过坚持不懈的治理与保护，格里河又恢复了曾经的模样：清澈见底，鱼虾成群，鹅鸭嬉戏，垂柳依依。生态河水变成了群众致富的"活水"，生态恢复，村民在河边建起了鱼塘养鱼，收入增加了。山外的投资者慕名而来，广东的圣泉农业科技开发有限公司看中了这里的水质，投资3800余万元养脆皖鱼。猕猴桃基地、苗圃基地已建成，出山的路正在扩建中，乡村旅游发展指日可待。

案例分析

爱国就要热爱家乡的一山一水、一草一木。罗光贤作为一名村干部，带领群众保护家乡的生态环境，不惜以生命为代价与破坏环境的行为做斗争，保护了家乡的母亲河，治理了环境污染。如果我们都能向罗光贤一样热爱家乡，肩负起保护环境的责任，就一定能让祖国的天更蓝、山更绿、水更清，让人民的生活更加幸福美好。

四、爱国作为价值观的时代意义

（一）爱国是凝聚人们思想共识的基本价值规范

人们在生活中有各种各样的价值规范，每个人都有自己的价值规范，一个群体有这个群体共同的价值规范。爱国作为凝聚人们思想共识的基本价值规范，将人们思想统一起来，将个人社会实践目标统一到国家发展目标上来。

（二）爱国是完善国家社会治理的根本政治要求

一个国家选择什么样的治理体系，是由这个国家的历史传承、文化传统、经济社会发展水平决定的，是由这个国家的人们来决定的。中华民族是一个兼收并蓄、海纳百川的民族，在漫长的历史发展过程中，继承自己的优良传统，同时不断地吸收其他国家、民族的精华，形成自己的民族特色。我们需要以爱国作为一种价值规范，对社会大众、管理者提出要求，最终实现中国特色社会主义的社会管理。

（三）爱国是维护国家安全的重要精神武器

当下，民族矛盾、宗教冲突、国家之间的利益争端、恐怖主义的泛滥都让人们感觉这个世界并不太平。维护国家安全需要一个强大的精神武器，这个精神武器就是爱国，这是我们必须遵循的最基本的价值观。

（四）爱国是建设中国特色社会主义的必然选择

在建设中国特色社会主义的事业中，只有把爱国作为最根本的价值判断的标准和依据，只有把爱国作为价值观中最核心的内容之一，我们才能够凝聚力量，才能够目标专注,齐心协力推进建设中国特色社会主义的伟大事业。当代大学生都要争当优秀爱国青年,坚定自己的人生理想,勤奋学习,立志服务人民,深入基层,投身到社会实践中去;要勇于创造,脚踏实地,艰苦奋斗,为建设中国特色社会主义,实现伟大的中国梦而努力奋斗。

拓展阅读 不能落下一个同胞,我一定带你安全回国

"你放心,飞机是咱们中国的领土,我不会让他们再把你带下去,我一定带你安全回国!"2016年7月30日,在中国南航CZ3050航班上,机长刘小鲁望着眼前惊慌失措的中国广东女孩钟小姐,郑重地向她承诺。原来,如果不是刘小鲁的坚持,这位钟小姐就要在遭受羞辱之后滞留异国了。

事情是这样的:2016年7月23日,钟小姐入境越南,按照正常程序将护照交给越南的工作人员查看。谁曾想,再拿回护照的时候,钟小姐发现上面被写上了醒目的"Fuck you"的脏话。这句脏话,正好写在护照内中国地图的南海"九段线"区域。越南工作人员的行为不仅是对钟小姐的直接侮辱,更是对中国国家尊严的挑衅。钟小姐因此向中国驻胡志明市领事馆求助,捍卫自己和国家的尊严。27日上午,中国驻胡志明市总领事馆向胡志明市外办提出交涉,指出污损中国护照有损中国国格和中国公民人格,是无耻的行为,中方表示愤慨和谴责。越方表示将对此进行调查。7月30日,钟小姐与另外三名同伴从河内返回广州,有两名中国驻越南总领事馆的工作人员特意陪同,在出境时果不其然又遭到了越南边检的扣留,逼迫钟小姐写下"该脏话不是越南边检所写"的声明书,以洗白其无耻行为。

7月30日上午,CZ3050航班预定于11点45分起航。这是当天的最后一趟航班。即将起飞前,机长刘小鲁却突然被告知飞机上少了一名女乘客,不用等她,按时起飞就好。而此时,机舱内也出现了骚动,一个女孩和两个男孩跟机组说,被越南边检扣留的那名女子是他们的同伴,如果她赶不上飞机,他们也不回国了,要求下机。刘小鲁在知悉了钟小姐被侮辱和扣留的前因后果之后毅然决定:一定要等这位同胞,将她安全带回祖国。刘小鲁与机组人员商议,大家表示所有因此可能产生的风险,齐心协力,共同担当。

时间一分一秒地过去,整个航班的等待给越南方面施加了无声的压力。约半个小时之后,在航班工作人员和中国外交人员的努力下,钟小姐终于被放了出来并如期返回了祖国。

案例分析

钟小姐不能容忍越南边检人员对自己的恶意,更不能容忍对自己国家的侮辱,她用实际行动践行了热爱祖国和维护祖国尊严的爱国价值观。刘小鲁和全体机组人员能见义勇为、申明大义,他们的身上具有强烈的同胞情、责任感和担当精神,充分体现了热爱祖国、热爱人民的高尚品德。

素养成长路

一、当代爱国主义的新特征

在新的历史条件下，爱国主义具有以下新特征。

（一）爱国主义与中国特色社会主义紧密联系在一起

实现中华民族伟大复兴，必须将爱国主义与中国特色社会主义紧密联系在一起。经过长期努力，中国特色社会主义进入了新的时代，这是在新的历史条件下继续夺取中国特色社会主义伟大胜利的时代，是决胜全面建成小康社会，进而全面建成社会主义现代化强国的时代，是全国各族人民团结奋斗、不断创造美好生活、逐步实现全体人民共同富裕的时代，是中华儿女戮力同心、奋力实现中华民族伟大复兴的中国梦的时代。

（二）爱国主义与党的领导紧密联系在一起

实践证明，中国共产党不忘初心，牢记使命，团结带领全国各族人民跨过一道又一道沟坎，取得一个又一个胜利，创造一个又一个奇迹，使中华民族的伟大复兴展现出了前所未有的光明前景。中国进入新的历史时代，只有在中国共产党的坚强领导下，将爱国主义与党的领导联系在一起，才能实现全面建成小康社会的目标，实现社会主义现代化，实现中华民族伟大复兴的中国梦。

> **素养鸡汤**
>
> ### 等你回家
>
> 但愿他还活着。当我们相见时，我会把《守望南海——离开王伟的日子》这本书送给他；当他读到这本书的时候，知道我一直在等他，等他回到我们的家……
>
> 一
>
> 记得那年春暖花烂漫，
> 你匆匆离家没顾上给我说再见。
> 知道你驾驶战鹰又去那片天，
> 那矫健的英姿映满我眼帘。
> 等你回家，为你沏好家乡的新茶一遍又一遍；
> 等你回家，插满鲜花的房间芳华溢满；
> 等你回家，等着给你一个长长的吻；
> 等你回家，我们手挽着手去看晚霞漫天。

> 二
>
> 记得那年春暖花烂漫,
> 你匆匆离家没顾上给我说再见。
> 知道你肩负职责生死一瞬间,
> 那坚毅的背影深深刻在我心田。
> 等你回家,为你采撷满山的红豆一年又一年;
> 等你回家,儿子已长成英俊的男子汉;
> 等你回家,等到我俩鬓霜花飘满;
> 等你回家,望眼欲穿哪怕海枯石又烂。
>
> 三
>
> 记得那年春暖花烂漫,
> 你匆匆离家没顾上给我说再见。
> 都说你还在南海的云涛中飞翔,
> 那漫漫的航程总有一天会飞回家园。
> 等你回家,为你清扫返航的跑道一天又一天;
> 等你回家,战友们等着与你天涯再仗剑;
> 等你回家,大地已把你的故事流传;
> 等你回家,是所有中华儿女的祈盼,
> 是所有中华儿女的期盼!
>
> (作者:阮国琴,"海空卫士"王伟烈士的遗孀)

二、大学生培养爱国主义价值观的主要途径

爱国是一种崇高的品质,是一种正确的人生价值观,那么大学生应该从哪几个方面培养自己的爱国主义价值观呢?

(一)深入实际,体会爱国

深入实际是大学生培养爱国主义价值观的必由之路。基层一线是了解国情、增长本领的最好课堂,是磨炼意志、汲取力量的熔炉,是施展才华、开拓事业的广阔天地。通过实践,增强服务社会的责任感和荣誉感;通过实践,把爱国主义思想转化为爱国行动,转化为建设祖国、报效祖国的实际行动。

(二)向先进看齐,不断鞭策自己

榜样的力量是无穷的。中国历史上的爱国人物和他们的爱国事迹陶冶着一代又一代中华儿女,是大学生继承和发扬中华民族爱国传统的光辉榜样。中华民族许多英雄人物为保卫国家、捍卫民族尊严而英勇献身,用自己的生命谱写了一曲曲爱国主义颂歌。邱少云、罗盛教、黄继光等战士英勇杀敌、不怕牺牲,体现了崇高的爱国主义和国际主义精神。焦裕禄的"公仆精神"、王进喜的"铁人精神"、雷锋的"雷锋精神"是时代精神和民族精神

的重铸。李四光、华罗庚、钱学森、邓稼先等放弃国外优厚的工作和生活条件,毅然回到一穷二白的祖国,投身社会主义建设事业。我们要对比先进,见贤思齐,以他们为学习的榜样,树立起自己的爱国主义价值观。

(三)独立思考,理性爱国

大学生要善于独立思考,加强自我教育和修养,不断完善自我。要通过反思和自省树立正确的人生坐标,坚定爱国主义信念。要正确处理个人利益、集体利益和国家利益的关系,摆正个人前途、集体荣誉和国家命运的关系,在大是大非面前,不糊涂,不动摇,不失人格,不辱国格。

> **拓展阅读　今天我们这样爱国**

高举镰刀铁锤紧握的信仰
我们怀揣先辈的嘱托
不忘初心继续前进
仰望与五星红旗一起升起的复兴梦想
我们接过滚烫的爱国誓言
眺望百年　再创辉煌
毕业后我们选择了自主创业
到广阔的天空
来试试自己的翅膀

今天,我们这样爱国
让人生自立自强
让青春光彩绽放
我们为你点赞
我回到了阔别多年的家乡
家中有年迈的父母
还有诗和远方

今天我们这样爱国
以乡愁为纽带
凝聚力量建设家乡
我们为你点赞
我扎根在原始森林自然保护区
远离繁华　远离家乡

今天我们这样爱国
用青春的脚步
丈量绿水青山
建设美丽中国

职业素养

我们为你点赞
我参加了边疆支教团
用信息化手段
让城市名校与乡村小学联网

今天我们这样爱国
一份持续的关爱
让阳光走进心房
我们为你点赞
我选择了奔赴祖国的万里边疆
站成一块界碑
戍守九百六十万平方公里的祥和安康

今天我们这样爱国
以国为家　怀揣梦想
把青春书写进与祖国同行的诗行
我们为你点赞
为时代点赞
为祖国点赞

今天我们这样爱国
用青春的双手
创造美好的生活

（2017年五四晚会，诗朗诵《今天我们这样爱国》，表演者：北京大学等）

素养鸡汤

热爱母亲

我认为，我们每个人都有三个"母亲"：第一个是给予我们生命的母亲；第二个是教育我们成才的母校，第三个则是我们要为之工作、为之奋斗的祖国母亲。我们要由衷地感谢我们的母亲，热爱我们的母亲！

一、热爱家庭，感恩母亲

在学校门前，我们每天都会被一幕幕挚爱的场景深深地感动着：白发苍苍的奶奶背着沉重的书包接送孙子孙女上学和放学；忙忙碌碌的母亲踩着自行车、电动车给孩子送水送饭；有的妈妈租房陪孩子读书，无微不至；为了孩子，有多少母亲劳作在工地，睡觉在工棚；春夏秋冬，多少母亲冒着酷暑严寒，守候在校门外。面对着这些默默奉献的亲人，我们怎能不激动，我们要大声说出心里的话："感谢你母亲！"

家是生命的摇篮，是避风的港湾。爱家吧，爱自己的父亲、母亲，孝敬自己的爷爷、奶奶。亲人对我们无微不至的关心和真心诚挚的热爱，我们感恩不尽，孝顺不完。我们还是学生，如果在家中，就为父母分担一点家务；如果在学校，就努力让自己的学习成绩好一点；如果在路上，就少吃一点零食，少花一元钱；如果我们将来去工作了，就是再忙再累也要常回家看看。

二、热爱母校，感恩老师

感恩老师，就要刻苦学习。老师含辛茹苦，不辞辛劳，诲人不倦、甘为人梯，像燃烧的红烛一样无私奉献，我们有什么理由不感谢恩师呢？有的老师牺牲自己休息时间为学生补课；有的老师自己节衣缩食为困难学生慷慨解囊；有的老师在危险面前，挺身而出，不惜牺牲自己也要保护学生。师恩浩荡。老师的慈爱目光，是我们心中的明灯，老师的谆谆教导，为我们前进领航。感恩的心，是我们对老师早晨的问好，放学的微笑。

三、热爱祖国，感恩社会

我曾经到国外留学。当我们途经中国大使馆门前，看到久违的五星红旗在异国土地上高高飘扬的时候，就心潮澎湃，激动不已。祖国，你是中华儿女心里的骄傲，正是你的强盛，才有我们挺起的胸膛。我们一定要为国争光，不辱使命，好好学习，掌握本领，为建设祖国、保卫祖国贡献力量。

我们要继承中华民族的光荣传统，孝敬父母、尊敬师长、热爱祖国，从小事做起，努力拼搏，用自己的青春和汗水为祖国母亲书写最华美的生命乐章！

素养训练营

拓展活动一：讨论沙龙

新中国成立初期，一批海外留学生、科学家经历了艰难漫长的归国历程之后，终于回到了祖国。他们的归国选择改变了中国科学技术的发展历程。

1947年底，在英国留学9年的彭桓武踏上开往中国的海轮。这位未来的"两弹一星"元勋在回答记者"为什么回国"的提问时，激动地说："回国不需要理由，不回国才需要理由。"

1950年3月，著名数学家华罗庚从美国旧金山乘船回国。船到香港期间，华罗庚写下了《告留美人员公开信》，并通过新华社向全世界播发。他这样写道："梁园虽好，非久居之乡，归去来兮，朋友们，我们都在有为之年，如果我们迟早回去，何不早回去，把我们的精力都用之于有用之所呢？总之，为了选择真理，我们应当回去；为了国家民族，我们应当回去；为了为人民服务，我们应当回去；就是为了个人出路，我们也应当早日回去！"

讨论问题：

1. 人生正确的追求是什么？
2. 怎样看待人生价值中的理想、人格、事业、名誉？
3. 怎样看待个人、集体、国家之间的关系？
4. "国兴则家昌，国破则家亡。"以古今中外的事例说明其中的道理。
5. 作为一名新时代的大学生，应该培养自己怎样的家国情怀？

职业素养

拓展活动二：调研园地

1. 建设生态文明关系人民福祉，关乎民族未来，是实现中国梦的重要内容。习近平在纳扎尔巴耶夫大学回答学生问题时指出："我们既要绿水青山，也要金山银山。宁要绿水青山，不要金山银山，而且绿水青山就是金山银山。"理解习近平的讲话精神并就近就地或以家乡为调研基地，实地查看自然生态保护现状。

2. 根据实地查看情况，分析在生态环境保护上存在的问题，并提出改进意见。

拓展活动三：活动舞台

以前文《我们今天这样爱国》为蓝本，组织一次以爱国为主题的配乐诗文朗诵活动，以实际行动抒发和感受爱国情怀。

素养光荣榜

1.《我的偶像》梁植（北京电视台.我是演说家）

2.《回家》梁植（北京电视台.我是演说家）

单元测试题及答案

扫码测试

第二单元

学会敬业——
夯实人生之基

> 敬业者，专心致志以事其业者。
> ——朱熹
>
> 敬业为立业之本，不敬业者终究一事无成。
> ——拿破仑·希尔

单元教学课件   单元微课

职业素养

素养风向标

案例  身边的榜样

案例导读

什么是敬业？我们身边有许多平凡人在他们平凡的岗位上用行动做出了最好的诠释。

案例描述

于凯，男，47岁，中国共产党党员，北京首汽集团第三营运分公司车队司机。

于凯当出租汽车驾驶员22年来，累计行程近150万公里，从未发生过服务投诉。他总结出一套服务流程，用细节服务温暖人心。他在车厢里备有擦手巾、雨伞、地图、纸笔、针线包、塑料袋等物品；起动、加油、换挡、转弯，每个动作都要做得稳点儿、再稳点儿；注意观察乘客神态，随时准备提供必要服务……这些传统的服务内容和模式他都做到了。但他不满足，积极探索超前服务、无痕迹服务，让乘客从心里记住这座城市、这个国家。他利用业余时间，阅读了大量的心理学、消费心理学书籍，自觉提高服务素养。他接受乘客意见，购买了一些介绍北京周边景点、特色餐饮和购物指南的书籍放在车内，适应外地游客不断增多的新特点。

2002年，北京首汽集团以于凯的名字命名了品牌出租汽车车队"于凯车队"。自此，他以争做"礼仪北京，人文奥运"的文明使者为目标，组织同事们开展职业礼仪学习实践活动，像亲人一样对待乘客，与乘客共享美好旅程。

一次，一位外宾坐于凯的车到琉璃厂时，下起了小雨，一身西服的外宾露出了失望的神情。但车刚一停稳，于凯就递过一把雨伞，让外宾喜出望外，打着雨伞不慌不忙地逛完了琉璃厂和古玩城。随后于凯又送外宾到了机场，外宾让他稍等一下。外宾告诉于凯，他是第一次来北京，于凯细致、周到、友好的服务让他对北京和中国留下了美好的印象，他想用刚买的一把新伞换下于凯的那把旧伞做纪念。"中国好！北京好！你好！"握别时，外宾用很生硬的中国话说。于凯就是这样通过出租车这一流动窗口，展示了中国人民的精神风貌。

案例分析

于凯是一个平凡的司机，但他在工作岗位上认真负责、一丝不苟、精益求精，这就是不平凡，就是"敬业"的集中体现。

案例交流与讨论

于凯是个平凡的司机，但他的简单言行却成了北京城一道亮丽的风景线，在他身上有哪些闪光点值得我们思考和学习？

素养加油站

一、认知敬业

敬业，是一种高尚的品德。敬业表达的是这样一种含义：对自己所从事的职业怀着热爱、珍惜和负责的态度，为之付出和奉献。

敬业是一种优秀的职业品质，是职场人士的基本价值观念和信条。在经济社会中，一个人要想获得成功，获得他人的尊敬，就必须对自己所从事的职业，对自己的工作保持敬仰之心，视职业、工作为天职。可以说，敬业是职业精神的首要内涵，是职业道德的集中体现。

正如朱熹所说："敬业何，不怠慢、不放荡之谓也。"他还说："敬字工夫，即是圣门第一义，无事时，敬在里面；有事时，敬在事上，有事无事，吾之敬未尝间断。"这里的"敬事"和"敬业"都是指在工作中要聚精会神、全心全意。这种"不怠慢、不放荡""未尝间断"的职业态度和敬业精神，是职业人做好本职工作应具备的、起码的思想品格。

进一步而言，所谓敬业，就是敬重自己的工作，将工作当成自己的事，其具体表现为忠于职守、一丝不苟、任劳任怨、精益求精、善始善终等职业道德。

一个人，如果没有基本的敬业精神，就无法成为一个优秀的人，更难以担当大任。敬业是一种职业态度，更是一种人生态度，是珍惜生命、珍视未来的表现。我们每个人都有责任、有义务去做好每项工作，为工作尽一份心、出一份力。

敬业已经成为职场公认的"第一美德"。詹姆斯·H·罗宾斯在其知名论著《敬业》中写道："我们欣赏那些对工作满腔热情的人，欣赏那些将工作中的奋斗、拼搏看作人生的快乐和荣耀的人。"哈罗德在《勤奋敬业》中提出，"在一个公司里，并非具有杰出才能的人容易得到提升，而是那些勤奋、刻苦、敬业并有良好技能的人有更多的发展机会，会得到更多的认可。"

二、"差不多先生"的悲剧

很多人做事常常抱着"差不多"的心态，在工作中不求进取、马马虎虎、得过且过，懒于思考问题，总觉得凡事"差不多"就行。1924年6月28日，著名学者胡适先生在《申报》发表了一篇白话寓言《差不多先生传》，深刻地描绘了国人的这种心理。

> 你知道中国最有名的人是谁？
> 提起此人可谓无人不知，他姓差，名不多，是各省各县各村人氏。你一定见过他，也一定听别人谈起过他。差不多先生的名字天天挂在大家的口头上，因为他是全国人的代表。

"差不多先生"的相貌和你我都差不多。他有一双眼睛，但看得不是很清楚；有两只耳朵，但听得不是很分明；有鼻子和嘴，但对气味和口味都不很讲究；他的脑子也不小，但他的记性却不很精明，他的思想也不很缜密。

他常常说："凡事只要差不多，就好了。何必太精明呢？"

他小的时候，他妈叫他去买红糖，他买了白糖回来。他妈骂他，他摇摇头说："红糖白糖不是差不多吗？"

他在学堂的时候，先生问他："直隶省的西边是哪一省？"

他说是陕西。先生说，"错了。是山西，不是陕西。"他说："陕西同山西，不是差不多吗？"

后来他在一个钱铺里做伙计。他也会写，也会算，只是总不会精细。十字常常写成千字，千字常常写成十字。掌柜的生气了，常常骂他。他只是笑嘻嘻地赔小心道："千字比十字只多一小撇，不是差不多吗？"

有一天，他为了一件要紧的事，要搭火车到上海去。他从从容容地走到火车站，迟了两分钟，火车已开走了。他白瞪着眼，望着远远的火车上的煤烟，摇摇头道："只好明天再走了，今天走同明天走，也还差不多。可是火车公司未免太认真了。八点三十分开，同八点三十二分开，不是差不多吗？"他一面说，一面慢慢地走回家，心里总不明白为什么火车不肯等他两分钟。

有一天，他忽然得了急病，赶快叫家人去请东街的汪大夫。那家人急急忙忙地跑去，一时寻不着东街的汪大夫，却把西街牛医王大夫请来了。差不多先生病在床上，知道寻错了人；但病急了，身上痛苦，心里焦急，等不得了，心里想道："好在王大夫同汪大夫也差不多，让他试试看罢。"于是这位牛医王大夫走近床前，用医牛的法子给差不多先生治病，不到一个钟头，差不多先生就一命呜呼了。

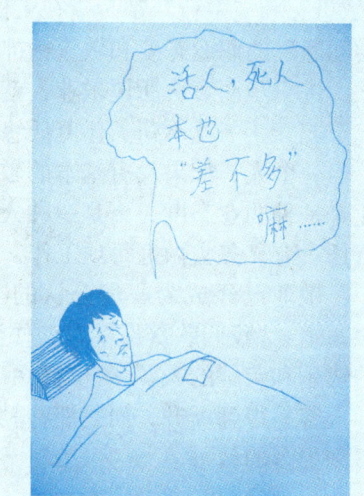

差不多要死的时候，一口气断断续续地说道："活人同死人也差……差不多，……凡事只要差……差……不多……就……好了，……何……何……必……太……太认真呢？"他说完了这句格言方才绝气。

他死后，大家都很称赞差不多先生样样事情看得破，想得通；大家都说他一生不肯认真，不肯算账，不肯计较，真是一位有德行的人。于是大家给他取个死后的法号，叫他圆通大师。

他的名誉越传越远、越久越大，无数无数的人都以他为榜样。于是人人都成了一个差不多先生。——然而中国从此就成为一个懒人国了。

三、李嘉诚："打倒差不多先生！"

胡适先生发表《差不多先生传》82年后，2006年6月29日，李嘉诚先生在汕头大学

2006届毕业生典礼上，做了一篇极为精彩的演讲，题目就是《打倒差不多先生》。

> 今天很高兴地代表各位校董、校领导和老师，欢迎你们莅临汕头大学，和毕业的同学们共度重要和难忘的一刻。
>
> 我最近重读了胡适先生1924年所写的文章《差不多先生》，差不多先生若真有其人，他早应不在人世。
>
> 我认为胡先生笔下对中国人夸张的描绘虽不全面，但发人深省，然而这位家传户晓的人物，这"有一双眼睛，但看得不是很清楚；有两只耳朵，但听得不很分明；有脑袋，但缺乏洞察力和没有层次思维"的先生却依然活着，而且可能有特强的繁殖力。
>
> 现代科学至今还未找到令人不死的灵丹妙药，何以独是差不多先生能成功存活于世？
>
> 也许胡适的差不多先生已变异为病毒，通过散播，感染越来越多的人。病毒强烈的僵化力使本质聪敏的人思想停滞不前，神志昏沉，虚度既漫无目的也无所期待的庸碌日子。也许他还有做白日梦的本事，但缺乏追求梦想的意志，发酸地堕入无底的借口世界以哄慰自己，种种似是而非的理由还在蔓延，慢慢侵蚀我们的社会。
>
> 当我重读这篇名著，令我惊骇的不仅是差不多先生可怜的愚昧，更糟的是旁人接受如此荒谬的存在方式，还企图自圆开脱，这种扭曲式的浪费智慧足以令人哭泣。
>
> 医生常常说准确断症是痊愈的起点，差不多是一种折损人灵魂的病，令人闲散，要知道人的生命光辉须凭仗自我驰骋超越。各位同学，如果你不愿被命运扣上枷锁，你必须谨记，活着是一种参与，你要勇于思考，尊重科学，尊重原则；能感受，有追求；能关心，敢于积极；能经得起考验，骨中有节，心中有慈，心中有爱。
>
> 你们都知道我生长在离汕大约四十五分钟车程的地方，当年为了战乱，背井离乡的时刻，我并不知道命运将会如何，我只知道在理性误区中不可能建造信念和希望；终我一生，我将毫不含糊和不变地活出我精神力量的华彩和我血肉热切之心。
>
> 我是绝不会成为差不多先生的，你们呢？

也许在生活中，"差不多先生"对样样事情都想得开，不计较，能算作一个"老好人"。但在职场上，"差不多"的心态却贻害无穷，如果每个人都是"差不多""凑合事"，小到个人、企业难以发展，大到社会难以进步。

每个人都拥有难以估量的潜能，万事"差不多就行"，就辜负了自己的潜能。只有以"完美主义"的态度投入工作，才能把自己潜在的聪明才智最大限度地发挥出来。无论从事什么样的职业，都应该尽职尽责地对待。谨记李嘉诚先生的话："打倒差不多先生！"

素养成长路

一、做事情与做事业

1. 你在为谁工作

好多人有这样一个误区：我为老板工作，薪水一定要和我的工作匹配（超额当然更好）。也就是说，老板用钱购买我的劳动力，出什么样的价钱，我就提供什么质量的工作。

如果你认为你是在为别人工作，那你就只能永远为别人工作。如果你认为是在为自己工作，那你终将会拥有自己的一番事业。

> 我只拿这点钱，凭什么做那么多工作，我干的活对得起这些钱就行了。
>
> 我们那个老板太抠门了，只给我们开这么一点工资，公司一年赚那么多钱，全是他一个人的。经理干的活也不比我多多少啊，可他的薪水比我高出一大截，他拿的多，就该干得多嘛。我只要对得起我这份薪水就行了，多一点我都不干。

许多时候，我们会听到许多人发出上述种种抱怨。不可否认，在一个组织或单位中，难免会存在这样或那样不尽如人意的地方，薪水或奖励也有不够公允之处。但在解决此类问题的对策中，抱怨、发牢骚、消极怠工是最不可取的。

首先，人需要工作，需要社会归属与认同，而且一个人的才干只有在工作的磨炼中才有可能长进，也只有积极愉快地工作，才能在自身进步与工作成绩中获得成就感。如果你对工作环境与报酬不满意，完全可以与老板沟通或另谋高就。消极抵抗的做法只能是自毁前程：自己业务没进步，工作不认真，当然不会获得升职和加薪。

其次，在衡量一个人的工作效果时，也许存在暂时的偏差，但不可能长久失衡。也许一开始，老板没有发现你的能力，给你定了一份比较低的薪水。如果你不能正确对待，消极怠工，那么你的实力的大部分会被自己隐藏，你的薪水很难有所提高，因为老板想：这小子就这么两下子，他对公司的贡献比给他的薪水还低呢。

当老板把一份工作交给你的时候，你有没有仔细考虑为什么交给你，有没有考虑这项工作的性质，有没有考虑这

项工作在公司整个工作流程中的意义,以及怎样完成这项工作才能更好地满足客户的要求?还是你根本就没有考虑就照办照做了呢?大多数人都是选择了后者,奉命当差,做完了事。

人生的每一段经历都是自己书写的档案。消极工作会给老板、同事、客户留下不敬业,对自己、对公司不负责任的印象,这种负面印象会对你以后的工作、生活造成不利影响。

请记住,你在为你自己工作!

2. 敬业才能立业

任何一家公司,如果没有员工的敬业精神做支柱,那么这家公司迟早会倒闭;任何一名员工,如果缺乏敬业精神,那么丢掉工作也是迟早的事情。敬业既是公司发展的需求,同时也是自我发展的需要,因为敬业才能立业。

敬业的人对自己有很高的要求:精益求精,永远对工作现状不满意,永远在改善工作。这种敬业精神直接决定着事业发展的高度。

如果你去问今天的毕业生们,工作好不好找,相信有相当一部分人说不好找;如果你去问今天的公司经理们,人才是不是易得,同样也会有相当一部分人说合适的人才并不易得。其中的原因,不是"信息不对称"所能解释的,主要是由于求职者缺乏敬业精神。

在工作中,敬业精神可以帮助我们深耕专业,达到专业的高度,由专家成为赢家,更好地成就我们的事业。

拓展阅读 敬业之后的成功

有一位偏远山区的小姑娘到城市打工,由于没有什么特殊技能,于是选择了当餐馆服务员。在常人看来,这是一个不需要什么技能的职业,只要招待好客人就可以了。

这个小姑娘恰恰相反,她一开始就表现出了极大的耐心,彻底将自己投入到工作之中。一段时间以后,她不但熟悉了常来的客人,而且掌握了他们的口味。只要客人光顾,她总是能使他们高兴而来,满意而去。她不但赢得了顾客的称赞,也为饭店增加了收益——她总是能够使顾客多点一两道菜,并且在别的服务员只照顾一桌客人的时候,她却能够独自招待几桌客人。

就在老板逐渐认识到她的才能,准备提拔她做店内主管的时候,她却婉言谢绝了。原来,一位投资餐饮业的顾客看中了她的才干,准备投资与她合作,资金完全由对方投入,她负责管理和员工培训,并且郑重向她承诺:她将获得新店25%的股份。

现在,这位小姑娘已经成为一家大型餐饮企业的老板。

问题:(1)你认为案例中的主人公成功的原因是什么?(2)如何评价90后的敬业精神?(3)客观评价到目前为止我们为自己的梦想而付出的努力。

本案例介绍了一个来自偏远山区的小姑娘,用自己敬业的态度换取了人生成功的故事。这种敬业精神,在个人职业生涯发展道路上,直接决定着事业发展的高度。

员工敬业可以促进企业不断发展。每个老板最需要的就是一批兢兢业业、埋头实干的下属。你如果具备这样的品质，那必然是受老板欢迎的人。你的敬业精神也将感染你身边的人，形成敬业的工作氛围。那么，你被认可、被重用、被提拔将是再自然不过的事情了。

3. 把职业当成事业

敬业的最高境界是什么？就是把职业当成事业来看待。职业只是谋生的手段，事业则能展现个人的成就。

职业和事业虽然只有一字之差，但是当我们以不同的态度去工作时，就会有截然不同的结果。职业只是完成分内的工作，而事业则是把工作当作一种自觉追求，希望从中实现个人价值。德国思想家马克思·韦伯认为，有的人之所以愿意为工作献身，是因为他们有一种"天职感"，他们相信自己所从事的工作是神圣事业的一部分，即使是再平凡的工作，也会从中获得某种人生价值。大凡富有事业感的人，他们通过工作所获得的，不仅仅是物质、荣誉等外在报酬，更重要的是获得了内心的满足并实现了自我价值。因此，他们很少计较报酬、在乎功名。

人类最具创造性的成就，往往都是基于人们把职业当作事业。即使从事平凡琐碎的日常事务，只要你从中找到一份独特的乐趣和满足，同样可以借此达到事业的高度。

有一位普通工人，发明了好几项工作领域的专利。当他谈起心得时，他说："能够取得这些成功，就是因为我从来不把这份工作当作谋生的手段，而是当成事业来经营。"

每个岗位都是实现人生价值的舞台。只要我们用对待事业一样的态度对待工作，每个人都能在平凡的岗位上做出不平凡的业绩。

很多初涉职场的毕业生都会因抱怨待遇不公、工作不顺而消极怠工，这种态度和行为会使他们在自己的职业生涯遭遇许多困难和挫折，长时间得不到突破和晋级。如果能以事业的眼光看待职业，少一些怨言和愤怒，多一些积极和努力，多一些合作和忍耐，就会在一次次超越自我的过程中，不断拓宽自己的视野，提高自己的本领和技能。

以事业的眼光和态度做好职业，用职业的发展和进步帮助自己取得事业的成功。

二、这样才敬业

1. 珍惜你的工作岗位

在很多公司里，我们经常可以看到墙壁上贴着这样的口号："今天工作不努力，明天努力找工作。"

很多人在工作中不珍惜岗位，总是心浮气躁，好高骛远，这山望着那山高，没有立足本职工作埋头苦干。这种人却一见到别人工作做出了成绩，就羡慕嫉妒，大发"英雄无用武之地"的牢骚，认为自己没成绩，是因为岗位不合适。但是，当领导将他们放到某个重要工作岗位上，他们又没有做好工作的能力。

 抱怨的结果

王杰是一家汽车修理厂的修理工，从进厂的第一天起，他就开始喋喋不休地抱怨，"修理这活太脏了，瞧瞧我身上弄的；真累呀，我简直讨厌死这份工作了……"每天，王杰都是在抱怨和不满的情绪中度过的。他认为自己在受煎熬，在像奴隶一样卖苦力。因此，王杰每时每刻都关注着师傅的举动，稍有空隙，他便偷懒耍滑，应付手中的工作。

转眼几年过去了，当时与王杰一同进厂的3个工友，各自凭着精湛的手艺，或另谋高就，或被公司送进大学进修，独有王杰，仍旧在抱怨声中做他讨厌的修理工。

在工作中，珍惜你的工作岗位是一条实现自己人生价值的必经之路。只有踏踏实实，充分用好工作中的每一天，刻苦钻研，才会达到专业的高度。

当年，年轻的帕瓦罗蒂从师范学院毕业后，问他父亲："我是选择当歌唱家呢，还是当老师？"父亲回答他说："你如果想同时坐在两把椅子上，只会从椅子中间掉下去。生活要求我们只能选择一把椅子坐"。同样，如果你不好好珍惜自己的工作岗位，好高骛远，这山望着那山高，最终只能一事无成。

珍惜岗位就是珍惜自己的就业机会，拓展自己的生存和发展空间。如果你对工作总是漫不经心，随意了事，到头来自己可能会因此丢掉手中的"饭碗"。

今天的毕业生更要有忧患意识和危机意识，好好珍惜自己现有的工作，在工作岗位上精心谋事、潜心干事、专心做事，把心思集中在把事情干好上，把本领用在自己的本职工作上，才能获得更高的薪水和更大的成功。

拓展阅读　珍惜每一个工作机会

小李毕业后就来到北京，在一家公司担任质检工作，每个月收入只有1500元，而且还必须从早忙到晚。他的朋友们都劝他换一个工作，说这样低的工资不值得他如此卖力。可是他始终没有放弃，从不抱怨自己的工资太低，只是在埋头苦干。他还告诉朋友们：在这儿工作虽然辛苦，工资也不高，但能学到东西。他诚恳踏实的态度受到了老板的关注，一年以后，他的工资就涨到了4000元，并且被提拔为一个重要部门的副经理。在新职位上，小李继续保持自己良好的工作习惯，最后被提升到副总经理的位置上，成为公司收入仅次于老板的人。

其实每个人在刚参加工作时，工资待遇都不高，而且做最基础的工作，正是因为这样才能有更多的锻炼机会，才能学到扎实的基本功，为今后的人生道路和职业生涯打下坚实的基础。所以，一定要珍惜每个工作机会。

2. 找准自己的位置

"理想很丰满，现实很骨感。"年轻人容易将事情看得理想化，在跨出校门之前，容易对未来估计不足，对自己的定位不切实际。初出校门的学生面临适应现实环境、重新定位的问题。在踏上实际工作岗位之后，要能够根据现实的环境调整自己的目标和期望值，找准自己的位置。

毕业生在走出校门时没有太多工作经验，掌握的知识和技能尚未达到岗位的实际需要。有些人自命不凡，对有些事情不屑去做，总认为应该去做更重要的工作，这是不现实的。作为职场新人，无论你从事什么工作，是当保安、专业技术人员，还是做管理工作，先要找准自己的位置，踏实做好本职工作，再寻求机会展示自己的才华和能力，进而获得职位的提升。

拓展阅读　找准位置的小陈

即将毕业的小陈同学，是某学校园林花卉专业的学生。经历了无数次招聘会的"洗礼"后，他得到的第一份工作是在某园林公司实习。实习工资非常低，而且第一天公司就将他安排在位于郊区的基地，由师傅带着他和其他几个学生学习剪树。基地吃住条件非常艰苦，风吹日晒，几天下来他们的脸变得又黑又糙，嘴唇干裂。但小陈并不在意，这些苦没有让他退却，能够跟着师傅学习成了他最大的乐趣。每当师傅讲解的时候，他总是非常积极地学习与思考，并动手实践，有空就向师傅请教一些问题，交流苗木技术方面的经验。师傅非常喜欢这个勤学好问的学生，还将自己的绝活传授给他。在基地实习两个月后，因表现突出，小陈被调回了市里，坐进了宽敞明亮的办公室。但小陈并未因此而骄傲，他知道自己仍然是个实习生，要更努力工作才可以。每天他都是第一个到办公室，最后一个离开办公室。虽然他和别人一样工作，甚至付出了更多，但是从没有过抱怨，或向领导提出加薪的要求。一年后，小陈终于转为正式员工，并且得到重用，成为业务骨干。

作为一个实习生或职场新人，不要好高骛远，幻想一步登天，找准自己的位置，做好该做的事是最重要的。

3. 立即行动

有这样一个故事：四川边远地区有两个和尚，一个贫穷，一个富有。有一天，穷和尚对富和尚说："我想到南海去，你看怎么样？"富和尚问："你凭着什么去呢？"穷和尚回答说："我只要一个水瓶、一个饭钵就足够了。"富和尚说："多年以来，我总想雇船去南海，做了很多准备都未能成行。你仅凭一个水瓶、一个饭钵怎么可能到南海呢？还是算了吧，别白口做梦了。"到了第二年，穷和尚从南海归来，把在南海的见闻讲给富和尚听，富和尚感到万分惭愧。

爱默生曾说："当一个人年轻时，谁没有空想过？谁没有幻想过？想入非非是青春的标志。但是，我的青年朋友们，请记住，人总归是要长大的。天地如此广阔，世界如此美好，你们需要的不仅仅是一对幻想的翅膀，更需要一双踏踏实实的脚！"

如果你有强烈的愿望，就要积极地迈出实现它的第一步，千万不要等待，也不必等待具备所有的条件。记住：条件可以创造。在现实生活中，人人都有梦想，都渴望成功，都想找到一条成功的捷径。"道虽迩，不行不至；事虽小，不为不成"，人生的捷径其实就在你的身边，那就是勤于积累、脚踏实地、积极肯干。很多人在心里默默地筹划，但又有多少人能够把想法立即付诸行动呢？无论是怎么样的结果，都只有在真正行动之后才会出现，这是我们每个人都必须牢记的一点。只有勇敢地行动起来，才有收获成功的可能。

人生最昂贵的代价之一就是：凡事等待明天。"明日复明日，明日何其多，我生待明日，万事成蹉跎。"明天永远都不会来，因为来的时候已经是今天。只有今天才是我们生命中最最重要的一天；只有今天才是我们生命中唯一可以把握的时间。因此，只有珍惜今天，马上行动，才会让我们的梦想变成现实，才会让我们不断超越自己，走向成功。

4. 做好每件事

一个人无论从事何种职业，都应该尽心尽责，尽自己的最大努力，做好每件事。这不仅是工作的原则，也是人生的原则。无论你在什么工作岗位上，只有全身心地投入工作，才会取得成就。

在实际工作中，许多人贪多求全，对工作一知半解，结果是害人害己。那些技术半生不熟的泥瓦工和木匠建造的房屋，经受不住暴风雨的袭击；医术不精的外科大夫做手术，是拿病人的生命开玩笑……这些都是缺乏敬业精神的具体表现。无论从事什么职业，都应该下功夫把知识学好，把问题弄懂，把技术学精，成为本行业中的行家里手，这样才能赢得良好的声誉，才能拥有打开成功之门的秘密武器。

一位总统在学校做演讲时说："比其他事情更重要的是，你们需要知道怎样将一件事情做好。与其他有能力做这件事的人相比，如果你能做得更好，那么，你就永远不会失业。"一位哲学家说过："不论你手边有何工作，都要尽心尽力地去做！"做事情不能善始善终的人永远不可能得到自己想要追求的结果。一面贪图玩乐，一面又想成功，自以为可以左右逢源，最后是享乐与成功两头落空。无论做什么事情，都要尽全力，一丝不苟。如果能处处以尽职尽责的态度工作，那么即使从事最平庸的工作也会获得成就。

5. 每天多做一点

美国著名投资专家约翰·坦普尔顿通过大量的观察研究，得出了"多一盎司定律"。盎司是英美制的质量单位，一盎司只相当十六分之一磅。他指出，取得突出成就的人与取得中等成就的人几乎做了同样多的工作，他们的努力程度差别很小——只是"多一盎司"。但是，就是这微不足道的一点区别，所取得的成就却有天壤之别。

优衣库为什么能够成功？

优衣库近年来取得的成就有目共睹，已经成为世界第三大快时尚品牌，在中国的影响力更是与日俱增。那么，为何优衣库能取得这么迅猛的发展？

柳井正，1949年出生于日本山口县。他从小就是一个喜欢和别人唱反调的人，小时候别人说是"山"，他非要说成是"川"。他说，他也不是非要唱反调，可就是想展现和别人不同的自己。为了展现与别人的不同，他对每件事情总要比别人"多做一点点"。他开创的优衣库就是由许多个"一点点"积累起来获得的成功。

低价优质

优衣库强调简单与百搭的理念,比其他品牌"实用一点点"。其基本款简单舒适,没有太多复杂的修饰,但穿到身上会显得知性大方。在服装设计中,注重与其他品牌、与其他衣服的配合,使其具有广泛的实用性,得到大众的喜爱与支持。

优衣库的商品采取了大卖场式的销售方式,就是将衣服都展示在店铺中供顾客选购,不设置专门的仓库储存商品,这样就比其他品牌在仓储费用上"节省一点点";另外,稳定商品品种在千种左右,确保优衣库的生产可以"集中大规模一点点""降低成本一点点",使优衣库的商品与其他品牌相比"便宜一点点"。

理念先进,善于创新

优衣库产品的质量一直是有口皆碑的。注重技术研发,总比别人"先进一点点"。不断开发新的面料,如Airism、heattech、轻羽绒等都是自主开发出来的。以Airism为例,该面料具有吸汗、速干、除臭、有弹性、接触冷感等功能,受到消费者的追捧。除此之外,优衣库还经常与设计师合作推出联名系列,比其他品牌"时尚一点点"。曾与涂鸦大师KAWS的联名系列掀起抢购热潮,三分钟内线上官方旗舰店的联名系列销售一空,实体店也掀起了抢购热潮。

柳井正所开创的优衣库的做法值得所有职业人借鉴。在竞争中脱颖而出的关键就在于那些"一点点",这既取决于个人的才能,也取决于个人的努力、进取心和敬业精神。作为职场人,每天多做一点,日积月累,便会有不一样的收获,这个世界总是为那些努力工作的人大开绿灯。

有一本曾畅销世界的书——《致加西亚的信》,作者在书中说明了为什么要每天多做一点,它具有普遍意义。

素养鸡汤

《致加西亚的信》(节选)

书中这样写道:有几十种甚至更多的理由可以解释,你为什么应该养成"每天多做一点"的好习惯——尽管事实上很少有人这样做。其中两个原因是最主要的:

第一,在养成了"每天多做一点"的好习惯之后,与四周那些尚未养成这种习惯的人相比,你已经具有了优势。这种习惯使你无论从事什么行业,都会有更多的人指名道姓地要求你提供服务。

第二,如果你希望将自己的右臂锻炼得更强壮,唯一的途径就是利用它来做最艰苦的工作。相反,如果长期不使用你的右臂,让它养尊处优,其结果就是使它变得更虚弱甚至萎缩。

身处困境而拼搏能够产生巨大的力量,这是人生永恒不变的法则。如果你能比分内的工作多做一点,那么,不仅能彰显自己勤奋的美德,而且能发展一种超凡的技巧与能力,使自己具有更强大的生存力量,从而摆脱困境。

社会在发展,公司在成长,个人的职责范围也随之扩大。不要总是以"这不是我分内的工作"为由来逃避责任。当额外的工作分配到你头上时,不妨视之为一种机遇。

> 提前上班，别以为没人注意到，老板可是睁大眼睛在瞧着呢。如果能提早一点到公司，就说明你十分重视这份工作。每天提前一点到达，可以对一天的工作做个规划，当别人还在考虑当天该做什么时，你已经走在别人前面了。
>
> （摘自阿尔伯特·哈伯德著《致加西亚的信》，译林出版社，2011）

很多学生在学习中往往就是缺少了"多加一盎司"所需要的多一点点责任、多一点点决心、多一点点勇气。只要你愿意比其他人多付出一点点，哪怕是多思考一分钟、多举手发言一次、多做一道题目，都能够获得更好的成绩、更大的进步。

职场中更是如此。付出多少，得到多少，这是一个众所周知的因果法则。每天多做一点点工作会让你比别人多付出一些，但同样，你得到的回报也会比别人多一些。如果你养成了"每天多做一点点"的好习惯，那么你就与周围尚未养成这种习惯的人区别开来了，你就具备了别人所没有的优势。这会使你无论从事什么行业都会比别人赢得更多的关注，获得更多的加薪和晋升的机会。

拓展阅读　每天多做一点点

张娜高职毕业后进入一家公司做秘书，她的工作就是整理、撰写、打印一些材料。很多人都认为她的工作单调乏味，但她觉得自己的工作很好。她整天做着这些工作，做久了她发现公司的文件中存在很多问题，甚至公司的经营运作方面也存在问题。于是，除每天必做的工作之外，她还细心地搜集一些资料，甚至是过期的资料。她把这些资料整理分类，然后进行分析，写出建议。为此，她还查询了很多有关经营方面的书籍。最后，张娜把打印好的建议书和有关证明资料一并交给了老板。老板起初并没有在意，一次偶然的机会，老板读到了这份建议书。这让老板非常吃惊，这个年轻的秘书竟然有这样缜密的心思，而且她的分析井井有条，细致入微。后来，老板采纳了建议书中的很多条建议。老板很欣慰，他觉得有这样的员工是他的骄傲。当然，张娜也由此被老板委以重任。虽然张娜自己觉得她只比正常的工作多做了一点点，但是老板却觉得她为公司做了很多，这一点点，可并不是每个人都能做到的。

"每天多做一点点"还能够给你提供增长知识的机会。要想成为一名成功人士，就必须不断地学习专业知识，拓宽自己的知识面，树立终生学习的观念，这对成功是非常有益的。有人说："当机会来临时，为什么我无法抓住？"这是因为机会总是乔装成"问题"的样子。当你面对某个难题时，机会也随之出现了。如果不是你的工作，而你主动地把它做好了，这就是创造了机会。一分耕耘，一分收获，付出总有回报，这是千古不变的法则。

6. 把事情做在前面

每个员工都想获得升迁，都想获得更多的薪水和奖金，与其说决定权在上司那里，还

职业素养

不如说掌握在自己手里。把事情做在前面是评价一个员工是否敬业的关键标准。有一位人力资源管理专家对敬业的标准做了量化：

10分＝创造者或者把事情做在前面的人；

5分＝努力认真地做好本职工作；

1分＝我已经超负荷工作了。

7. 竭尽全力

一位猎人带着他的猎狗外出打猎。猎人开了一枪，打中了一只野兔的腿。猎人放狗去追。过了很长时间，狗空着嘴回来了。猎人问："兔子呢？"狗"汪汪"地叫了几声，主人听懂了，意思是说："我已经尽力了，可还是让兔子逃脱了"。

那只野兔回到洞穴，家人问它："你伤了一条腿，那条狗又尽力地追，你是怎么跑回来的？"

野兔说："狗是尽心尽力，而我是竭尽全力！"

无论做什么事，都要竭尽全力。有人说：我已经尽力在工作了，为什么总是得不到升迁？其实，在职场中，只是尽心尽力还远远不够，这样你最多比别人干得好一点，却无法从平庸的层次跳出来。只有竭尽全力，让自己的潜能充分燃烧，你才会有卓越的表现。

在这个世界上，没有谁会轻易成功，每一个成功者的背后都有着敬业的感人故事。只有竭尽全力工作、创造出最大价值的人，才能从平凡到卓越，登上事业和人生的最高峰。

素养训练营

拓展活动一：今天你敬业了吗

一、项目类型：学生互评型。

二、道具要求：无须其他道具。

三、项目时间：10～15分钟。

四、项目目标：通过学生之间互评，让学生认识自己敬业的情况，并树立起敬业的意识及精神。

五、详细规则：

1. 根据教师课堂教授情况，让学生对课堂表现进行互评。

2. 学生之间进行互评打分，并计算出对方的得分。

3. 根据最后得分情况，由评价学生向被评价学生讲明各项打分的理由。

4. 最后，学生根据得分及评价，进行自我反思，并进行总结，由教师抽查。

班级：　　　　姓名：　　　　评分方式：学生互评

项目　　　　　　　　　表现情况（划√）得分

今天你遵守纪律情况　　☐迟到（-2分）☐玩手机（-5分）☐睡觉（-5分）
☐交头接耳（-5分）

讨论发言情况　　　　　☐静静听讲（1分）☐主动与同学讨论问题（3分）
☐主动与老师互动（5分）☐回答老师提问准确（5分）

老师布置的任务完成情况　☐1分 ☐2分 ☐3分 ☐4分 ☐5分

总分：

拓展活动二：寻找身边的敬业榜样

也许他是曾经教你的老师，也许他是你身边默默无闻的同学，也许他是晨曦中的环卫工人，也许他是公交车上的售票员，也许他只是一位在你生命中擦肩而过的陌生人……在生活中，也许不是缺少敬业榜样，而是缺少发现。请同学们进行一场敬业榜样大搜索，寻找我们身边的敬业榜样。

要求：每位同学提名一位敬业榜样，并说明理由。最后，由全班同学进行投票，选出公认的十位敬业榜样并总结这些榜样的敬业品质。

 **知识吧台**

老木匠的最后一座房子

一个年纪很大的木匠就要退休了，他告诉他的老板：自己想要离开建筑业，然后跟妻子及家人享受天伦之乐。虽然他也会惦记这段时间里还算不错的薪水，不过他还是觉得需要退休了，因为即使生活上没有这笔钱，也还过得去。

老板实在舍不得做得一手好活的木匠离去，再三挽留，木匠决心已下不为所动。老板只得答应，但希望他能在离开前，再盖一栋具有个人风格的房子来。老木匠答应了。

在盖房子的过程中，大家都看得出来，老木匠的心已经不在工作上了。用料不那么严格，做出的活计也全无往日的水准。

房屋落成时，老板来了，看都没看房子，就把大门的钥匙交给木匠说："你一直都那样努力，让我感动，这所房子就是我送给你的礼物，谢谢。"老木匠愣住了，同样，他的后悔与羞愧大家也看得出来。他一生中盖过很多好房子，最后却为自己建了一幢粗制滥造的房子。如果他知道这间房子是他自己的，他一定会用百倍的努力、最好的建材、最精致的技术来把它盖好。可惜，这世界上没有后悔药。

职业素养

素养光荣榜

大国共匠：李万君。

单元测试题及答案

第三单元
学会诚信——
赢得信赖之源

人而无信,不知其可也。

——孔子

失足,你可能马上复站立;失信,你也许永难挽回。

——富兰克林

守信用胜过有名气。

——罗斯福

单元教学课件   单元微课

职业素养

素养风向标

案例 ▶诚信与求职

案例导读

本案例描述了一名就读于德国某名牌大学的中国博士留学生在德国找不到工作的经历,纵然有优异的成绩、精湛的专业技术却无用武之地,原来是因为她乘坐公交车"逃票",有了诚信的污点,给自己的未来带来不可挽救的损失。

案例描述

一位在德国某名牌大学留学的中国学生,虽然获得了热门的计算机软件设计专业的博士学位,但在德国却找不到工作。她每到一个企业应聘,主管看了她的材料都很满意,但一打开电脑查询她的信用记录,马上表示"很遗憾,我们不能用您"。原来这位博士生初到德国时因经济窘迫经常坐车"逃票",因为德国的公交车不查票,只是偶尔有稽查员上车检查,被查到的概率很小。有一次实在不巧,这名留学生被查到了,在补交票款后被记下了证件号码,想不到从此有了"不良信用记录"。在德国,如果一个人有了"不良信用记录",哪怕他的学历再高、技术再精,也没有企业用他。

案例分析

一个人,即使他学识再渊博、能力再卓越,如果丧失了诚信,他就很难在社会上立足,很难取得卓越的成就。做人做事,诚信为本。

案例交流与讨论

(1)你知道职场对诚信的要求吗?
(2)个人的诚信应该如何构建?

在五千年的文明历史上，诚实守信一直是华夏民族引以为自豪的品格。"言必信，行必果""以诚为本，以信为天"，人们讲求诚信、推崇诚信，诚信之风早已融入中华民族文化的血液，成为中华文化基因中不可或缺的要素。然而，近些年来，受到市场经济的冲击和涤荡，"拜金主义"滋长，"利益"取代了美德，诚信让位于欺诈。假食品、假新闻、假结婚、假文凭、假招聘等社会现象频频出现，这些现象预示着我们深陷诚信缺失的社会危机中。在这种大环境下，学生不可避免会受到影响，表现出经济上的急功近利、道德上的唯利是图，社会责任感弱化、公德心淡漠和行为方式失范。

素养加油站

一、认知诚信

诚信的基本含义是指诚实无欺，讲求信用。《礼记·祭统》中有"是故贤者之祭也，致其诚信，与其忠敬"之说。普遍意义上，"诚"即诚实、诚恳，指人具有的真诚的内在道德品质；"信"即信用、信任，指人的内在真诚的外部显化。"诚"更多地指"内诚于心"，"信"则侧重于"外信于人"。"诚"与"信"共同构成了一个内外兼备、内涵丰富的词语。诚实守信是中华民族的传统美德。孔子曰："人而无信，不知其可也"，李白诗云："三杯吐然诺，五岳倒为轻"，民间有言："一言既出，驷马难追"，都在表达诚信的重要性。

新东方学校的校长俞敏洪曾说："无论处在什么样的社会，一个人想要获得做人做事的成功，只有依靠'诚信'二字。你先对别人诚信，别人才能对你诚信。就算有时候你被欺骗了，也不能因此丢掉诚信，否则你就会失去自己成功和幸福的根基。"

素养小故事

诚信的花朵

有一个国王因为没有孩子，就想找一位诚实的孩子做王子。他对前来应招的孩子们说："今天给你们一粒种子，三个月后，看谁能种出最美丽的花，谁就是王子了。"三个月过去了，聪明的或伶俐的孩子们捧着一盆盆五彩的花儿，前来参加最后的竞争。只有一位小孩盆中空空、泪眼涟涟："尊敬的国王，我每天辛勤地浇水，细心地施肥，即使睡觉，也把花盆搂在怀里，但

> 是，我却什么也没种出来？"国王听了哈哈大笑："诚实的王子呀，你不会种出任何的花草，因为我给你们的，都是炒熟的种子呀！"这个孩子靠诚实做了王子。

诚信是安身立命之本，一个人如果失去诚信，即使暂时获得了某种成功，最终也会害了自己。如果社会上人人都喊"狼来了"，就会导致整个社会诚信体系的坍塌，使社会陷入无序状态。

人无信不立，业无信不兴，社会无信则失序。就个人而言，诚信是高尚的人格力量；就企业而言，诚信是宝贵的无形资产；就社会而言，诚信是正常的生产、生活秩序；就国家而言，诚信是良好的国际形象。诚信对一个人的成功、一个企业的成功，乃至一个社会的进步与繁荣，都具有深远意义。所以，每个人都要将"诚信"作为为人处事的基本原则。

二、诚信的价值

1. 个人成功需要诚信

社会上有这样一种观点：认为诚信是一种"理想化的美德"，在现实生活中，做老实人，讲诚信，往往要吃"眼前亏"。

不可否认，当前社会确实存在老实人"吃亏了"的现象：相同的商品，花言巧语、弄虚作假者能卖更高的价钱，诚信的人"吃亏了"；同样的考试，利用舞弊手段能取得更好的成绩，诚信的人"吃亏了"；同样的起跑线，服用兴奋剂的人拿了冠军，诚信的人"吃亏了"……

但是，言而无信，行之不远，现实生活中的大量事实证明，制假售假、坑蒙拐骗，可以得一时之利，但必定以东窗事发、身败名裂告终。世界上没有拆不穿的假象，没有识不破的骗局。在生活中，人们还是愿意和诚信的人打交道、交朋友。诚信的人看似暂时失去了某些利益，却赢得了信誉。诚信能够形成一种巨大的品牌效应，让你在成功的路上走得更远。

1）诚信是做人的根本

"人而无信，不知其可也"，诚信是做人必须具备的道德素质和品格。诚信不仅是一种品行，更是一种责任；不仅是一种道义，更是一种准则；不仅是一种声誉，更是一种资源。有了诚信，才能形成内在统一的完备自我，才能赢得他人的信赖，才能充分发挥自己的潜能和优势，取得成功。

1748年，本杰明·富兰克林在他著名的《致富之路》演说中说道："时间就是金钱，信誉就是生命。"美国作家托马斯·斯坦利在《百万富翁的智慧》一书中，披露了当今美国1300名百万富翁获得成功的原因。令人感到惊奇的是，被调查者没有一人把自己的成功归功于才华，而是认为"成功的秘诀在于诚实，有自我约束力……"其中，诚实被摆在了第一位。在这些富翁们的眼中，现代经济是信用经济。在市场经济的环境中，信用才是人生最为宝贵的资产，其价值是难以用金钱衡量的。

2）诚信是职场通行证

诚信是一名新人走进职场最被看重的道德品质。诚信是通往职场的第一张通行证。

张某从年前就开始为毕业后的工作四处奔波。终于有一天，接到了一家大企业的面试通知。面试那天，他迟到了10分钟，却对面试他的总经理说是因为坐公交堵车。面试过程十分顺利，无论是专用知识还是能力考核，他都一一过关。张某离开时觉得信心十足，肯定能被录用。

几天后，张某却接到一纸用词委婉、不予录用的通知书。事后他了解到总经理对他的评价是：不守时。为什么会这样？其实张某心里明白。原来面试那天他是骑自行车去的，怕迟到不好交代，顺口撒了个谎。原以为无人察觉，没想到精明的总经理站在办公楼窗前，看见了他骑车的身影。

事后，张某后悔不已，对自己的行为进行了深刻的反思。他想到上学期间，经常放松对自己的要求，迟到了，找个理由"今天堵车了"；早退了，称"头疼，身体不舒服"；逃学旷课，对老师说"家里有事"；做错了事情，要么把故意说成无意，要么百般抵赖，编造各种理由为自己开脱。久而久之，他养成随口撒谎的不良习惯，最终导致了面试失败。

在一次招聘会上，一家知名企业在300名应聘者中选中了两名学生。理由是，他们简历中的材料没有造假，实事求是地描述了自己的能力。面试时他们的表现也非常诚恳，有一说一，不懂的问题也没有故意遮掩。很多应聘者把自己的能力写得天花乱坠，结果在具体询问时，都回答不上来。

对企业来说，员工具有诚信的品质比具有专业技术更加重要。企业最关注的是一个新人的人品和素质。如果新人秉性诚实，以后的道路基本不会走歪；但是，如果新人原本就不诚信，怎么正确引导都可能偏离轨道。

请记住：诚信是你通往职场的第一张通行证，如果没有它，即使你有能力、有才华，也终将被拒之门外。

2. 诚信胜于能力

在战场上直接打击敌人的，是能力；商场上直接为企业创造效益的，也是能力；诚信似乎不能直接打击敌人和创造效益。但事实并非如此。如果一名士兵能力很强，最后却叛变了；如果一名员工能力很强，结果把企业的资料盗走了，这将会是一个什么样的结果？因此，在职场中，对一个企业或组织来说，能力虽然重要，但诚信胜于能力。

在职场中，一直流传着这样的说法：德才兼备是精品，有德无才是次品，无德无才是废品，有才无德是危险品。所以，很多用人单位在员工招聘和使用时都默守这样的规则：德才兼备要重用，有德无才可以用，有才无德不敢用，无德无才不能用。

诚然，这是一个重视知识和能力的社会，考察一个人是否是好员工，有许许多多的素质要求，但有一点是肯定的，老板更愿意信任那些"老实人"，即那些即使能力稍微差一些，但有责任心、对企业忠诚、讲诚信的人。

李开复在《给中国学生的第二封信：从优秀到卓越》中如此说道：

一个人的人品直接决定了这个人对于社会的价值。而在与人品相关的各种因素之中，诚信又是最为重要的一点。微软公司在用人时非常强调诚信，我们只雇用那些值得信赖的人。去年，当微软列出对员工期望的"核心价值观"时，诚信（honesty and integrity）被列为第一位。

在我发表《第一封信》后，曾经有一位同学问我：为什么一个公司要考察员工的道德呢？我回答：这是为了公司的利益。例如，一位应聘者在面试时曾对我说，如果他能加入微软公司，他就可以把他在前一家公司所做的发明成果带过来。这样的人，无论他的技术水平如何，我都不会雇用他。他既然可以在加入微软时损害先前公司的利益，那他也一定会在加入微软后损害微软公司的利益。

另外有一位同学看了"对话"后问我，为什么我会把诚信放在智慧之前呢？作为第一"核心价值"，诚信是我们对员工最基本的要求。我们根本不会雇用没有诚信的人。如果一个员工发生了严重的诚信问题，他会被立刻解雇。

在微软公司，公司的各级管理者都会给员工较大的自由空间去发展他们的事业，并在工作和生活上充分信任、支持和帮助员工。只要是微软录用的人，微软就会百分之百地信任他。和一些软件企业对员工处处提防的做法不同，微软公司内的员工可以看到许多源代码，接触到很多技术或商业方面的机密。正因为得到公司如此的信任，微软的员工对公司才有更强的责任心和更高的工作热情。

不管你的能力是强还是弱，一定要具备诚信的品质。只要你真正表现出足够的真诚，你就有机会得到老板的关注，他也会乐意在你身上投资，给你培训的机会，提高你的技能，因为他认为你值得信赖。有了诚信，无论你从事什么样的工作，都会有成功的机会。

三、企业品牌源于诚信

有一年的高考作文题目是这样的：一个年轻人跋涉在人生旅途上，身负七个背囊，分别是美貌、健康、金钱、名誉、才气、机遇和诚信。他来到一个渡口，要乘船到彼岸。老艄公说，你背的东西太重了，必须丢掉其中一样，否则船会下沉。他几经考虑，最后把诚信丢下了。要求考生就这个故事写篇文章，发表看法。这个高考题目引发了全社会对诚信问题的关注，也让人们重新审视诚信的价值。

对组织（企业）而言，诚信可以节省企业的交易费用。讲信用、诚实经营的企业，在消费者中会建立良好的口碑，消费者的满意度提高了，经营者的广告宣传费用也就减少了。诚信可以使企业低成本扩张，一个信誉好的企业，可以向银行借到利率较低的钱，也可以在资本市场上以较低的成本融资。诚信是企业的无形资产，具有为企业增值的功能，它和货币资本、劳动力资本一样是企业发展不可或缺的要素。

纵观国内外成功企业，无一不是以诚信为本发展壮大的，诚信是成功企业必备的品质之一。

同仁堂的成功就充分说明了这一点。无论在同仁堂药店里，还是在生产车间里，都有这样一幅训规："品位虽贵必不敢减物力，炮制虽繁必不敢省人工。"这条古训是在清康熙四十五年（公元1706年）由同仁堂初期创业者乐凤鸣提出的，后来成为历代同仁堂人在制药过程中必须遵循的行为准则。概括地说，就是在制药过程中，一丝不苟，精益求精，严格遵守工艺流程和操作规范，不得偷懒耍滑；在配料过程中，真材实料，诚实无欺，严格遵守质量标准和配比规定，不得掺杂使假。这是中国传统商业文化和医药道德的集中体现，也是中国企业诚信文化的典型代表。

素养成长路

一、诚信从身边做起

1. 对自己的言行负责

"一言既出，驷马难追"，这是诚实守信的人必须遵守的行为准则。它包括两层含义：第一，每个人做出承诺前都要经过慎重思考，不可信口开河；第二，每个人都要对自己言行的后果负责，不可反悔。"言必信，行必果"，要做到诚信待人、诚信工作，就必须勇于对自己的行为负责。

一位伟人曾说过："人生所有的履历都必须排在勇于负责的精神之后。"在责任的驱使下，我们常常油然而生一种崇高的使命感和归属感。一个企业管理者说："如果你能真正钉好一枚纽扣，这应该比你缝制出一件粗制滥造的衣服更有价值。"尽职尽责地对待自己的工作，无论自己的工作内容是什么，重要的是你是否真正做好了你的工作。

在每个人的生活中，有大部分的时间是和工作联系在一起的。不尽职尽责地工作，就是放弃了对社会的责任，就是背弃了对自己所负使命的忠诚和信守。责任就是出色地完成工作，责任就是忘我地坚守，责任就是人性的升华。

几乎每个优秀企业都非常强调责任的重要性。在华为公司，核心价值观念之一就是"认真负责和有效管理"。在IBM，每个人坚守和履行的价值观念之一就是"在人际交往中永远保持诚信的品德，永远具有强烈的责任意识"。在微软，"责任"贯穿于员工的全部行动中。责任不仅是一种品德，而且是其他所有能力的统帅与核心。缺乏责任意识，其他的能力就失去了用武之地。因此，在提升和完善个人素质时，每个人都应当记住"责任胜于能力"。当然，履行职责的最大回报是将被赋予更大的责任和使命。因为，

职业素养

只有这样的员工才真正值得信任，担当起企业赋予他的责任。

2. 信守每个承诺

在学习和工作中，我们经常会做出承诺，比如，"借你的东西明天就还""我周一准时交作业""我后天完成工作""这个产品我将在一年内交货""明天十二点之前我会把事情办好"……但是，很多承诺我们都没有按时兑现，反而找各种借口为自己开脱。而信用，就在这些借口中慢慢减少，以致一无所有。

在职场中，必须要坚守你做出的每个承诺，只有这样，才能积累起你的信用资本，才能让客户、领导信任你，树立你的信用品牌，领导才会放心把任务交给你，你才能在职场中不断前进。

拓展阅读　少年的诚信

小提示：诚实是最好的名片，坚守诺言也许很艰难，要付出很多，但你得到的会很多。

早些年，尼泊尔的喜马拉雅山南麓很少有外国人涉足。后来，许多日本人到这里观光旅游，据说这是源于一位少年的诚信。一天，几位日本摄影师请当地一位少年代买啤酒，这位少年为之跑了3个多小时的路程。第二天，那个少年又自告奋勇地再替他们买啤酒。这次摄影师们给了他很多钱，但直到第三天下午那个少年还没回来。于是，摄影师们议论纷纷，都认为那个少年把钱骗走了。第三天夜里，那个少年却敲开了摄影师的门。原来，他一开始只购得4瓶啤酒，尔后，他又翻了一座山，蹚过一条河，才购得另外6瓶，返回时摔坏了3瓶。他哭着拿着碎玻璃片，向摄影师交回零钱，在场的人无不动容。这个故事使许多外国人深受感动。后来，到这儿的游客就越来越多。

3. 勿以诚小而不为

"勿以善小而不为，勿以恶小而为之"，这是刘备告诫儿子刘禅的话，也是千古名言。古人以"不积跬步，无以至千里；不积小流，无以成江海"来说明人的品德的形成不是一蹴而就的，强调品格的养成必须从小事做起，诚信也是如此。

素养鸡汤

守信的宋濂

明代文学家宋濂小时候喜欢读书，但是家里很穷，没钱买书，只好向人家借。每次借书他都讲好期限，按时还书，从不违约，人们都乐意把书借给他。一次，他借到一本书，越读越爱不释手，便决定把它抄下来。可是还书的期限快到了。他只好连夜抄书。时值隆冬腊月，滴水成冰。母亲说："孩子，都半夜了，这么寒冷，天亮再誊抄吧。人家又不是等着看。"宋濂说："不管人家等不等这本书看，到期限就要还，这是个信用问题，也是尊重别人的表现。如果说话做事不讲信用，失信于人，怎么可能得到

别人的尊重？"

又一次，宋濂要去远方向一位著名学者请教，并约好见面日期，谁知出发那天下起鹅毛大雪。当宋濂挑起行李准备上路时，母亲惊讶地说："这样的天气怎能出远门呀？再说，老师那里早已大雪封山了。你这一件旧棉袄，也抵御不住深山的严寒啊！"宋濂说："娘，再不出发就会延误了拜师的日子，就失约了；失约，就是对老师不尊重啊！风雪再大，我都得上路。"当宋濂到达老师家里时，老师感慨地称赞说道："年轻人，守信好学，将来必有出息！"

在生活中，我们也会看到这样一些现象：借他人的东西不还；抄袭他人的作业；考试经常作弊；无视班级公约，不履行自己的义务，逃避劳动；弄虚作假，伪造签名或通知，欺骗老师和家长；每当事情败露，却又毫无愧色，不以为然，自以为于"小节无碍"。对日常小事要求松懈，对自身信誉、信用淡漠，最终名誉扫地、代价惨重。一个不讲"小诚"的人，最终必然丧失"大诚"，成为人们眼中没有诚信的人。只有把诚信落实在生活的细节中，勿以"诚"小而不为，才能成就事业和人生。

二、诚信在职场中铸就

1. 诚信求职

诚信作为一个人的基本素质，是很多用人单位招聘的基本条件。可是，面对工作越来越难找的困境，一些毕业生为了获得招聘单位的青睐，通过一些具有隐蔽性的虚假信息，来掩饰自己的真实情况。也许有人蒙混过关，但是真相迟早会被揭穿，一经发现，作假者失去的将不只是信任。

对于刚刚毕业的大学生来说，最常见的作假方式是简历内容不真实，夸张或张冠李戴。比如，一些大学生为了引起用人单位的注意，将其他同学的工作经历，借鉴到自己的简历上，或者将他人的获奖证书，经过加工，变成自己的证书等。这些求职者的伪造行为背后却是诚信的缺失。

弄虚作假的人，会得到用人单位的青睐吗？一位广告公司的经理讲述了这样一件事情："前一段时间，有一个学生来公司面试，他在简历中注明参加过某单位创建网站的工作，但经过仔细询问，这位学生对很多专业知识不清楚，甚至连网站名称都不记得，可以肯定，他的简历有虚假成分。"这个参加面试的学生不仅没有通过面试，而且还被招聘单位揭穿真相，给自己的求职经历留下了黑点。类似的例子还有很多，只要是假的，迟早有被人发现的那一天。即使在面试关没有被识破，但是到了工作岗位后，如果不能胜任工作，一样会被开除，那样不仅会失去工作，还会影响下一次就业。

一个不讲诚信的人，即使才华非常优秀，也不会受到重用。求职作假，犹如皇帝的新装，禁不住事实的考验。

拓展阅读　做一个诚实的人

小王是某高职学校文秘专业的应届毕业生，毕业前夕，好不容易获得了一个去某公司面试的机会。小王应聘的是总经理助理职位，由总经理亲自面试。一进办公室，总经理看到她就说："咱们好像见过，你是不是以前在公司做过兼职啊，我对你有印象，你能力不错，是我们公司需要的人才。"小王一愣，知道总经理认错人了，她在脑子里进行着激烈的思想斗争：我该怎么回答？既然总经理对那个人印象很好，如果将错就错，肯定对我有好处。但是，如果我冒充他人，被发现了，岂不是更糟？最后，小王还是鼓起勇气对总经理说："对不起，总经理，您认错人了。不过，请您给我一个机会，我会证明我的能力和才干。"总经理笑了。一周后，她接到了录用通知。

诚信是金，别人对你的信任和欣赏，首先来自你对别人的诚实。一个诚实的人，在求职过程中，能够赢得别人的信赖与尊重，使自己获得更多的机会。

2. 岗位中的诚信

人格的塑造和习惯的养成都是一个渐进的过程。人格和习惯是伴随着个人成长逐步积淀而成。诚信也是如此。诚信既是一种品格，也是一种习惯。学生培养诚信的习惯，塑造诚信品牌，就要从校园生活开始。

青少年时期是人的品德形成的关键时期。人生如同一张白纸，最初描绘的颜色，会对将来的人生产生重要影响。所以，在大学期间，要重视自己的品德修养，培养自己的诚信品质，修正自己的不良习惯，不断完善自己的人格，才能成为职场需要的诚信之人。

首先，在思想上要自觉树立诚实守信的意识，把诚信作为自己的行为准则，真诚地与人相处，认真履行自己对师长、对同学、对朋友的承诺，抵制不守诚信、弄虚作假的行为。要远离考试作弊，要摒弃做错事后撒谎、逃避惩罚的行为，勇于为自己的言行负责，要敢于同不守诚信的行为做斗争。

其次，要以主人翁的心态来关心校园的诚信文化建设。在校园生活中，经常会碰到这种情况：有些人会用"从众心理"来原谅自己。例如，"别人都作弊，所以我也作弊""别人都逃课、撒谎，我这样做也没什么""大家都不讲真话，我这样说也没什么"，等等。不良的环境确实会影响诚信人格的建立，动摇树立诚信的信心。但是，只要大家都能行动起来，以主人翁的心态来共同建设校园环境，就会让"诚信"得到更多的支持，让每个人的诚信之路走得更远。

拓展阅读　诚信——为人立业的生命线

小刘就读于某高职院校电子商务专业。在学习过程中他积累了一些网上交易的知识，为了培养自己的实践应用能力，他在某著名交易网站上开设自己的"店铺"，尝试专门销售家乡的特产——观赏石。这应该是一个不错的开端。但经过一段时间的网上交易实践后，小刘很快发现网上交易不仅竞争激烈，而且内行人颇多，一般商品很难得到青睐，而好东西未必能卖上好价钱，他的经营情况很不理想。不过，小刘很"聪明"地总结出一点：网上交易，买卖双方不见面，而由买家先付款后提货，商品优劣完全凭网上的照片和宣传。于是他故意利用照片"隐瞒瑕疵"，利用文字说明"含糊其辞"，利用商品包装"以次充好"。果然效果显著，货品卖得很好。而当顾客投诉时，他都堂而皇之地说："自己有理由把货品最好的一面展现给大家"。很多买家因此上当吃哑巴亏。终于有一天，当他沾沾自喜时，被网站告知已被取消网上交易的资格，并被勒令赔偿消费者的损失，否则将依法起诉他。这时小刘才明白，当他追求交易额时，忽略了网站设立的"诚信度评价"，他的投诉量伴着交易额的上升，信誉度急剧下跌，最终被取消交易资格。他的行为也被同学鄙视。

小提示：诚实是为人立业的生命线，请做好你的信用资本的积累。

三、诚信有"度"

1. 慎重承诺

在职场中，有一些人不是不想守信，而是由于承诺的事情过于艰难或超出本身的能力范围，导致了无法履行承诺而失信于人。所以，"一诺千金""一言既出，驷马难追"都是建立在慎重承诺之上的。在生活和职场中，在承诺之前，都要仔细思考做出的承诺是否可以兑现。千万不要头脑发热，不经思考说大话。当你不能确定自己是否可以兑现的时候，就不能轻易承诺。

2. 理智面对"不诚信"

在职场和生活中，确实存在着许多不讲诚信的行为，有很多不讲诚信的人，甚至使我们上当受骗，那么，当遇到不讲诚信的人怎么办呢？

首先，坚守自己的道德底线，"以恶制恶"不可取。一个人接连丢了几辆自行车，很是气愤，一天，路经一家超市，看到一辆自行车没有上锁，于是就"拿"来为自己所用，心想这就当赔偿自己的损失了，没想到他很快就被警察"请"到派出所，因偷窃行为受到处罚。因别人不守诚信，我们也不守诚信，就会恶性循环，终尝恶果。

在面对不守诚信的人和事的时候，我们必须学会正确地选择和判断，明确自己该做什么，不该做什么，违反道德准则和损害他人的事情坚决不做。同时，可以给自己建立一套防御机制。比如，慎重交友，"近君子，远小人"，和诚实守信的人为伴。认清交往对象的品质，对于不讲诚信或信誉不好的人，尽量避免与之往来。

其次，学会保护自己的合法利益。我们可能会因为相信不守诚信的人而遭受损失。所以，在双方达成承诺之前，一定要明确制度规范，对自身的合法权益进行有效保护，不可轻信他人或受利益诱惑而违反规则。

3. 诚信也需要灵活

如果一味将诚信教条化，也是不可取的。诚信是我们为人处事的原则，但也要注意灵活处理。在职场中，有时为了达成目标，我们也要灵活实践，不必背上诚信的"十字架"

职业素养

而错失良机。

曾先后任IBM中国经销渠道总经理、微软中国公司总经理、TCL总裁,现为TCL董事的吴士宏被誉为"打工女皇"。当年,她去IBM北京办事处的求职经历告诉我们,诚信有时也需要灵活。在她的自传《逆风飞扬》中,曾有这样一段自述:

> 我鼓足勇气,穿过那威严的转门和内心的召唤,走进了世界最大的信息产业公司IBM的北京办事处。面试像一面筛子。两轮的笔试和一次口试,我都顺利地滤过了严密的网眼。最后主考官问我会不会打字,我条件反射地说:"会!"
>
> "那么你一分钟能打多少?"
>
> "您的要求是多少?"
>
> 主考官说了一个标准,我马上承诺说我可以。因为我环视四周,发觉考场里没有一台打字机,果然,主考官说下次录取时再加试打字。
>
> 实际上我从未摸过打字机。面试结束,我飞也似的跑回去,向亲友借了170元买了一台打字机,没日没夜地敲打了一星期,双手疲乏得连吃饭都拿不住筷子,我竟奇迹般地敲出了专业打字员的水平,以后好几个月我才还清了这笔不少的债务,而IBM公司却一直没有考我的打字功夫。
>
> 我就这样成了这家世界著名企业的一个最普通的员工。

在职场中,如果一些事情有一个时间上的缓冲期,你认为在这个缓冲期中,可以迅速提高,那么为了能够获得更好的工作和更多进步的机会,可以灵活一些,做出承诺,并且努力达到要求。这样既能达到目标,也不失诚信。诚信并不是僵化、刻板的教条,有些时候我们可以用智慧和胆识灵活实践。

素养训练营

拓展活动一:诚信大征询

1. 请同学们自己设计一张"个人诚信情况证询表",并设置各栏目的分值,注意栏目越详细越好。(总分100分)
2. 请同学们先在表中给自己的"诚信"情况打分。
3. 用自己设计的"个人诚信情况证询表",请周围的同学和老师用"无记名"方式给你的诚信情况打分。
4. 比较你给自己打分的分值和其他人给你的分值之间的差异。
5. 将自己的调查情况写成一份简单的分析报告并和同学们交流。

拓展活动二：诚信榜样的力量

1. 寻找身边的诚信榜样，讲述他们的诚信故事。
2. 制作ppt，展现诚信对人生的重要意义。

"诚信"的分量

关于对"诚信"的看法和意义，国内进行过轰轰烈烈的讨论，国家还专为此颁布了《中共中央国务院关于加强和改进未成年人思想道德建设的若干意见》《公民道德建设实施纲要》和《关于开展社会诚信宣传教育的工作意见》，以普遍提高全社会的诚信意识。这充分说明诚信对一个国家的发展和建设具有重要意义，同时也是每个人在社会的做人之道、立身之本。

在美国学习期间，从一些生活细节上，我体会到"诚信"在美国人心中的分量。

1. 一次，我去超市买麦片，其情形是这样的：有好多种零卖的麦片装在大瓶子里供顾客自取，有几种麦片外表几乎没有什么区别，但价格却大不相同，便宜的每磅0.90美元，贵的每磅2.5美元。当取了自己想要的麦片后，在大瓶子旁边的一个小盒子里取一张空白的纸片，写上你所买麦片的标号，出超市时称量和付款一次完成即可。取麦片和写标号的过程是没有人监管的，如果人
们没有诚信做保证，就可能出现买高价格的商品，写低价格的标号。后来也去过不同的超市，都是如此操作。我问美国的John老师，有可能出现这样"自作聪明"的现象么？他耸耸肩膀说，应该没有，如果为一点小利而失去了别人的信任，实在是不明智的。

2. 我学习的地方是美国的Oregon州Portland市，在Portland市，政府为人们提供了许多的便利条件。比如在交通方面，在市区有几种交通工具——Streetcar、Bus、Max等，每种交通工具在一定的街区（12个街区）范围内是免费的，超过12个街区才收费。而Streetcar和Max车上是不卖票的，买票是在车站的站台上自动投币购买或刷卡购买，不同的距离不同票价。买票上车后也没人查票，也没人知道你是否应该买票，全靠自觉。而Bus的规定更有意思，如果你去的地方是需买票的，但在两小时内返回，返程票可以不再买。这种购票方式和规定让想逃票的人有很多的机会，但却没有人这样做。

3. 一个周末，老师带我们去看Columbia Gorge，途经一个种植蓝莓的农场，老师让我们下车领略一下美国的乡村风光并买点蓝莓路上吃。正值蓝莓成熟的时候，果园里飘出阵阵清香。农场主已为摘果子的人准备好了可以绑在腰间的小桶，一个长条桌上整齐地放着一些纸袋、一个装钱的盒子及一块牌子，牌子上写着蓝莓的价格（满一小桶5美金）。采摘的果子可以随便吃，需要带走的自觉付钱，满满一桶5美金，如果没有采满一桶，就自己估计，是半桶呢，还是三分之一桶，然后把认为该给的钱自觉地放在钱盒子里。没有任何人管理，所以整个过程只见摘果子的人，不见一个管理的人，全是自助。

因为Oregon州是一个农业大州，出产多种水果，以后我们又去摘过桃子、蔬菜等，过程也是一样，只不过长条桌上多放了一个磅秤，把摘的蔬菜、水果自己称好，然后按牌子上写的价格，自己算好账，把钱放在钱盒子里，需要找钱的话，也是自己在钱盒子里拿。

以上几件小事从侧面反映了美国的国民素质和人们对诚信的态度及思维方式。

难道美国人就没有私心杂念？觉悟就这么高？带着这些疑问，从不同的方面了解到这不仅是觉悟问题。第一，在美国，每人有一张社会保险卡，如果有不良记录，今后就没有哪家公司敢用你。比如上面所说的乘车买票问题，虽然车上无人售票和查票，但偶尔会有专门人员抽查，查到你有问题，不仅要重罚，还会在你的保险卡中记录一笔，任何一次违反社会规定的行为都会被记录在案，而保险卡是跟你一辈子的，所以从这点上可以从源头上遏制你的私心杂念。第二，社会风气让不守诚信的人无颜面对大众，加之良好的教育，使得社会整体的诚信度较高。

通过对美国社会一些现象的观察，我体会到制度健全、依法办事是社会形成良好风气的保证，法律和制度可以规范我们的行为，使我们从不自觉到自觉做好某件事，最后养成好习惯。所以在我国对青少年进行诚信教育是十分必要的。

（本文来源：http://www.skycedu.com/ex/oblog/more.asp?name=朱晓蓉&id=1112，作者：朱晓蓉）

素养光荣榜

全国道德模范郭俊华。

单元测试题及答案

第四单元

学会友善——
共享和睦之美

善气迎人，亲如兄弟；恶气迎人，害于戈兵。

——管仲

君子莫大乎与人为善。

——孟子

要做一个在寒天送炭，在痛苦中送安慰的人。

——巴金

对于我来说，生命的意义在于设身处地地替他人着想，忧他人之忧，乐他人之乐。

——爱因斯坦

单元教学课件　　单元微课一　　单元微课二

职业素养

素养风向标

案 例　▶ 一位女工被锁在冷库里，是什么救了她

案例描述

一位女工在一家肉类加工厂工作。有一天，当她完成工作最后走进冷库例行检查时，突然，不幸的事情发生了，冷库的门意外地关上了，她被锁在冷库里。她对着门竭尽全力地叫喊着，敲打着，可是没有人能够听到她的声音。这时候大部分工人都已经下班了，在冰冷的库房外，没有人知道里面发生的事情。五个小时后，在她濒临死亡的时刻，工厂的一位保安打开了那扇门，女工奇迹般地得救了。后来女工问保安："你怎么会去打开那扇门？这不是你的日常工作啊！"保安解释说："我在这个工厂工作35年了，每天都有几百名工人进进出出，但你是唯一一位每天早晨上班向我问好，晚上下班和我道别的人。许多人视我为透明的、看不见的人。今天，你像往常一样来上班，跟我问声'你好'；但下班后，我却没听到你跟我说'明天见'。于是，我决定去工厂里面看看。没听到你的告别，我猜可能发生了什么事情。这就是为什么我在工厂每个角落寻找你的原因。"

工厂的一位保安 最终打开了那扇门

案例分析

在有几百名职工的企业里，一个守门的保安看着职工进进出出本是平常之事，很难说能够记住谁。可是这个保安怎么就记住了这个普通的女工，并在她几近绝境的时刻出手救了她呢？这看起来不可思议的事情却真实地发生了。原因就在于这个女工有一颗不同于常人的友善之心。正是在大家忽略这个看门保安存在的时候，她却坚持每天上班都问一声"你好"，下班时说一声"再见"，这种友善情怀像温暖的春风吹进了保安的心田，这个保安才惦记着她，并在关键时刻搭救了她的性命。

案例交流与讨论

1. 马克·吐温说："善良的、忠心的、心里充满着爱的人儿不断地给人间带来幸福。"结合上面的案例谈谈你从女工与保安发生的故事中得到什么启示？

2. 偶然中存在着必然。"积善成德，而神明自得，圣心备焉。"友善是从一点一滴做起的，从爱护和尊重你周围的每个人做起。想一想，平常的日子里你应该怎样表达自己的友善之心？

人的社会属性决定每个人都不可能孤立地生存于世界上，我们每时每刻都身处在各种社会关系之中。每个人不仅要管理好自己的情绪，还要处理好与他人的交往关系。对于一个大学生来说，以何种心境、何种形式与同学相处，以何种形象走向社会、走向职场，这是每个人都不能回避的问题。既然友善如此重要，那么我们就要很好地认识友善、学会友善。

素养加油站

一、认知友善

"友"之本义为朋友。在甲骨文中,"友"就如向同一个方向伸出的两只手,表示以手相助。《说文解字》里解释,"友,同志为友。""善者,吉也。"所谓友就是志同道合之人要真诚相待。所谓善就是有一颗善心。有善心,才能有美好的生活和美好的世界。友善就是要与人为善,善待亲人,善待朋友,善待他人,善待自然。友善具有普遍适用性。善待亲人以和谐家庭关系,善待朋友以凝结牢固的友谊,善待他人以构建和谐的人际关系,善待自然以形成和谐的自然生态。

友善是中华民族的传统美德。两千多年前,我国伟大的思想家孔子就曾经说:"己所不欲,勿施于人。"孟子说:"与人为善,善莫大焉。"善,首先作为个体的道德修养,作为一种人生态度,而后推及到人际关系,成为一种道德伦理关系。友、善有着内在的联系,善是友情、友谊、友爱的灵魂。由个体的友善推广到治理天下,便形成了天下为公的思想。

友善强调人与人应该相互尊重、互相关心、互相帮助、和睦友好,努力形成社会主义的新型人际关系。社会主义核心价值观倡导的友善,是对人类以往友善理念的继承和发展,友善是社会主义条件下处理人际关系的基本价值准则,是建设和谐家园、实现民族梦想的重要精神条件与价值支撑。

个人的友善深刻影响着国家和社会的和谐发展。随着经济社会的发展、科技的进步和文化的交融,人们的活动范围越来越大,交往也越来越频繁,友善成为人们沟通相处的基本准则。特别是当前我国正处在经济转型时期,竞争和生存压力加大,利益分配、社会矛盾分歧增多,不可避免地带来人际关系紧张、心态失衡、情绪浮躁,各种社会矛盾凸显,友善则是社会各阶层和各行业的人们达成共识、融洽相处的前提性条件,培育和践行社会主义友善价值观,是缓解社会矛盾、维护社会秩序、促进社会和谐的坚实基础。

二、友善的作用

(一)友善有助于建立起良好的人际关系

友善是人们建立良好的生活和工作环境不可或缺的价值理念。一个大学生最终会走出校门,走向社会,交往环境也会不断发生变化,随着生活、学习和工作活动范围不断扩大,除了有以血缘为纽带的亲友关系,还有学习期间结下的师生之谊、同学之谊,还需要在职场上、社会上与陌

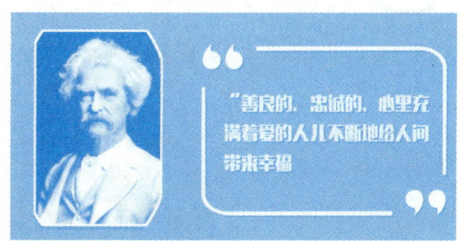

"善良的、忠诚的、心里充满着爱的人儿不断地给人间带来幸福"

生人交往、相处。而友善是联系社会成员的一种基础价值观念。常言道:"良言一句三冬暖,恶语伤人六月寒。"友善体现在一句温馨的问候、一个美丽的微笑、一句温暖的话语、友善交往的态度、与人为善的宽厚,这些都可以增进人与人之间的感情,从而加强和推动相互之间的联系和协作。

(二)友善有助于形成良好的社会风气

社会风气是社会价值导向的集中体现,树立良好的社会风气,维护社会的稳定是广大人民群众的强烈愿望,也是经济社会顺利发展的必然要求。大学生走向社会之初都会有不适应的感觉,社会环境与学校环境会有很大不同,有时遇到的情况也会与我们学习过的理念不同。但是,在道德领域,是非、善恶、美丑的界限绝对不能混淆,坚持什么、提倡什么、反对什么、抵制什么,不能含糊,要旗帜鲜明。否则就会失去原则,失去底线。树立正气,树立向善向上的良好社会风气是人心所向,是党和国家领导人民建设美好生活所必要的环境。大学生培养友好、仁义和善良的文明素养就是要以友善的行为方式和道德观念融入社会,参与和推动文明社会建设。当前,在发展市场经济过程中出现了一些道德失范、心无他人、自私冷漠、互不信任的现象,出现了心理、情绪上的焦躁和障碍,有的人甚至失去理智,丧心病狂,最终酿成性命悲剧。这种不良的社会风气是社会生活中长期不友善的坏习惯积累起来形成的。新时代的大学生要从坚持友善的价值理念开始,树立信心,改变这种不良风气,努力增进人与人的善良情感,为增加社会凝聚力、消除不良社会现象、化解社会暴戾之气做出自己的努力。

(三)友善有助于凝聚社会各阶层的力量

改革开放以来,我国经济发展取得了令人瞩目的成就,但由于经济结构及各项制度尚在调整和完善之中,加之人们在天赋、能力、受教育程度等方面的差别,客观上造成了社会群体的分化。在这种背景下,人们的社会心态在某些领域出现了失衡的现象,比如仇富心理、仇官心理及在财富、金钱面前的浮躁情绪等。部分人的心态失衡的原因固然有一部分人行为不检点、举止不端正的影响,但是,社会各群体之间缺乏友善地理解与沟通也是不容忽视的原因。大学生强调树立友善价值观,从个人层面来说,能够帮助自己以阳光心态修身养性,从积极的角度肯定自己。在群体层面,友善价值观能够让人们在群体之间传递友爱的信息,并且在实质层面予以相互帮助。友善在缓解社会压力、调整人们心态、营造社会和谐的实践中具有基础性作用。为了自身的快乐、家人的幸福、社会的融洽,我们每位大学生都应当深入理解友善的力量与价值,自觉地践行社会主义友善价值观。

 神秘捐款人——"兰小草"

15年来共匿名捐款30万元,每次只留下"兰小草"的名字。他被称为"温州之谜",让温州全城寻觅了15年而不见人影,但他却总是准时送来约定的2万元公益捐款。没想到,找到他的时候,却是与他永别之时。2017年10月20日晚,48岁的王珏因病去世,直到此时,人们才知道,这个和家人坚守洞头海岛渔村28年的乡村医生,就是缺席了无数次公益奖项颁奖,却坚持公益捐款十多年的神秘捐赠人"兰小草"。

2002年11月17日,一位20多岁的小伙子给温州晚报送来一个包裹,里面是一个红色盒子,盒子里装着2万元现金,不全是百元整钞,还有皱巴巴的零钱。盒子里还有一封署名为"农民的儿子兰小草"的信。信中写道,"这两万元是我们辛苦挣来的,捐给那些急需帮助的孤儿寡母……我们希望用33年时间,每年捐献2万元'星语心愿'善款,以报答农民'粒粒皆辛苦'的养育之情……"

从此以后,一年一次以爱为名的"约会"就从没有中断过。每年的11月中下旬,"兰小草"都会如约践行承诺,托人送来2万元捐款,这一送就是15年。因为坚守爱心信守承诺,"兰小草"曾荣获"温州改革开放三十年十大慈善人物""感动温州十大人物",但所有的公益颁奖场合,他都未曾现身,也没有委托他人领奖。直到2017年10月20日晚上,"兰小草"的家人才电话告知一直追踪此事的温州晚报记者,"兰小草"就是洞头区的乡村医生王珏,48岁的他已在当天傍晚因病离世。

案例分析

"兰小草"的爱心和奉献感动了无数人。

"兰小草"无比平凡。他是一名普通的乡村医生,收入仅够维持自己生计,他的社会地位也不高。而他心存善念,以感恩、报答为怀,隐姓埋名,坚持15年捐赠善款,帮助那些更需要帮助的人。他捐赠的数额与名人、企业家无法相比,也无须比较。

"兰小草"的捐赠目的单纯,无私无利。我们只感到他的善心纯厚,友爱深沉。他虽不是一棵大树,但他的绿荫如同一把小伞;他虽不是大河,但涓涓细流淌向田野。如果我们的国家,我们的社会,这样的人再多一点,如果我们每位大学生都能成为一棵小树、一条小溪,那么何愁没有森林,何愁没有江河?

三、实现友善的方法——内心有爱,善待他人

大学生要不断提升自身的道德修养。善待亲人、善待同学、善待他人、善待自然,根本在于自己修养的提升。如何能做到友善呢?那就是形成仁爱之心,以此作为友善的内在根基。只有内心有爱,才能真诚地给他人提供帮助,带给他人友善。因此,友善的动力来自内心的仁爱。孔子说:"仁者爱人。"只有自己内心有仁爱之心,才能够把这种爱传递给他人。友善是爱心的外化,只有宅心仁厚,才能关爱他人、尊重他人、平等待人,不苛求于人,不强加于人,进而有助于人。善良的人心地柔软,懂得尊重他人的生命和感情,而且尽己所能关爱、成全他人。

 最美女教师张丽莉

张丽莉,女,28岁。她从哈尔滨师范大学毕业后,分配到黑龙江省佳木斯市第十九中学任初三(3)班班主任。2012年5月8日,放学时分,张丽莉在路旁疏导学生。一辆停在路旁的客车,因驾驶员误碰操纵杆失控,撞向学生,危急时刻,张丽莉向前扑去,将

职业素养

小提示：保持一颗善良之心，做到心有他人，关爱他人。

车前的学生用力推到一边，自己却被撞倒了。车轮从张丽莉的大腿碾压过去，肉都翻卷起来，路面满是鲜血。被轧伤后她有时清醒有时昏迷，在送医院的途中，还对大家说："要先救学生。"昏迷多天后，张丽莉醒来的第一句话是："那几个孩子没事吧！"经过抢救，张丽莉被迫高位截肢。她的亲人和医护人员都不敢想象她知道真相的后果会是怎样，但张丽莉很快接受了事实，还反过来安慰父亲说："当时车祸的场景我还记得，很幸运，如果车轮从我的头碾过去，你们就看不到我了，我救了学生，也保住了命，今后一定会幸福的。"有人问张丽莉，"你后悔吗？"她回答："不后悔。这样做是我的本能。我已经28岁了，我已和父母度过28年的快乐时光。那些孩子还小，他们的快乐人生刚刚开始。"

四、实现友善的方法——关爱他人，一视同仁

（1）尊重他人，平等待人。从心里尊重每个人，平等对待每个人。每个人都是平等的，我们需要尊重他人的存在和他人的选择。

（2）将心比心，换位思考。做到"老吾老以及人之老，幼吾幼以及人之幼"。要学会理解别人、包容别人。

（3）己所不欲，勿施于人。

拓展阅读　依法管教，以德感化

小王大学毕业之后选择当一名监狱警察。他一方面坚持依法办事、执法必严、违法必究；另一方面坚持以德育人，用真情和爱心去教育和感化服刑人员。小王所在监区关押的都是艾滋病患者或病毒携带者。服刑人员刚入狱时，有的思想消极，以绝食相要挟；有的以自杀相威胁，扰乱监管改造秩序；个别服刑人员还以自残破血、让警察感染等手法威胁恐吓。一次在对服刑人员采取隔离措施时，一些服刑人员闹情绪，拒不服从要求，使隔离工作陷入僵局。小王主动与一个挑头闹事的服刑人员做教育谈话。可犯人抄起搪瓷茶缸砸向他的头部。小王冲上去将其制服。可是他回到办公室发现，自己左手拇指被划伤了，鲜血直流，大家见状心中不禁"咯噔"一下。监狱领导立即带着小王到医院包扎。他的新婚妻子也闻讯赶来，焦急地说："万一感染了艾滋病病毒，以后的日子怎么过呀！"小王安慰她说："不要紧，我看过这方面的书籍，不会被感染的。"后来，经血液检测一切正常时，大家悬着的心才落了地。小王在带服刑人员外出就医时不怕脏累，背着病人上楼下楼，为病人接屎接尿，使得服刑人员深受感动和教育。多年来，他先后为服刑人员垫付医药费、保外就医鉴定费8000余元。一个服刑人员因老花眼不能读书写字。小王从家拿来老花镜送给他。后来他家人拉住小王的手激动地说："我父亲在您的管教下，我们放心！"

📈 **案例分析**

我们不能要求每个人都有崇高的节操，都有仁爱之心，但绝对不能践踏法律这条底线。法律就是防止潘多拉之盒打开的那一把锁，法律就要惩罚那些性恶之人。但对违法犯罪的人也不能一棍子打死，要以仁爱之心帮助其转化，促使其良心发现，改邪归正。犯罪之人也是有感情的，我们要将其视为"人"来对待。小王能够爱岗敬业，做到既执法如山、坚持原则，又以友善之心，真心帮助犯罪之人改过，取得了良好的教育改造效果。

五、实现友善的方法——真诚守信，助人为乐

友善价值观对于诚信有着内在的追求。"诚"意味着要胸怀坦荡、实事求是；"信"要求对他人信守承诺、不诈不欺，充分履行自己在承诺中的义务。友善是建立在诚信基础之上的。我们无法想象，一个满脑子阴谋诡计、不履行契约、不能以诚待人的人，能够友善地对待亲人、朋友和其他人。如果一个人缺少真诚，却显得很友善，那只能是口蜜腹剑之人。在真诚守信的同时，还要做到乐于助人。助人为乐是高尚的人的基本标志，要发扬助人为乐的美德，把别人的困难当成自己的困难，能够设身处地给予别人热情而真诚的帮助和关怀。人应有恻隐之心，能够对他人的遭遇产生同情之感。当代社会之所以出现了很多问题，与人们恻隐之心的丧失有直接关系。有的人心理阴暗，乐于窥视别人的不幸；有的人玩世不恭，认为帮助他人毫无意义；有的人还以伤害他人为荣，经常把与他人斗争并取得的胜利作为谈资。这些不良心理，导致了人们友善情感上的冷漠，对他人的困难麻木不仁；友善行为上的推卸，认为帮助他人应当由别人或者政府来做，自己没有责任。

拓展阅读 爱心能促使你去做一个更好的医生

当生活极度贫困的凉山州木里县患者刘正富找到梁益建医生时，梁医生给了他一个许诺："你等着，我帮你找到钱就回来接你。"

一年后，梁医生驱车7小时赶到木里县，再乘坐一个多小时的摩托车上山，终于接到了日思夜盼他到来的患者刘正富。现如今，已经康复出院的刘正富正在学习理发手艺，开始了自己的新生活。

梁益建，医学博士，四川省成都市三医院骨科主任。多年前学成回国，参与"驼背"手术3000多例，亲自主刀挽救上千个极重度脊柱畸形患者的生命，成为国内首屈一指的极重度脊柱畸形矫正专家。

尽可能地为患者着想，是梁医生的工作守则。到医院求治的病人，很多经济条件都不好。为了让患者尽快得到治疗，他处处为病人节省费用，还常常为经济困难的患者捐钱，四处化缘。碰到有钱的朋友，他会直接开口寻求帮助，甚至尝试过在茶馆募捐。自己常常为经济困难的患者捐钱，到现在金额不下十万元。

为给贫困患者赢得更稳定的求助渠道，梁益建团队从2014年开始与公益基金合作。据不完全统计，目前获得帮助的患者近200位，金额超过500万元。

"这种情感是很温暖的，作为医生，除了要有技术，更重要的是富有爱心，只有爱心能

促使你去做一个更好的医生。"医生梁益建这样说。

📈 案例分析

"一诺千斤",许诺意味担当,兑现承诺,体现诚信,反映人品。患者把医生的许诺看成是生命的托付。医者,仁心。梁益建医生以精致的医术、高尚的医德、仁慈的爱心,扶危济困,与当今个别人唯利是图、见利忘义相背,让人顿觉清新自然,别开一面。

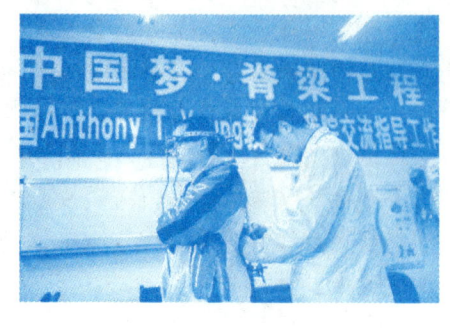

播撒爱心,不分行业,不分年龄,以仁爱之心待人,从我做起,从现在做起。

拓展阅读 助人为乐的王家砭村村民

2013年12月17日10时许,在陕西省铜川市的王家砭村,当满载橘子的内蒙古货车途经包茂高速铜川黄堡收费站时,由于车辆故障导致侧翻,车上装载的1100多筐、25吨鲜橘顿时散落一地。事故发生后,正在公路边浇地的王家砭村民朱北晨夫妇、王战荣等人闻声跑到现场,看见惊魂未定、瑟瑟发抖的司机紧张地站在散落的橘子前,他们一边安慰司机,一边报警。朱北晨对司机说:"这里是王家砭村,你放心!"在征得司机厍月强同意后,朱北晨叫老伴刘淑侠赶紧回村叫人,帮助捡装橘子。

闻讯后,王家砭村自发组成了一支42人的队伍,从三里外的村庄赶到事故现场。他们不顾严寒,女的负责挑拣装箱,男的则抬筐装车。当晚,由于担心气温太低,橘子受冻,村民王战荣等拉来了草帘子,把橘子盖起来,还从家里带来几捆干柴,为司机生火取暖,陪他一起看护现场。直到18日中午时分,经过村民们两天一夜的齐心奋战,终于将最后一筐橘子装到货车上。

这期间,村民们没有一个人拿走一个橘子。厍师傅拉着朱北晨的手感激地说,"大伯,这次事故我很不幸,但我又很幸运。咱陕西人真好,王家砭的父老乡亲真好!"

📈 案例分析

在陕西省铜川市耀州区王家砭村不是一个人做好事,而是一群人一直在做好事。不是做一件好事,而是争先恐后寻找做好事的机会。爱心形成风气,是长期以来王家砭人经年累月道德积淀的升华和展现,是王家砭人道德力量的集中闪耀。如果把一件好事、一个善举比作一花一木,王家砭就是茂盛芬芳的美德丛林和花园。如果能涌现更多的王家砭村,如果爱心蔚然成风,我们的社会一定会充满阳光。

六、实现友善的方法——平等宽厚,共享和谐

友善是社会生活的润滑剂。建设社会主义和谐社会,就是要构建一个宽容的社会氛围。《周易》中有"天行健,君子以自强不息;地势坤,君子以厚德载物。"后者是讲人们应当像大地那样拥有厚实和顺的美德,拥有容载万物的胸怀。人如此,社会亦然。宽容是构建友善社会关系的前提。我们需要整个社会各个阶层保持宽容大度,尊重其他阶层的生

活习惯与生活方式,弥补社会关系中出现的裂痕;需要在交往中保持克制,在发生利益矛盾时保持对话心态,能够适度退让,从而使社会矛盾能够控制在可承受范围之内。

(1) 友善维系着人与人之间的平等。友善固有的特点是平等。友善是建立在主体的平等地位之上的,友善的双方都拥有共同的要求,彼此间有着同样的愿望。

(2) 友善维系着人与人之间的真诚。友善不是一种偶然的情绪,而是一种稳定的道德联系。在这种联系之中,人与人之间真诚相待,建立互爱互信的伦理秩序。

(3) 友善维系着人与人之间的互助。友善虽然不以互利为前提,但是在友善的联系中,人与人之间进一步巩固了互助的关系。在互助中,大家都平等相待,没有任何人因为给予别人帮助或者接受别人帮助而处于人格的优势或者弱势地位。

七、实现友善的方法——顺应自然,天人合一

庄子说:"至人无己,神人无功,圣人无名。"人总是以己作为衡量万物的标准,给万物以种种干扰,在追求自身发展的同时,却给自然环境造成了种种创伤。人类对自然的破坏,自然会加倍报复给人类。所以,从远古时代开始,中华民族就形成了天人合一、人与自然和谐相处的思想。老子说:"人法地,地法天,天法道,道法自然。"要求人们按照自然的法则活动,获得本质的发展,使"天地与我并生,而万物与我为一"。但是,近年来,在过度追求经济增长的背景下,人们逐渐忘记了人与自然和谐相处的古训,开始了对大自然的严重破坏,对自然进行了无节制的掠夺,对环境造成了巨大的伤害。砍伐森林、过度放牧,导致了水土流失、土壤沙化;大量的温室气体排放,造成了雾霾等极端天气经常发生;在发展工业经济中不注重环保,造成了不同程度的水污染、空气污染和土壤污染,已严重威胁到人类自身的健康。这些都是对环境不友善的表现,人类不得不吞下自己种下的苦果。我们逐渐认识到,人不应该站在自然的对立面,而应顺应自然,和谐共存。我们大力实施了退耕还林、植树造林;大力淘汰落后产能,减少工业发展对环境的危害;大力发展风力、太阳能等清洁能源,还大自然以蓝天绿水。大力推进生态文明建设,更加自觉地珍爱自然,更加积极地保护生态,这是我们要对自然友善的宣言书。

塞罕坝林场建设者

塞罕坝位于河北省北部,曾经是茫茫荒原。半个多世纪以来,三代塞罕坝林场人以坚韧不拔的斗志和永不言败的担当,坚持植树造林,建设了百万亩人工林海。如今,塞罕坝每年为京津地区输送净水 1.37 亿立方米、释放氧气 55 万吨,成为守卫京津的重要生态屏障。

55 年来,塞罕坝林场三代建设者在"黄沙遮天日,飞鸟无栖树"的荒漠沙地上艰苦奋斗、甘于奉献,创造了荒原变林海的人间奇迹。

55 年来,塞罕坝林场三代建设者在荒漠上徒手种下 112 万亩人工森林,将森林覆盖率提高至 80%。从一棵树到 112 万亩,从一大片荒漠变成一大片森林,塞罕坝人让世界看到人类正在创造绿色文明的奇迹。

55 年来,塞罕坝林场建设者的精神感动中国,感动了世界。他们用实际行动诠释了

职业素养

绿水青山就是金山银山的理念，铸就了牢记使命、艰苦创业、绿色发展的塞罕坝精神。

案例分析

"种下绿色，就能收获美丽；种下希望，就能收获未来。"塞罕坝林场第一批建设者的话，道出了追求绿色发展者的初心。三代塞罕坝人以善待大自然的爱心，把退化的土地变成了一片郁郁葱葱的天堂，塞罕坝的故事里，浓缩着人类思考和探索人与自然关系的全过程。它用事实告诉全人类，人与自然完全可以和谐共存。

素养成长路

一、友善是微笑

当我们把内心的友善变成简单的一个微笑的时候，人与人之间的距离就拉近了。对他人微笑，同样也是对自己微笑。也许，仅仅是一个微笑，却能让我们获得帮助；也许，仅仅是一个微笑，同样也会给予别人鼓励和关爱。做一个友善的人，就要懂得微笑，学会微笑，善于微笑。友善还让我们时刻保持一份冷静。情绪激动、大吵大闹解决不了问题，而内心充满了友善，就会多给自己留点思考的时间，该坚持的坚持，该宽容的宽容，该道歉的道歉，该担责的担责。培养友善的品质要从小事做起。微笑人人都会，但常常为"重大节者"所不屑。殊不知就是这些细枝末节却蕴含着品德内涵，体现了一个人的修养德行。

拓展阅读

微笑的妙用对于成功人士来说已经不是公开的秘密。行动胜于言论，对人微笑就是向他人表明：我很友好。

小提示：成功的法宝是什么？保持微笑。

享誉世界的美国希尔顿大酒店创办者希尔顿先生，在他事业未成感到苦恼时，他母亲对他说："孩子，你要成功，必须找一种方法，要符合以下几个条件：第一，要简单；第二，容易做；第三，不要花本钱；第四，能长期运用。"希尔顿反复观察、思索，终于悟出：是微笑，只有微笑才完全符合这四个条件。"人不会笑莫开店。"后来他果然用微笑这把钥匙打开了成功之门，创建了誉满全球的大酒店。在这里，微笑是形象化的哲理，是秘诀化的智慧，是照亮迷茫心智时的一缕阳光。

二、友善是尊重

友善的人习惯使用礼貌语言，如"请""谢谢""对不起"，常常用"能不能""可不可以"的语气与人商量事情。尊重不仅仅是对师长、上级，对晚辈、下属也同样要尊重。

拓展阅读　把爱与梦想传递给大山深处的孩子

他是一个德国青年志愿者，为了研究与实践孩子天性发展、潜能与个性教育理念，选择在中国广西的一个极偏僻的小山村里支教，一干就是十几年。他的中文名叫卢安克。卢安克很忙，一会儿租房子，一会儿搬桌子。他拍拍身上的灰，用带着外国口音的中文跟村民说："我要办学校！"这是一块贫瘠的土地，不通公路，不通电话。卢安克办学、讲课，不收钱。他讲天文地理，讲数学英语，讲逸闻趣事，讲生活哲理。村民们亲切地称他"洋雷锋"。卢安克认为农村教育最大的问题是没有家人陪在孩子身边。他经常去学生家里，帮他们做饭、做家务；放学后，他和孩子们一起爬树、放牛；下雨的时候大家一起挖泥鳅，抱成一团在泥塘里打滚。孩子们爬到他身上，用手勾住他的脖子称他是"我老爸"。当他知道推举他为《感动中国》候选人时，就赶紧给评选委员会写信，说可千万别选自己，他只是做自己想做的，去实践自己的愿望，去做一些力所能及的事。他说："我不要出名，出名会影响我的工作，会伤害我的学生。""我害怕感动中国，只能是中国感动我。"卢安克虔诚地追求和享受着自己认定和喜欢的生活，实践着他的信仰："如果一个人为了自己的家，那么家人就是他的后代；如果一个人为了自己的学生，学生就是他的后代；如果一个人为了人类的发展，人类就是他的后代。"

案例分析

卢安克没有很高的学历，只是个职校毕业生。他的德国家庭不缺少温馨，父母兄妹和睦。他没有生存的迫切需求，收入能够自足。但他有强烈的学习探索欲望，向往愉快、轻松的自主学习，向往在动手工作中创造情境，学习知识。在现实中国，他的身份、理念必然会遇挫。可他置之不顾，尽力寻找实现理想的桃花源。他用自己的青春和热情一次次义无反顾地值守在深山村的课堂，溶化着留守儿童的心冰。他的行为执着，没有任何功利，他用自己的存款和父母援助支撑着执着的爱心，实践着心中的理念。卢安克的故事告诉我们，理想需要执着坚持，爱心不分地位身份，只要你坚持去做了，幸福就属于你，快乐就属于你，你的幸福与快乐也会滋润干渴的心田。

三、友善是谦让

友善的人常常谦恭礼让。例如，数人同行时，请他人先行；赴会、赴宴时，把尊贵的位置留给他人，等等。

四、友善是宽容

友善的人会设身处地、换位思考，宽容别人就是善待自己。宽容是一种修养，是一种处变不惊的气度。宽容是一种理解，一种体谅。理解他人的难处，不斤斤计较，得饶人处且饶人。宽容维系着人与人的情感平衡。宽容的人乐观豁达，认为人人都可以是自己的朋友。

五、友善是关爱

友善的人视人皆为友，乐善好施，关心帮助别人。不仅要对自己的亲人友善，而且要友善对待与自己关系不密切的人和素不相识的人。"送人玫瑰，手有余香"，在帮助别人时自己也会享受着快乐。

六、友善是同情

友善的人都富有同情心。同情是人类最美好的感情，是高尚道德情感产生的基础。常怀恻隐之心，同情弱者，同情不幸，给予别人热情而真诚的帮助和关怀，使人间充满温暖的阳光。

拓展阅读　致敬尼古拉斯·温顿，世界因他而骄傲

1938年圣诞前夕，还是一个股票经纪人的27岁英国青年温顿第一次来到捷克斯洛伐克首都布拉格。他是度假才路过这里的，但是他马上发现，由于德军的铁骑已经踏入了捷克斯洛伐克北部的苏台德地区，这里涌入了大量的难民。温顿和朋友造访了难民营地，发现无人过问儿童难民的处境。战争的脚步临近，温顿认为他应该把孩子们从这里解救出去。

"那时谁都说，就凭你？不行。"温顿回忆说，"可我回来发现，其实也没有那么困难。"几个月后，温顿单枪匹马地募集到大量资金，将孩子们辗转运出捷克斯洛伐克，并奔走于多国政府之间，游说他们接纳这些小难民。当时只有英国和瑞典同意。温顿又在英国四处征询，并最终找到愿意收留和照顾这些孩子们的家庭。

1939年3月，纳粹德国侵占了整个捷克斯洛伐克，温顿意识到他必须快速完成救援孩子的工作。第二次世界大战爆发前几个月内，共有8列火车悄悄地驶出了布拉格。664名脖子上系着标明身份号码的捷克斯洛伐克孩子逃离了灾难。当最后一班，也就是第9列运送250名儿童难民的火车即将离开布拉格时，战争爆发，那班列车被取消。据称那些孩子已经在那场浩劫中丧生。温顿为此陷入深深的自责。

在战后整整50年，温顿没有跟任何人提过这件事，仿佛这个故事从未在地球上发生过。直到1988年，温顿的妻子格莱塔在清理家中阁楼的时候，找到一本陈旧发黄的剪贴簿，里面装有一些旧明信片、6个孩子的照片和英国官方表示不能再接受更多难民的信函。在本册的背后，是一份"温顿的名单"，列着所有获救孩子的姓名。"如果其他国家也能收留这些孩子的话，我们还能救更多的人。"温顿说。

秘密揭晓，荣誉瞬间涌来。英国女王亲自封他为勋爵，捷克领导人授予他最高荣誉，伦敦车站为他塑起雕像，甚至太空中的一颗行星都以他的名字命名。温顿却一如往常平静，他说："做好事，不是为了让人知道。我不是故意保密，我只是没说而已。"2015年，温顿先生安详离世，享年106岁。

案例分析

有一种感动值得我们永远铭记，穿越时空。温顿的无私、谦逊、低调……都在说明他是一个伟大的人。他所做的不只是所谓的"救援工作"，而是在向世界诠释着人类的善良。"有的人生来伟大，有的人追求伟大，有的人硬被人说伟大。"温顿说自己是第三种。对捷克总统亲自授予的捷克最高荣誉"白狮勋章"，温顿说："感谢那些愿意收留他们、接受他们的英国家庭，还有那时竭尽全力与德国人战斗的捷克人们……我也只是提供了一点帮助而已。"他是把世界当作自己的一部分，把帮助他人当作是自己理所应当的责任。温顿坚持认为做完一件事再去做下一件就可以了。温顿的一生足够漫长，这是上天给他足够的时间让他散布关爱；温顿的一生并不漫长，以至于那些因他而重生的人们，还没有看够那张慈爱的脸庞。温顿教会了我们在做任何事前不要衡量自己的利害得失，不求让人记得，也不求任何回报，只要这件事有益于人，去做就对了。2007年，温顿在布拉格发表演讲时说："人们应该满怀希望，善良、仁慈、诚实和荣誉总会获胜。人们应该意识到仅仅说'今天我没有做坏事，我是个好人'还不够，应该说'今天我有机会做一些好事'。"我们应该记住这位老人的谆谆教导，应该问一问自己：是否"以善小而不为"？

素养训练营

拓展活动一：组织一次以"友善你我他"为主题的研讨活动

1. 你对周围的同学、亲属、邻居发生的事情关心吗？
2. 你和亲属中谁关系最好？怎样相处的？为什么？

3. 通过事例说明什么是待人宽厚、为人友善。

4. 请谈一谈对助人为乐的看法。

5. 你有几个知己的朋友？讲讲互相帮助的故事。

6. 讲讲你与别人最愉快的一次合作和最不愉快的一次合作，分析其中的原因。

7.《西游记》中的唐僧师徒组合算不算是一个合格的团队？他们各自的性格是什么？在团队中发挥什么作用？

8. 分析自己在与人沟通方面的优势和不足。

拓展活动二：以"友善合作才能共赢"为主题的演讲活动

以团队形式组织一次活动，并以"友善合作才能共赢"为主题做总结演讲。

素养光荣榜

1. 王峰：忠义感乾坤。

2. 梁益建：妙手仁心——打开折叠的人生。

单元测试题及答案

第五单元
学会踏实——
肩负重任之法

欲当大事,须是笃实。

——清初大臣 魏裔介《琼琚佩语·政术》

踏实,是学有所成的根本;马虎,是求知的大敌。

——《新格言》

古今中外,凡成就事业,对人类有作为的无一不是脚踏实地、艰苦攀登的结果。

——钱三强

凡事都要脚踏实地去做,不驰于空想,不骛于虚声,而唯以求真的态度做踏实的工作。以此态度求学,则真理可明,以此态度做事,则功业可就。

——李大钊

单元教学课件　　单元微课

职业素养

素养风向标

案例  浮躁是你最大的敌人

案例导读
本案例通过分析小吴的事例,告诉我们调整好心态,踏实工作的重要意义。

案例描述
一位资深 HR 曾经遇到前来咨询的小吴。

"老师,我已经工作两年了,想换一份工作。我现在在一家大型国企从事 HR 方面的工作,但我觉得现在所做的工作非常琐碎,没有前景。我感觉自己被埋没了。"

"你想换一份什么样的工作呢?"

"我是 985 高校人力资源管理专业本科毕业,虽然是国企,规模很大,但工资不是太高。我想辞职找一份年薪 20 万的人力资源总监的工作。"

"好吧,我来问你几个问题:你知道如何组建团队吗?"

"不知道。"

"你知道如何进行高效的员工管理吗?"

"不知道。"

"你知道如何激发员工积极性、提升执行力吗?"

"不知道。"

"你知道如何根据企业运营战略,进行人力资源战略配置吗?"

"不知道。"

"那你凭什么找一份年薪 20 万的工作?凭你的 985 高校文凭?你少得几乎可以忽略不计的工作经验?还是你的不谙世事和一厢情愿?"

"……"

案例分析
一个人的心态好与不好,与个人发展有密切的关系。不少人走弯路,主要就是因为心态不正确,导致一次次失败。调整好职场心态,别让浮躁毁了你。

案例交流与讨论
1. 你认为吴小姐职场浮躁的根源是什么?
2. 如果你是老板,你会喜欢频繁跳槽的员工吗?为什么?
3. 你认为职场中的新人如何才能避免职场浮躁?

素养加油站

一、认知踏实

踏实是切实、不浮躁，也指内心安定、安稳。勤奋踏实是中华民族的核心精神之一。王符在《潜夫论》中提到"大人不华，君子务实"，王守仁的《传习录》中有"名与实对，务实之心重一分，则务名之心轻一分。"这些思想一脉相承，都是中国文化注重现实、崇尚实干精神的具体体现。踏实排斥虚妄，拒绝空想，鄙视华而不实，追求稳步而积极进取的人生。

就职场而言，踏实是一种优秀的职业品质，是职场人士的基本职业态度。在市场经济的今天，职场竞争异常激烈，要想在职场立足并获得成功，必须学会踏实。

电影《杜拉拉升职记》热了很长一段时间，其中的杜拉拉就是职场赢家。她在国有企业服务一年，在民营企业工作两年，在大学毕业第四年的时候迈进了美资500强企业DB公司，任职销售助理，两年后升至主管，之后又坐上了行政人事经理的位置，年薪23万，时年30岁。这不能不让所有职场新人羡慕不已。杜拉拉为什么能获得成功？她的经历能给职场新人哪些启示呢？

进入同一个的企业的人们不可能个个都能升职，个个拥有令人羡慕的职业生涯。可以肯定地说，杜拉拉从一个只有三年工作经验的小职员开始，用踏实的心态做好自己的本职工作，一步一个脚印从基层做起，通过坚持不懈地努力，终于成长为一个优秀的人力资源管理者。

文学作品来源于真实的生活，真实反映了现实职场的规律，踏实、奋斗才是职场生存的不二法则。

二、踏实的价值

1. 踏实是自我成功的阶梯

万丈高楼平地起。要掌握一门外语，得先过单词关；要学好数学，得从最基本的加减乘除运算开始。一个人如果在事业上取得成功，就要一步一个脚印、脚踏实地，踏实是成功的阶梯。而那些好高骛远、空谈理想而不愿埋头苦干的人，注定一事无成。

 **拓展阅读　踏实的智慧**

当时公司招了大批应届本科和研究生毕业的新新人类，平均年龄25岁。那个新的助理，是经过多次面试后，我亲自招来的一个女孩。名牌大学本科毕业，聪明，性格活泼。

私下里我得承认，我招她的一个很重要的原因，除了她在大学里的优秀表现，还因为她写得一手漂亮的字。女孩能写一手好字的不多，尤其像她，长发飘飘，多么柔性化的一个姑娘，一手字却写得笔力遒劲，让我对她不由多了几分好感。

手把手地教。从工作流程到待人接物，她也学得快，很多工作一教就上手，一上手就熟练，跟各位同事也相处得颇为融洽。我开始慢慢地给她一些协调性的工作，各部门之间及各分公司之间的业务联系和沟通让她尝试着去处理。

开始她经常出错。她很紧张，来找我谈。我告诉她：错了没关系，你且放心按照自己的想法去做。遇到问题了，再来问我，我会告诉你该怎么办。仍然错，又来找我，这次谈得比较深入。她的困惑是，为什么总是让她做这些琐碎的事情？我当时问她：什么叫作不琐碎的工作呢？

她答不上来，想了半天，跟我说：我总觉得，我的能力不仅仅是做这些，我还能做一些更加重要的事情。那次谈话，进行了1小时。我知道，我说的话，她没听进去多少。后来我对她说：先把手头的工作做好，先避免常识性的错误，然后循序渐进。

半年以后，她来找我，第一次提出辞职。我推掉了约会，跟她谈辞职的问题。问起辞职的原因，她跟我直言：本科四年，功课优秀，没想到毕业后找到了工作，却每天处理的都是些琐碎的事情，没有成就感。我又问她：你觉得，在你现在所有的工作中，最没有意义的最浪费你的时间和精力的工作，是什么？她马上答我：帮您贴发票，然后报销，然后到财务去走流程，然后把现金拿回来给您。

我笑着问她：你帮我贴发票报销有半年了吧？通过这件事儿，你总结出了一些什么信息？

她呆了半天，回答说：贴发票就是贴发票，只要财务上不出错，不就行了呗，能有什么信息？

我说：我来跟你讲讲，当年我的做法吧。1998年的时候，我从财务被调到了总经理办公室，担任总经理助理的工作。其中有一项工作，就是跟你现在做的一样，帮总经理报销他所有的票据。本来这个工作就像你刚才说的，把票据贴好，然后完成财务上的流程，就可以了。

其实票据是一种数据记录，它记录了和总经理乃至整个公司营运有关的费用情况。看起来没有意义的一堆数据，其实它们涉及了公司各方面的经营和运作。于是我建立了一个表格，将所有总经理在我这里报销的数据按照时间、数额、消费场所、联系人、电话等等记录下来。

我起初建立这个表格的目的很简单，我是想在财务上有据可循，同时万一我的上司有情况来询问我的时候，我会有准确的数据告诉他。通过这样的一份数据统计，渐渐地我发现了一些上级在商务活动中的规律。比如，哪一类的商务活动，经常在什么样的场合，费用预算大概是多少；总经理的公共关系常规和非常规的处理方式，等等。

当我的上级发现，他布置工作给我的时候，我会处理得很妥帖。有一些信息是他根本没有告诉我的，我也能及时准确地处理。他问我为什么，我告诉了他我的工作方法和信息来源。

渐渐地，他基于这种良性积累，越来越多地交代更加重要的工作。再渐渐地，一种信任和默契就此产生，我升职的时候，他说我是他用过的最好用的助理。

说完这些长篇大论，我看着这个姑娘，她愣愣地看着我。我跟她直言：我觉得你最大的问题，是你没有用心。在看似简单不动脑筋就能完成的工作里，你没有把你的心沉下去，所以，半年了，你觉得自己没有进步。她不出声，但是收回了辞职报告。

又坚持了3个月，她还是辞职了。这次我没有留她，让她走了。

后来她经常在 MSN 上跟我聊天，告诉我她的新工作的情况。一年内，她换了三份工作，每次都坚持不了多久。每次她都说新的工作不是她想要的工作。2005年，她又一次辞职了，很苦恼，跑来找我，要跟我吃饭。我请她去写字楼后面的商场吃日本料理。吃到中途，忽然跟我说：我有些明白你以前说的话是什么意思了。

小提示：工作需要一个聪明人，工作更需要一个踏实人。

一个新手，大多数新手，在大学毕业后的四年里，是看不出太大的差距的。但是这四年的经历，为以后的职业生涯的发展奠定了基础，是至关重要的。很多人不在乎年轻时走弯路，很多人觉得日常的工作人人都能做好，没什么了不起。然而就是这些简单的工作，循序渐进地、隐约地成为今后发展的分水岭。漫不经心地对待基层工作的最大损失，就是将看似简单的事务性处理方式，分界成为长远发展的能力问题。

刚刚踏入社会的年轻人，由于缺乏工作经验，不会被委以重任，于是他们就有了许多怨言，并且轻视自己的工作，对现有的工作，不能投入全部精力，敷衍塞责，得过且过，而将大部分心思用在如何摆脱现在的工作环境上。时间久了，受伤害的只能是自己。

纽约希尔顿饭店客户服务部经理莉莎·格里贝说，当初她应聘饭店职员，被分配到洗手间工作，她很反感，认为洗手间工作低人一等。但通过一段时间的工作之后，她开始认识到酒店的每一份工作都关系到酒店的服务质量和整体形象，没有高低贵贱之分。从此她工作认真，服务热情周到，许多客人在接受她的服务之后，都交口称赞，因此，她被誉为酒店的模范员工。她出色的工作表现，为酒店赢得了很多顾客，不久她就被提升为客户服务部经理，拓展了事业的平台。

职场无小事，小事成就大事。作为一名员工，无论在什么岗位上，只要用心去做每件事，就能实现自己的价值。任何人所做的工作，都是由一件件小事组成的，不能对工作中的小事敷衍应付或轻视懈怠。记住，工作中无小事。所有的成功者，都与我们做着同样简单的小事，他们与我们唯一的区别在于他们将每件小事做到最好。

2. 踏实才能肩负重任

踏实做事，就是要办实事、求实效，脚踏实地，远离浮躁，其目的是为了把事情办实办好。踏实不仅是一种严谨的态度，也是一种科学的方法。以这样的态度和方法作保障，思想才能找到现实的土壤，结出丰硕的果实；行为才能够避免浅尝辄止，防止出现做而不深、做而不细、做而不实的问题，才能锻炼自己的才能，积累必要的经验，并逐渐获得领导和同事的信赖，将重要的工作任务交给你承担。

职业素养

拓展阅读 扫一屋才能扫天下

东汉有一少年名叫陈蕃，独居一室而龌龊不堪。其父之友薛勤问他为何不把屋子打扫干净迎接宾客。陈蕃回答说："大丈夫处世，当扫除天下，安事一屋？"薛勤当即反驳道："一屋不扫，何以扫天下？"

世上的事，总是由少到多、由小至大，正所谓聚沙成塔，集腋成裘，必须按一定的步骤程序去做。试想，一个不愿"打扫屋子"的人，当他着手办一件大事时，就可能忽视那些初始环节和基础步骤，这些缺失却可能导致整个事情的失败。

在职场中，如果不注意踏踏实实地把小事做好，驰于空想，骛于虚声，常夸海口，轻诺寡信，就难以肩负重任。细节小事看似简单、乏味、烦琐，殊不知那些重视细节小事的人正在通过不断地锻炼，日积月累，磨炼和提升了自身的实力。所以必须扎扎实实地从小事做起，用敬业的精神，逐步实现自己的职业理想。

素养成长路

一、踏实是成功的起点

1. 正确面对理想与现实的落差

几乎所有职场新人都会经历一个理想和现实相碰撞的阶段。我们身体在这里，我们的理想在哪里？面对巨大的落差，我们该何去何从？不同的人会采用不同的应对方法，有人消极抵抗，有人选择跳槽，有人则在何去何从中摇摆迷茫。也有人很好地处理了理想与现实之间的矛盾，为自己的职业生涯奠定了良好的基础。

要想解决理想与现实的矛盾，要么修正理想以适应现实，要么改变现实以适应理想。新人都很年轻，有着多种选择的可能性，在现实中受挫后便天真地认为换一种环境就能解决问题。然而跳槽并不是根本的解决办法，因为理想和现实间的矛盾，有时候源于个人的心态，而非环境。

比如，有些职场新人急于求成，希望一步到位，一下子就过上衣食无忧、优哉游哉的理想生活，因而看不起循序渐进的工作，然而这对一个新人来说并不现实。无论什么样的职场，职业生涯的起步都是一样的，新人需要的是执行和服从，不可盲目追求"地位"。地位的取得需要时间，需要长期地努力付出。

面对理想和现实的落差，首先要明确问题出在哪里，进而决定是适应环境，还是重新选择。如果一时无法决定，那就先选择留下。适应职场，积累实现理想的的资本——经验、教训、能力、人脉，为将来厚积薄发奠定基础。

对这个问题，杜拉拉的成长经历是可以借鉴的。毕业之后杜拉拉在国企服务了一年，但她觉得理想和现实的差距太大，于是选择离开，到了胡阿发的汽车配件公司。虽然杜拉拉踏实地卖力工作，然而胡总经理扭曲的价值观让她感到厌恶。于是，杜拉拉选择了辞职，最后幸运地被 DB 公司录用，成了其中的一员，并开始了自己理想的职业生涯。杜拉拉在 DB 公司踏实工作的经历更好地诠释了当理想和现实出现矛盾时我们应该怎样选择。职场中，如果我们用心去做好自己的工作，不断提高自己，那么在没有机会的时候，你也可能创造出机会；在有机会的时候，你就有能力去抓住它。如果你不努力，即使有机会摆在你的面前，你也可能抓不住。杜拉拉如果不是细心地把公司发展的新闻报道剪贴整理出来，便不会引起公司总裁的注意；如果不是在热恋中还注意学习，她也不能自信地提出自己胜任 HR 职位。也正因为这些努力，造就了她的第二次升职。这个案例值得我们深思。

> **拓展阅读** 要做大牌，先做小卒
>
> 刘军毕业于南方某著名职业技术学院，大学里学的是令人羡慕的国际贸易专业，学习成绩优秀，一直梦想在商业界做一个叱咤风云的成功商人。毕业后刘军认为到北京更有发展空间，更能"与世界接轨"，于是，放弃了父母在南方为其找好的工作，与同学结伴来到北京。北京的工作机会果然很多，但找工作的竞争对手也是多得不可胜数。刚开始，刘军和同学比赛要找到一个更接近理想的公司，三个多月过去了，简历投出了几十份，有回音的寥寥无几，即使有了回音，面试后又杳无音讯，令人很是郁闷。面对着强手如林的职场和眼花缭乱的招工信息，刘军着急了。难道找工作真的这么难吗？当初那么令大家羡慕、父母骄傲的专业就这样被冷落了吗？自己现在怎么好意思回到家乡？如何面对江东父老？但是不回南方家乡，自己在北京要漂到什么时候呢？刘军陷入了迷茫之中。
>
>

2. 从小事做起

美国质量管理专家菲得普·克劳斯比曾说："一个由数以百万计的个人行为构成的公司，经不起其中 1% 甚至是 1‰ 的行为偏离正轨。"

现代化的大生产，涉及面广，场地分散，分工精细，技术要求高，许多工业产品和工程建设往往涉及几十个、几百个甚至上千个企业，有些还涉及几个国家。这就需要从技术和管理上把各方面协调起来，形成统一的系统，从而保证其生产和工作有条不紊地进行。在这一过程中，每个庞大的系统都是由无数个细节结合起来的，忽视任何一个细节，都会带来意想不到的灾难。细节因其"小"，往往被人忽视，麻痹大意，或被轻视，嗤之以鼻。

职业素养

细节因其"细",也常常使人感到烦琐,不屑一顾。然而,很多时候,细节很可能决定事情的成败。历史上曾有一个著名的战役,有两位将军商定在某地会师以集中兵力对付敌军。但是,一位作战参谋在拟定命令时,把会师的地名误写了一字,使得一支军队"南辕北辙"数百公里,贻误了战机,最终导致失败。几年前在新疆,一家企业把出口商品的产地乌鲁木齐写成"鸟鲁木齐",一下子损失16万元。战场、商场功败垂成,可能就在那一撇一点。一个螺丝可以使飞机从空中掉下来,一个小洞可以让巨轮沉入海底,一个蚁穴可以导致大坝垮塌,一个烟头可以引发森林大火,一丝火星可以造成瓦斯爆炸。教训告诉我们,细节疏忽不得,大意不得。

天下大事必作于细。重视细节,体现了认真负责的态度。有强烈的责任感,就会始终以如履薄冰、如临深渊的态度对待每项工作,尽心竭力,唯恐有半点差池和闪失。重视细节,彰显着严谨细致的作风。工作不当"马大哈",不搞"想当然""大概""也许""凑合过去",思维缜密,谋事周全,行事严谨。重视细节,也是一种本领和才能。像科学研究一样,愈是在细节处,愈容易实现突破,探得奥秘,进入别有洞天的佳境。无论从事何种工作,细节检验着一个人是否有敏锐的眼光,是否有于细微处洞彻事理的头脑,是否能够在平常事中干出不平凡的业绩。从细节处突破,就需要有精益求精的执着追求。

2003年1月16日美国"哥伦比亚"号航天飞机升空80秒后发生爆炸,飞机上的7名宇航员全部遇难,世界一片震惊。事后的调查结果表明,造成这一灾难的罪魁祸首竟是一块脱落的泡沫。一块泡沫的脱落看似是一件小事,而这件小事的发生很可能是源于某个部门、某位领导、某个设计师,或者是某个职员不重视细节造成的。

工作中无小事,任何惊天动地的大事,都是由一个又一个小事构成的。不注意细节,不注意小事,迟早会败在细节上。凡事都有一个过程,不可能一口吃个胖子,做大事也要从一点一滴开始。世界500强企业每家都是响当当的大企业,但没有任何一家企业是一夜之间拔地而起成就伟业的。

古希腊大哲学家苏格拉底有一次对他的学生们说:"今天我们只学一件最简单也是最容易做的事儿,每人把胳膊尽量往前甩,然后再尽量往后甩。"说着,苏格拉底做了一遍示范,"从今天开始,每天做200下,大家能做到吗?"

学生们都笑了,这么简单的事,有什么做不到的?过了一个月,苏格拉底问学生们:"每天甩手200下,哪些同学坚持了?有90%的同学骄傲地举起了手。又过了一个月,苏格拉底又问,这回,坚持下来的学生只剩下了80%了。

一年过后,苏格拉底再一次问大家:"请告诉我,最简单的甩手运动,还有哪几位同学坚持了?"这时,整个教室里,只有一个人举起了手,这个学生就是后来成为古希腊另一位大哲学家的柏拉图。

从甩手这件小事,可以充分地看出柏拉图对任何事情都能非常认真地去做,并坚持到最后,成功者之所以成功就在于他能够细心地去做每件事,每件小事都能体现出他对生活的态度。

拓展阅读 这点小事你都干不了，你还能干什么

某名牌大学的毕业生陈星，以出色的表现和优异的成绩考入一家省级机关。他胸中豪情万丈，一心想鹏程万里，干出一番惊天动地的大事业。

可是，等他上班后才发现，工作无非是些琐碎事务，既不需太多智慧和才能，也做不出什么成绩，内心的热情渐渐地冷却了。

一次单位开会，同伴加班准备文件，分配给陈星的工作是装订。

上司再三叮嘱："一定要做好准备工作，别到时弄得措手不及。"他听了更是不快，心想：初中生也会的事，还用得着这样嘱咐，烦人！对上司的话根本没往心里去。

同伴忙忙碌碌，还没轮到装订，他也懒得帮忙，只在旁边看报纸。

文件终于交到他手里。他开始一份份订，没想到只订了十几份，订书机"喀"地一响，针用完了。

他漫不经心地打开订书针的纸盒，脑中轰的一声——里面是空的。他立刻翻箱倒柜地找，不知怎的，平时满眼皆是的小东西，现在竟连一根都没找到。那时已是深夜十一点，但文件必须在第二天八时大会召开之前发到代表手中。

上司咆哮道："不是叫你做好准备的吗？连这点小事也做不好，大学生有什么用啊。"

他低头无言以对，脸上却像被甩了一记耳光。

问题：（1）对于陈星这样名牌学校毕业的大学生，工作仅仅做烦琐的小事，对此你怎么看？

（2）针对案例展开讨论，你认为踏实工作有哪些重要性？

小提示：小小订书钉，反映了踏实的品质，从零开始，从小事做起。

3. 务实也务虚

务实是踏实的表现，立足实际，脚踏实地，扎扎实实地干好工作。务虚是相对务实而言的，指就某项工作的政治、思想、政策、理论方面进行讨论，能够为组织规划未来的发展方向。工作中既离不开务实，也离不开务虚。

著名管理学家德鲁克曾经说过：企业生存的目的在企业之外，就是为客户提供更好的产品，创造需求，进而创造更加美好的生活。要达到这个目标，就不仅仅是生产和销售产品那么简单。很多优秀的企业，能够在规划好生产工作的同时，始终在战略决策上和企业发展方向上不断审时度势，做出必要的调整。例如，日本索尼公司刚刚成立时，第一件事就是制定公司的理念。正是因为早早确定了公司的理念，塑造了索尼公司勇于创新的公司品格。在商业竞争中索尼公司总是能够别出心裁地满足和发展新的用户需求，领导新潮流。索尼公司的成功，不仅仅在于赢得市场，更在于创造市场。一般的经营者的经营宗旨是跟随市场

的需求而经营，而索尼公司却善于使需求随着自己的新产品而出现，随着它的发展而增加。

所以，不管是一个企业还是一个部门，务虚和务实不能偏废。没有务实，务虚就成了无本之木；没有务虚，务实就成了无源之水。

对于员工来说，也需要务虚。在职场中，每个人都有着不同的角色——上级的下级、下级的上级、同级的同事和客户的服务员。每个角色都承担着相应的职责。如果不能够清楚地认知自己在不同工作环境的不同角色，并处理好其中的关系，我们在实际工作中就会脱离具体的工作实际，就不能把自己的分内工作做好。

当然，务虚还要求我们不断地进行经验总结——个人要总结，部门要总结，公司也要总结。总结经验的过程就是从感性认识上升到理性认识的过程，就是从实践中形成理论的过程。就是既要埋头拉车，又要抬头看路，这是踏实的更高要求。

杜拉拉对自己的职业发展也务虚过。在工作上，杜拉拉是扎扎实实、勤勤恳恳、任劳任怨的，但随着对DB公司的了解加深，她也开始考虑个人的职业发展路径了，她要升职，她要加薪，她开始想办法、动脑筋。企业需要的是能解决问题的员工，杜拉拉就成了一个能为企业解决问题的人。她不断学习并提升自己的能力，付出了很多努力，从一个非专业人员转变为一个专业人力资源管理者，成功地实现了职场突破。

处理好务实和务虚的关系，才能解决矛盾，收到事半功倍的效果。

二、做个踏实的职场人

（一）把工作当成一种快乐

美国著名的石油大王洛克菲勒曾经说过："如果你把工作当成一种生活的乐趣，你的人生就是天堂；如果你把工作当成一种义务，那么，你的人生就是地狱。"其实，在生活中，我们的人生到底是怎么样的，取决于我们对工作的态度。把工作当成一种快乐，对工作永远保持乐观的态度，这也是一种踏实。即使是从表面看上去没什么意义的工作，也不要一味地抱怨，而应想方设法把工作变得更有趣。一件工作是无聊或有趣，是由我们怎么想、怎么去完成而决定的，决定权其实在我们自己手里。

在企业里，员工随时可能遇到许多重复、枯燥、烦琐的工作，面对上司的交代当然不能推诿，那么如何在完成这份工作时保持一个良好的心态就显得尤为重要了。从单调的工作中寻找乐趣，充满快乐地完成工作任务，这是一个好的员工应该具备的良好心态。

人们常说，要想知道一个人能否成功，只要看他工作时候的精神状态。如果一个人在工

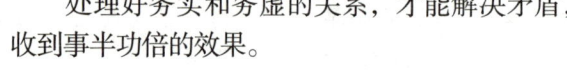

作的时候,感觉到的只是压抑和束缚,感觉到的只是疲惫和厌倦,而从中找不到快乐,可以想象,这个人是无法在工作中取得进步的,就更别提什么成就了。

我们要善于在平凡的工作中发现社会价值,就会找到工作的乐趣。假如你是一个公交车司机,你就想,如果没有我,公司的员工能够按时上班吗?假如你是一个清洁工,你就想,如果没有我,人们能在朝阳中看到整洁美丽的城市吗?假如你是一位理发师,你就想,如果没有我,青年人能精神抖擞地去约会吗?假如你是一位机械师,你就想,如果没有我,飞机能够平安起飞和降落吗?是啊,我的工作看似平凡,但人们需要我,我对他人是有用的、有价值的、有意义的。

工作平凡,但快乐着!

(二)别急着跳槽

初入职场的人,大多都充满激情和幻想,有干大事业的热情和冲动,有不切实际的远大理想和抱负,人在地上还没有站稳,思想却已经飘在云端,可谓大事干不了,小事不愿干。所以,对于初入职场的人,你必须清楚地认识到,现在自己还不是一颗珍珠,还不能苛求立即被别人承认。如果要被别人承认,那你就要由一粒沙子变成一颗珍珠才行。

创维公司的招聘负责人廖琳琳拿着一沓简历对笔者说:"刚刚面试过的一个学生,从7月到9月就跳槽了三次,年轻人越跳槽心越乱。新人与公司都会有一个磨合期,彼此都需要足够的时间去适应和认识。"因此他建议,在现有岗位上工作不满一年的大学生先别急着跳槽。她说:"对于一些传统型企业,员工的职业生长周期长,在此期间学生要养成良好的工作习惯,经受得住考验。如果刚刚毕业工作了一段时间就想跳槽,这是不明智的。"

拓展阅读 不做"职场打杂工"

陈小姐毕业3年,已经换了七八份工作,薪水却一直没有大的提高。现在回想起来,她觉得自己最满意的竟然是当年找到的第一份工作。刚毕业的陈小姐靠着优秀的成绩单进入了一家国企的市场部。草拟合同、发展客户、活动策划……由于年纪轻、专业对口,她一进市场部就挑起了大梁。可慢慢地,同事之间的业务纠葛及复杂的人际关系让她越来越觉得厌烦,而且虽然工作做的很多,但由于资历浅,陈小姐的薪水一直没有变化。这时候,陈小姐的同学给她介绍了一个外资公司经理秘书的岗位,薪水比陈小姐当时的工资稍高,并暗示助理、秘书之类的职务晋升最快。陈小姐跳槽过去了,但倒咖啡、接电话之类的工作并不适合她活泼的性格,而且原来市场部的工作经验在新岗位用处不大。之后换的几个工作也类似,都是基础实施层的助理工作,无论是薪水还是职位上都没有一个质的变化。

这个不适合,那个也不满意,陈小姐在不同岗位不同职种间跳来跳去,工作时间不长,企业却已经换了N家。她如果在不断地更换中能够有职位和薪水的升迁也就罢了,问题是到现在还是"两无"人士,

小提示:对于刚刚进入职场的毕业生而言,要清醒地认识到"别人家的饭不一定好吃"。

既没有升职也没有涨薪，反而落得个"职场打杂"的称号。这是很多新入职者的悲哀。据CHR可锐职业顾问调研中心的数据显示，六成职业人属于职场打杂一族，在长期的岗位轮换中，呈现原地踏步的状态，不仅浪费了时间和精力，同时也磨损了竞争力。

（三）脚踏实地，才能体现价值

无论你做什么工作，无论你面对的工作环境是松散还是严格，你都应该踏实工作，不要老板一转身就开始偷闲，没有监督就没有工作。你只有在工作中锻炼自己的能力，使自己不断提高，加薪和升职的事才能落到你头上。

> 夜晚，一个人在房间里四处搜索着什么东西。另一个人问道："你在找什么呢？"
> "我丢了一枚金币。"他回答。
> "你把它丢在房屋的中间，还是墙边？"另一个人问。
> "都不是。我把它丢在了房屋外面的草地上了。"他又回答道。
> "那你为什么不到外面去找呢？"
> "因为草地上没有灯光。"

也许你觉得这个人的思考逻辑很可笑。然而，我们经常会看到这样的事：有些员工不是在踏实工作中谋求得到公司的重用，而是完全寄希望于投机取巧；有些员工则是以应付的态度对待工作，却希望得到老板的赏识。他们和那个在房间里找丢失在屋外的金币的人犯了同样的错误，那就是在错误的地方寻找他们所要的"东西"。

一个想要找到金矿的采矿者，如果他在海滩上挖掘，那他找到的肯定只是一堆堆沙子，而绝不可能是金子。只有在坚硬的石头和泥土中挖掘，才能找到想要的宝藏。同样，工作懒散，只能得到公司的解聘通知书；只有踏实工作，才可能得到公司的重用，赢得升迁和加薪的机会。

大多数老板都是很精明的，他们都希望拥有更多优秀的员工，期望优秀员工给企业带来更多的利润。如果你能够踏实尽到自己的职责，尽力完成自己应该做的事情，那么总有一天，你能够自如地从事自己想做的事，赢得自己想要的体面。

可惜的是，在现实的工作中，有很多员工只知道报怨公司，却不反省自己的工作态度。他们整天应付工作，并发出这样的言论："何必那么踏实呢？""说得过去就行了。""现在的工作只是个跳板，那么踏实干什么？"最终失去了本应属于自己的升迁和加薪机会，悔之晚矣。

> 杰克在一家贸易公司工作了1年，由于不满意自己的工作，他愤愤地对朋友说："我在公司里的工资是最低的，老板也不把我放在眼里，如果再这样下去，总有一天我就要跟他拍桌子，然后辞职不干。"
> "你对那家贸易公司的业务都弄清楚了吗？对于做国际贸易的窍门完全弄懂了吗？"他的朋友问道。
> "没有！"
> "大丈夫能屈能伸！我建议你先冷静下来，认真踏实地对待工作，好好地把他们的一切贸易技巧、商业文书和公司组织完全搞通，甚至包括如何书写合同等具体事务都弄懂了之后，再一走了之，这样做岂不是既出了气，又有许多收获吗？"

第五单元　学会踏实——肩负重任之法

　　杰克听从了朋友的建议，一改往日的散漫习惯，开始认真踏实地工作起来，甚至下班之后，还留在办公室研究商业文书的写法。

　　一年之后，那位朋友偶然遇到他。

　　"你现在大概都学会了，可以准备拍桌子不干了吧？"

　　"可是我发现近半年来，老板对我刮目相看，最近更是委以重任了，又升职又加薪，说实话，现在我已经成为公司的红人了！"

　　"这是我早就料到的。"他的朋友笑着说："当初你的老板不重视你，是因为你工作不踏实，又不肯努力学习；而后你痛下苦功，担当的任务多了，能力也加强了，当然会令他对你刮目相看。"

　　踏实工作是提高自己能力的最佳方法。你可以把工作当作你的一个学习机会，从中学习处理业务，学习人际交往。长此下去，你不但可以学到很多知识，还为以后的工作打下了坚实的基础。踏实工作的员工不会为自己的前途操心，因为他们已经养成了一个良好的习惯，到任何公司都会受到欢迎。相反，在工作中投机取巧或许能让你获得一时的好处，但为以后埋下了隐患，从长远来看，是有百害而无一利的。

拓展阅读　做踏实稳重的职场新人

　　职场中曾有一些规定或是潜规则，让新人感觉无所适从。如何在职场中发挥自己的能力和水平，和同事们和平相处，就需要职场新人既要找准自己的位置，又要把握好自己的身份。

　　王红是外贸公司新招聘来的打字员，是一个性格内向文静的女孩。每天她都早早来到单位，把打印室打扫得一尘不染，然后把大家的电脑打开，等同事们一到，就可以直接工作，为大家节省了时间，提高了工作效率。

　　大家对王红所做的事都非常感激。因为王红是新人，工作量不是很大，但当她看到大家都在忙碌地工作时，就帮着大家做些力所能及的事情。比如，哪个同事打完的材料需要复印，王红就会主动帮忙。有时看到大家忙得没有时间吃饭，她就会把饭菜给大家买来。由于王红的帮忙，大家都觉得工作轻松了不少，因此都特别喜欢王红。看她不多言不多语，实实在在地帮大家做事，比起那些浮躁自大的职场新人，要沉稳踏实得多，便在经理面前经常夸赞王红，使经理对王红也有了深刻的印象。

　　有一天，总经理让统计员李姐录制一份年度报表，这个报表是旧账遗留下来的，数据混乱，整理起来很费事。报表要在三天内整理好，时间紧任务重，可难坏了李姐。王红忙完了手里的活，就主动帮着李姐核对。在李姐录制报表的过程中，细心的王红发现几个小数点的位置不对，就提醒李姐改了过来。下班后，王红主动留下来和李姐加班整理，两个人忙了大半夜，才把这些杂乱的报表归纳好。看着王红脸上细密的汗珠，李姐感动得说不出话来。如果没有王红的帮助，这些报表得让李姐忙好几天。

　　总经理看到李姐这么快就把这堆杂乱的报表整理好了，非常高兴，在早会上表扬了李姐，而且还许诺要发李姐一个红包表示奖励。李姐站起来，激动地对总经理说："其实这

73

职业素养

小提示：踏实并不是被动的等待，而是主动作为，积极争取。

并不是我一个人的功劳，都是王红帮我做的，如果没有她的帮助，我是不可能在这么短的时间把这些报表整理好的。王红功不可没，所以我要把我的奖金分一半给她，也要把这份表扬分一半给王红。"

王红听了李姐的话，连忙站起来谦虚地说："李姐言重了，我是新人，空闲时间相对多一些，我也是用这些空闲时间帮你的，况且我们都是同事，你平时对我也很关照，我帮你也是应该的。同事之间互相帮助，融洽合作，才能提高工作效率。"

总经理听了王红的话，对她这种踏实谦虚的品质表示赞赏。总经理见过不少新员工，他们大多是眼高手低的人，工作做得不多还拈轻怕重。像王红这样脚踏实地而又勤奋谦虚的人太少了。从那以后，总经理开始器重王红，在工作中有意培养她。几年后，王红理所当然地当上了部门总管。每当再有新员工到来时，王红总会语重心长地对这些新员工说，在职场上，作为新职员，一定要踏踏实实地工作，一不可眼高手低，二不可居功自傲。一定要记住你是新人，只有谦虚做人、踏实做事，才能在职场这条路上走得更稳更远。

（作者：尹成荣，来源：职场纵横，思维与智慧，2012.15）

古罗马人有两座圣殿：一座是勤奋的圣殿；另一座是荣誉的圣殿。它们在安排座位时有一个秩序，就是人们必须经过前者，才能达到后者。它们的寓意是，勤奋是通往荣誉的必经之路。老板最青睐踏实工作的员工，并给予他们更多的机会。老板往往会这样鼓励员工："踏实干吧！把你的能力都发挥出来，还有更多的重任等着你呢！"他的意思就是说："踏实工作吧，我会给你增加工资的。"当老板让你做更多的更重要的工作时，你的工资自然会提高，通往成功的大门也就徐徐拉开了。

素养训练营

拓展活动一：组织一次以"频繁跳槽是否有利于职业发展"为主题的辩论赛

正方观点：频繁跳槽有利于职业发展。
反方观点：频繁跳槽不利于职业发展。
活动目标：通过辩论，帮助学生澄清工作中脚踏实地对于职业发展的重要性。
活动内容：以辩论赛的形式充分调动学生的积极主动性。
活动流程：
（一）立论阶段。
1. 正方一辩开篇立论，3分钟。
2. 反方一辩开篇立论，3分钟。

（二）驳立论阶段。
1. 反方二辩反驳对方立论，2分钟。
2. 正方二辩反驳对方立论，2分钟。
（三）质辩环节。
1. 正方三辩提问反方一、二、四辩各一个问题，反方辩手分别应答。每次提问时间不得超过15秒，三个问题累计回答时间为1分30秒。
2. 反方三辩提问正方一、二、四辩各一个问题，正方辩手分别应答。每次提问时间不得超过15秒，三个问题累计回答时间为1分30秒。
3. 正方三辩质辩小结，1分30秒。
4. 反方三辩质辩小结，1分30秒。
（四）自由辩论。
自由辩论。
（五）总结陈词。
1. 反方四辩总结陈词，3分钟。
2. 正方四辩总结陈词，3分钟。

拓展活动二：寻找自己身边踏实工作、学习的榜样

活动目标：通过活动，帮助学生澄清日常学习、工作、生活中脚踏实地的重要性。
活动内容：以自己寻找踏实工作的活动形式感悟踏实的重要性。
活动流程：
1. 每五个同学一组，组员选举组长；
2. 每组收集2～3个身边的案例，分析、讨论、感悟；
3. 制作ppt，在班级分享他们的故事；
4. 总结、分享。

用换工作来逃避问题，行不通
频繁跳槽，越跳越慌

俗话说：树挪死，人挪活。由此，不少白领跳槽时更显得理直气壮，跳槽也成了很多人面临工作困难、事业瓶颈时，一个最有面子的解脱方法。然而，荷兰心理学家的一项研究表明：投身到岗位中去，对工作保持积极和认同的态度，不仅能提高效率，而且会让你越来越有激情，整体幸福感也会增加。相反，不断更换工作，会更容易对工作心生厌烦，出现职业倦怠。简而言之，频繁跳槽者工作时不会开心。

凯文，男，33岁，创业中

虽然我自己是老板，但说句心里话，还是早了点，如果能够重来，我会选择再多打几年工，把人脉建全、建稳后再创业，会比现在好很多。之所以成为现在这个样子，还是

心态没摆好，干得不好就跳，跳了一家又一家，最后没路可跳，就只好单干了。

我也算是名校毕业吧，机会不错，进了知名国企，现在回想起来，当时年轻气盛，跟领导搞不好关系，没干两年甩甩袖子就走了。换了外企，没有体制性的约束，干得挺开心，但精英太多，升职太难，五年了还是个小主管。好不容易我的上司跳槽走了，眼见这个位子非我莫属，公司却空降一个经理。我心里那个气呀，以前跳槽的上司说，不如到我这吧，给你一个经理位子。于是，我又一次跳槽了。

虽然给外人的感觉我是越跳越好，但我自己心里有数，手上的资源在流失，客户对我的信任度在下降，我的心态也越来越急躁。事情做不好，总怪公司政策不合理，赚不到钱，总感叹自己生不逢时，遇人不淑。跳槽的频率越来越高，2010年，是我最稀烂的一年，跳了三家公司，有一家连两个月都没待到。

去年，感到自己没有退路，也不可能再服谁的管，自己成立了公司。别以为这就轻松了，比以前还不如呢。想节约钱，什么事都得亲力亲为，自己怕累请人，成本高又请不起。手上的资源也不丰富，很多人只买我以前公司的账，根本不买我个人的账。

创业难呀！到现在只能糊口。

跳槽跳到刀刃上

可可，女，28岁，人事管理

我做的是人力资源方面的工作，招聘时，领导都会很在意应聘者跳过几次槽，跳槽频率高不高。实际的工作经验也说明，频频跳槽者，再高的工资、再高的职务也留不住他们，这也许就是所谓的忠诚度不高吧。

要说工作不如意想跳槽，估计每个人都会有这种想法吧。我在以前那家公司工作三年，觉得我的领导简直不可理喻，每天只知道批评我们，从不为我们下属争取什么。心烦意乱的时候，也想过换个工作，换个环境。但真的动心思跳槽的时候，我冷静地、客观地想了想，觉得这位领导虽然总是批评我们，但他批评的都是对的呀，正因为他的批评，我们部门的办事效率是全公司最高的。更何况这位领导为人正直，从不使坏，所以也算不错了。

自我安慰一番后，我留了下来，心态也好多了。后来，一家猎头公司找到我，想要我跳槽去家外企，我还去咨询这位领导的意见呢，他帮我分析形势，鼓励我跳槽。

如今，在新公司的我和原公司领导的职务是相当的，但我们关系一直都很好，有时还会共享一些资源。看来，这一跳，跳得很值。

[专家解惑]

为什么要跳槽？

荣格心理咨询中心首席咨询师黄进军认为，跳槽实质上反映了三个方面的问题。

（1）跳槽反映的其实是一个人的心理与外在事业所建立的稳定性强弱。经常跳槽的人，心理稳定性较差，缺乏安全感。此外，还会表现在外在的不稳定上。例如，经常跳槽的人，在谈恋爱、租房子的时候，也会经常换来换去。

（2）跳槽有时候也会反映一个人内心儿童般的理想化幻想。有些人总抱着这样的想法"下一个才是更好的，下一个才更适合我"。这种人在心底认为周围所有的人和事都是以自己为中心的。

（3）跳槽还反映了环境对人们心理的影响。在公司工作的人，就好比装在容器里的螃蟹，如果容器有缺口，螃蟹肯定会想办法爬出来。很多公司不注重企业文化，对员工的关心不够，使得员工产生消极心理，就想跳出"容器"。

跳槽成瘾怎么办？

（1）个人耐挫折力有待提高。作为一个已经工作的成年人，内心不应该过于敏感，要学会适应公司这个竞争激烈的大环境。在公司里，大家都是相互竞争的关系，纯真的"办公室友情"是很少见的。

（2）个人做好职业规划。只有提前做好自己的职业规划，才能在遇到挫折时，懂得向前看，跳过眼前的坎儿，一步一步朝自己的目标走去，而不是随便跳槽。（来源：《武汉晨报》2012年11月12日第30版，职场人）

人生的捷径，一定是你汗水足够且一腔赤诚

周末，想约朋友出来吃饭，被婉拒了。

得知理由以后，我竟欢喜得不行。

因为她升职了，准备在周末的时间里，好好准备下周一早会的就职演说，虽然只是一个小仪式，但是却值得好好庆祝。

可以说，我是看着她一步一步走到今天的。

当时她为了方案能中标整整熬了一个多月，但最后还是失败了，沮丧是肯定的，但却没有气馁。

她很快从坏情绪里走出来，沉下心来总结这次的得失。对她来说，一次失败，就相当于一块基石，只要能让这块基石发挥出她的价值，那对她来说，就是最大的收获。有了这样的心态，每次遇到难题，她都能恰到好处地解决。

反正成败都是经验，每步路都不会白走。她说，只要踏实下来，就能稳步前行。

是啊，没有什么敌得过你的踏实。

哪怕是铜墙铁壁，也会怕水滴石穿，只要一步一个脚印地往前走，无论多黑的夜，都能遇见黎明。

很多人习惯把别人的成功归功于运气，其实所有的运气，不过都是实力的累积。

我想说一个听来的故事。

老李与小王都是公司的司机。不同的是，老李的年龄比较大，但性格沉稳，做事不急不躁，开车也是如此。

一次，老李去机场接一名普通员工。老李早早便站在车外边等候，员工到达后，他帮助开门、关门，让员工享受与老板一样的待遇。

而司机小王刚好相反。

他去年刚进入公司，工作的时候风风火火，雷厉风行，上到领导下到实习生，都把关系处得很好。久而久之，小王心里有些看不上老李了。

结果，老李在公司得到了重用，小王却没有因为会处"关系"而得到升迁机会。

你一定不相信，老李因10年无违章事故，被老板相中提拔为专职司机，而那个老板正是当年他从机场接回的小员工，老李的工资直接翻了好几倍。

在大家普遍强调高情商和人际关系的职场上，投机取巧的人越来越多；相反，真正愿意沉下心来，踏踏实实做事的人越来越少。

正因如此，有本真的本性，显得弥足珍贵。

职业素养

> 如果人生真的有捷径，那一定是你汗水足够且一腔赤诚。
> 人活着，永远不能放弃执着和努力。
> 相信努力的意义，相信努力和运气永远成正比，相信总有一天，我们的努力会变成运气，然后满心欢喜，用实力让情怀落地。
> 人生路漫漫，愿你我彼此真诚且勇敢，一路跋涉，一路向前。

素养光荣榜

全国道德模范姜妍

单元测试题及答案

第六单元
学会沟通——搭建成功之桥

> 与人交谈一次，往往比多年闭门劳作更能启发心智。思想必定是在与人交往中产生，而在孤独中进行加工和表达。
>
> ——列夫·托尔斯泰
>
> 造就一个有能力的人士，有一种训练必不可少，那就是优美高雅的谈吐。
>
> ——哈佛校长伊力特
>
> 假如人际之间的表达能力也和糖或咖啡一样是商品的话，我愿意付出比太阳底下任何东西都珍贵的价格来购买这种能力。
>
> ——美国石油大王洛克菲勒
>
> 每个人都需要有人和他开诚布公地谈心。一个人尽管可以十分英勇，但他也可能十分孤独。
>
> ——海明威

单元教学课件

单元微课

职业素养

素养风向标

案 例　　背地里不说上司的坏话

案例导读

本案例通过卫晨在工作过程中背后评议他人而当面又不说这种情况,说明职场沟通方式及有效性的重要性。

案例描述

"都怪刘经理,好好的业务订单全让他给弄黄了""这种管理方式太落伍了",在吃午餐的快餐店或者下班后的公车上,经常能听到同事之间的牢骚和背地里评议他人。但是,你要知道,隔墙有耳,没有不透风的墙,说出去的话是收不回来的。

卫晨是一家文化公司的策划,颇有创意,但他的不足之处就是自视清高,常常对老板的一些方案颇有微词。但碍于情面,或者习惯,他从来不当面向老板提出自己建设性的意见,而总是在老板背后嘀嘀咕咕。这种情况很快被老板知道得一清二楚,还专门和他谈了一次话,客气而委婉地让他不妨直言。这时,他又支支吾吾、躲躲闪闪,说老板的创意尽善尽美。老板终于不客气地说:"我请你来是做策划的,不是听你在背后指指点点的。"

案例分析

职场中存在着种种矛盾,矛盾完全可以通过有效的沟通去解决。在本案例中,卫晨在领导背后说一些评议领导的"坏话",而不是从事件本身出发去主动地寻找问题的根源;在领导问其建议时又不愿说出自己的想法,没有达到良好、有效的沟通。

案例交流与讨论

(1)你认为卫晨的问题出现在哪里?
(2)你知道职场沟通应遵守的基本原则是什么吗?
(3)怎样才能有效的沟通?

素养加油站

一、认知沟通

沟通是人与人之间、人与群体之间进行思想与感情的传递和反馈的过程,以求思想达成一致和感情的通畅。沟通的本义是挖沟使两水相通。《左传·哀公九年》中记载:"秋,吴城邗,沟通江淮。"杜预注:"於邗江筑城穿沟,东北通射阳湖,西北至末口入淮,通粮道也。"后来演化为使彼此通连、相通。徐特立在《国文教授之研究》中写道:"扬雄《方言》,服虔《通俗文》,刘熙《释名》,钱竹汀《恒言录》等,皆为沟通事物之名称而作。"胡采在《在和平的日子里》中的序写道:"在我们这个时代,人们和英雄人物的思想心灵之间,总是比较容易沟通。"郭小川在《在大沙漠中间》中写道:"似乎有一支绵长的、不发声的音波,沟通着宇宙、太阳和这地球上的沙漠。"

在中国传统的管理思想中都蕴含着沟通之意。先秦诸子在民意管理方面有很多论述。管理者正是通过信息沟通,了解人民的思想,进而制定符合民意的政策、方针和措施。

在当代社会,沟通是在个人或群体间传递信息、思想和情感,并达成共识的过程。沟通就是人与人之间的思想交流,本质上,这种交流表现为信息的传递,即信息通过某种渠道传递到信息接收者,接收者消化吸收后给予语言或行动的反馈。沟通的三大要素:明确的目标;达成共识;传递信息、思想和情感。

沟通与表达紧密相连,有效的沟通离不开良好的表达。表达是人们为了某种目的,将思维所得的成果用语言、语音、语调、表情、行为等方式反映出来的一种行为。表达能力是指人们用有声语言、无声语言来综合表述个人的见解、主张、思想和观点,充分展示个人的形象、风格、个性和思想内涵,实现交际目的的一种能力,是个人综合素质的重要组成部分。沟通主要以口语表达能力、交际能力和文字表达能力为展示窗和表现层,以阅读检索能力、听力理解能力、逻辑思维能力和心理反应能力为"准备室"和储备层。表达的"巧",首先在于"恰到好处",表达的恰当与否是进行有效沟通的前提。

以口语表达、交际沟通等为主的表达能力,是毕业生专业核心技能以外的职业素养的重要组成部分。培养学生具有较强的表达能力对形成过硬的职业综合能力,提高毕业生整体素养,使其充分适应社会及用人单位需求并成功就业具有重要作用。斯坦福大学教授哈勒尔曾经对毕业十年的成功人士进行研究,试图找出成就显赫人士的特质。研究发现:成功与否与学习成绩好坏无关,成功者的共同点是个性随和,使人容易亲近;健谈,不但与同事、朋友、老板攀谈,还能够在陌生人面前侃侃而谈。可见,有效的沟通,是职场人获得成功的关键。

二、沟通的价值

在当今信息时代,沟通是每个人必备的技能。沟通是科学,也是艺术。良好有效的沟通不仅使人心情舒畅，而且能够获得好人缘，学习、工作、生活才会美满幸福。《红楼梦》里讲的"世事洞明皆学问，人情练达即文章"指的就是人们需要掌握与人沟通的技巧。对于企业来说，有效的沟通也非常重要，不仅可以确立良好的社会形象，而且可以搭建成功之桥。

1. 构建良好的人际关系，成就幸福人生

有效沟通可以更好地展示自我需求、发现他人需要，懂得如何维持和改善相互关系，构建良好的人际关系，最终成就幸福人生。

善于观察的人都知道，猫和狗是仇家，见面必掐。原因就是，阿猫阿狗们在沟通上出了点问题。摇尾摆臀是狗族示好的表示，而这种身体语言在猫儿们眼里却是挑衅的意思；反之，猫儿们在表示友好时就会发出"呼噜呼噜"的声音，而这种声音在狗听来就是想打架的意思。阿猫阿狗本来都是好意，结果却是好心得不到好报，反而被当作了"驴肝肺"。但从小生活在一起的猫和狗就不会发生这样的对立，因为它们彼此熟悉了对方的行为语言的含义。人际矛盾产生的原因，也大多数是沟通不畅。

人与人的沟通如果不顺畅，无法有效传递自己的真实意图，有可能会引起误解或者闹笑话。

> 南方的孩子没见过雪，所以不知道雪是什么。老师说雪是纯白的，儿童就将雪想象成盐；老师说雪是冷的，儿童将雪想像成冰淇淋；老师说雪是细细的，儿童就将雪想象成沙子。最后，儿童在考试的时候，这样描述雪：雪是淡黄色的，又冷又咸的沙子。

人与人的交往，是一个反复沟通的过程，沟通顺畅，就容易建立起良好的人际关系；沟通不顺畅，闹点笑话倒没什么，但因此得罪人、失去朋友，就后悔莫及了。

> 有一个人邀请了甲、乙、丙、丁四个人吃饭，临近吃饭的时间，丁迟迟未到。这个人着急了，一句话就顺口而出："该来的怎么还不来？"甲听到这话，不高兴了："看来我是不该来的！"于是就告辞了。这个人很后悔自己说错了话，连忙对乙、丙解释说："不该走的怎么走了？"乙心想："原来该走的是我啊！"于是也走了。这时候，丙对他说"你真不会说话，把客人都气走了。"那人辩解说："我说的又不是他们。"丙一听，心想："这里只剩我一个人了，原来是说我啊！"也生气地走了。

《圣经·旧约》记载，人类的祖先最初讲的是同一种语言，日子过得非常好，决定修建一座可以通天的巨塔。由于人们沟通流畅、准确，大家就心往一处想，劲朝一处使，高高的塔顶不久就冲入云霄。上帝得知此事，又惊又怒，认为如果人类能够建起这样的巨塔，日后还有什么办不成的事情？于是，上帝决定让人世间的语言变成好多种，各种语言里又有很多种方言。这么一来，造塔的人们彼此言语不通，沟通中经常出现误会、错误，巨塔就再也无法建造了。由此可见，如果一个团队能够沟通顺畅、上下合力，所爆发出来的力量是连上帝都害怕的。所以，沃尔玛公司总裁沃尔顿说："如果你必须将沃尔玛管理体制浓缩成一种思想,那就是沟通。因为它是我们成功的真正关键之一。"

2. 职场成功的助推器

沟通能力从来没有像现在这样成为现代职业人士成功的必要条件。一个职业人士成功的因素中 75% 靠沟通,25% 靠天才和能力。学习和掌握沟通技巧,将会使你在工作、生活中游刃有余。一个人只有实现了与他人准确、及时地沟通,才能建立起牢固长久的人际关系,使自己在事业上左右逢源、如虎添翼。石油大王洛克菲勒说:"假如人际沟通能力也是和糖或咖啡一样是商品的话,我愿意付出比太阳底下任何东西都珍贵的价格来购买这种能力。"由此可见,沟通是职场成功的助推器。

在伍德罗·威尔逊担任总统期间,在他身边的顾问班子中,许多人都经常吃他的"闭门羹",不管提出何种创新的意见,都会毫无例外地被拒之门外,有时甚至会碰一鼻子灰。但唯有豪斯的进言常被采纳,后来他成了副总统,成了威尔逊最得力的助手。

原来豪斯有他的独特办法。一天,豪斯单独去见总统,他尽其所能,清楚明了地陈述了一套完整的施政方案。因为他苦心研究过这套方案,所以说起来自信满满。陈述完毕后,总统当即表示:"在我愿意听废话的时候,我会再次请你光临。"

数天之后的一次宴会上,豪斯吃惊地听到威尔逊总统正在公开发表一些见解,内容刚好与他数天前向总统提出的建议完全一致。豪斯于是找到了向总统进献意见的最好方法:避免他人在场,悄悄地把意见"种"到总统的心中。从那以后,豪斯的进言每每都能作为总统的"构想"而被公之于众,总统对他越来越倚重。

1914 年春季,豪斯奉命赴法国做外交接洽。出发前,威尔逊原则上同意了豪斯的计划,但态度相当谨慎,距离被正式采纳还相当遥远。但豪斯到巴黎后不久,就寄回了他同法国外交部长的谈话记录,在这份记录上,豪斯把自己想出的计划,说成是"总统的创见",并热烈赞扬说:"这是天才、勇气、先见之明的表现。"看过这份记录后的威尔逊总统便毫不迟疑地批准了这个计划。

三、有想法更要有说法

在职场中人们用语言进行交流,表达思想,沟通信息。俗话说"言为心声",有效的表达和沟通不仅能够帮助我们增进了解,加深认识,还能反映一个人的内心世界、文化水平、社会阅历、品德修养。历史上,苏秦纵横捭阖,孔明舌战群儒,他们深切动情的表达,让自身的处境由被动转为主动,更是让自己转危为安,其辩才更让后人倾慕。

与熟练掌握表达技巧的人交谈,他们娓娓道来的声音就像音乐一样,钻进我们的耳朵,打动我们的心灵,或给人安慰,或让人精神振奋。无论在什么场合,如果你能够用抑扬顿挫的语调,简洁清晰地表达观点,就能够吸引听众、打动别人,在不经意间助你事业成功。

四、会说话不等于会沟通

这个世界上会说话的人太多了,但会表达的人寥寥无几。很多学生在台下很会讲话,一到台上就不太会讲了。这是什么原因？结合国外的情况来看，国内学生成长过程中没有注意对表达能力的训练，长大后，发表意见的时候无法清晰明确地表达观点。所以，大家平时要有意识地锻炼自己的表达能力。

> 赵海毕业后，看到电脑销售领域很有前景，因此找来了几个比较富裕的亲戚，希望得到他们的投资。那些人看他是刚毕业，没有资金也没有经验，对他投资的电脑销售领域也不熟，因此都不愿意投资。赵海就向他们描述电脑市场的行情，说明现在人们收入水平的增长及电脑的普及率，说明电脑将成为人们生活的必需品及在电器类消费品中的销售排名。赵海详细、全面、富有吸引力地说明了做电脑销售的可行性和未来赢利的大好趋势。几个亲戚完全被他所说的情况吸引了，一致表示赞同，把资金借给了他。赵海用这笔钱先是租赁了两个销售柜台，随着销售成绩的不断上升，又创办了自己的销售公司。

赵海的成功归功于拥有良好的表达能力。良好的表达能力可以为自己创造机遇，可以影响他人的行为，激发他人的勇气。别人对你是否理解，对你的想法是否接受，全靠表达和沟通。因此，只有提高学生的表达能力，才能使他们更好地适应社会的需要。

五、良好的沟通与拙劣的沟通

一些公司老板在评价毕业生时，认为表达能力的缺乏是他们的一大缺点。有一个老板问毕业生：我的薪酬是一年50万，给你多少工资合适？他居然回答：给我40万得了。什么叫会表达？职业交往中，说话得体别人喜欢你，说话笨拙别人厌烦你。一句话能见人的素养，所以必须谨慎。

良好的语言表达：语句流畅，内容连贯，用词准确；语气生动，感情真挚，具有说服力和感染力。拙劣的语言表达：说话断断续续，前言不搭后语，用词不准确，啰唆；谈话死板，没有感情色彩，很难使人信服，不能感染他人。

良好的语言表达需要有丰富的知识，如果只有华丽的辞藻而知识匮乏，会让听者感觉到内容空洞，说服力不强。

看看我们的表达力怎样？

	符合程度 高→低
◆我在表达自己的情感时，很难选择到准确恰当的词汇。	□ □ □ □ □
◆别人难以准确地理解我口语要表达的意思。	□ □ □ □ □
◆我对连续不断的交谈感到困难。	□ □ □ □ □
◆我觉得同陌生人说话有些困难。	□ □ □ □ □
◆我无法很好地识别他人的情感。	□ □ □ □ □
◆我不喜欢在大庭广众前讲话。	□ □ □ □ □
◆我不善于说服人，尽管有时我很有道理。	□ □ □ □ □

◆ 我不能自如地用语言和行为（眼神、手势、表情等）表达感情。

◆ 我不善于赞美他人，感到很难把话说得自然亲切。

◆ 在与一位迷人的异性交谈时我会感到紧张。

将上述各句所述情况与自己的实际情况相比较，符合程度越高，你的表达能力就越弱；符合程度越低，则表达能力越强。

六、大学生沟通能力的现状

（一）不重视

不重视沟通能力的培养，既包括教师的不重视，也包括学生自己不重视。一方面，在应试教育的传统观念约束下，为了追求考试成绩，长期以来坚持着的错误教学理念，把读、写视为教学硬指标，而把听、说视为软指标。因为读、写能够快速提高学生的学习成绩，所以，课堂往往就变成了"一言堂"，老师讲，学生记。另一方面，大多表达能力较差的学生都不重视自身的弱点，他们情愿花大量时间在英语、计算机和一些专业课程上，也不愿在表达训练上花费时间，他们认为找工作不能光凭一张嘴，只有靠真才实学，才能找到好工作，口才可以在实际工作中再慢慢锻炼。师生双方对表达能力的不重视极大地限制了大学生表达能力的发展。鉴于上述这些情况，加强大学生表达能力的培养，就成了一项十分必要和迫切的任务。

（二）部分学生与人交往中沟通能力差

部分学生沉溺于网络社会，宁愿在网上与不认识的网友聊天，也不愿意与老师和同学沟通。在现实中，他们不善于交朋友，不善于表达自己内心的想法。这就造成了同学之间、师生之间缺乏了解，特别是新入学的学生，在很长一段时间内不适应新的生活和学习环境。再者就是遇事时处理问题能力差。由于这部分学生在家都是衣来伸手、饭来张口，自己很少处理过什么具体事件，自理自立能力相当差。离开家人的庇护，这些学生往往遇事不知所措，不知道怎样用语言表达自己的想法，不知道怎样解决生活中的实际问题，他们自己也很苦恼。

素养成长路

一、沟通从身边做起

（一）角色互调，适当反馈

人们在交谈过程中往往容易以自我为中心，不能只注意了解自己想要知道的，应从对方的立场考虑，倾听对方所要表达的信息和思想。不要口若悬河地垄断所有谈话，要给对方发表意见的机会。要仔细地聆听对方的讲话，不要轻易打断对方，这是彼此尊重的重要表现。若要表达不同意见时，不要说："你说的不对，我认为……"应该委婉地表达"你说得太好了，让我开了眼界，不过我有一些其他的看法，你想要了解吗？"

素养鸡汤

适时给予反馈

乔·吉拉德被誉为世界最伟大的推销员，回忆往事他常说一则令他终生难忘的事件。在一次推销中，乔·吉拉德与客户洽谈顺利，正当马上要签约时，对方却突然变了卦。当天晚上他按照客户给他留下的地址找上门去求教，客户见他满脸真诚，就实话实说：你的失败是由于你没有自始至终听我讲话，就在我准备签约前，我提到我的独生子即将上大学，而且还提到他的运动成绩和他将来的抱负，我是以他为荣的，但是你当时却没有任何反应，而且还转过头去用手机和别人通电话，我一时生气就改变了注意。

案例分析：通过这个案例我们可以看出，如果乔·吉拉德能适时地夸奖客户的儿子，也就能得到订单了。在对方谈话时，你不时地发出表示听懂或赞同的回应，会让对方在心理上感觉你在专心听。可以适当地提问或对其所说的观点表示一些看法，如"这很不错！""可以再说详细点吗？"也可以用"是吗？""太棒了！""真遗憾！"等诸如此类的语言，引起双方感情上的共鸣，让交谈延续。倾听过程中不要擅自打断他人的谈话。善于沟通的人，都会使用礼貌的方式和方法进入别人的"频道"，赢得他人的信任和依赖。

（二）耐心、虚心、会心

出于对彼此的尊重，交谈全过程都应表现出良好的耐心，决不能显露出不耐烦的神色，要保持饱满的精神状态，微笑着注视对方，不可装腔作势、心不在焉。记住巧妙地转移话题也是一种能力。交谈的目的在于沟通感情、交流思想、获取信息，所以应该用虚心的态度倾听对方的谈话。当出现不同观点时，应委婉地表达。如：我对这个问题很感兴趣，但有一点不同看法；我记得书上好像不是这么说的。切不可断然打断，激情愤然。

在交谈中我们也可以借助体态来表现自己在认真倾听。如：眼神专注、身体微微前倾、双臂自然下垂。这些都可以让人觉得很亲切，就会产生"遇知己"的感受，真正达成良好的沟通愿望。注意：如果自己表达欠妥，不要狡辩，大方地表示"我说错了"；倾听的时候要注视说话人，以表达尊重；不要擅自打断别人的谈话，如果有必要，先征得对方同意；提问题要注意分寸、恰到好处。

（三）以赞美和表扬赢得人心

哲学家詹姆士曾精辟地指出："人类本质中最殷切的要求是渴望被肯定。"赞美是阳光、空气和水，是学生成长不可缺少的养料；赞美是一座桥，是沟通人们心灵之河的纽带；赞美是一种无形的催化剂，能增强人们的自尊、自信和自强。

拓展阅读 需要被肯定的小军

小军，男，某高职院校新生。这个孩子不但成绩不好，还不能被批评，只要你说的话他认为重了一些，他就立即翻脸。一开始，他就很沉默、很内向、很自卑。第一次数学考试，他只考了15分，在班级中排在最后，这使他更加自卑。他甚至曾经说，他可能是班级的累赘，是班主任的眼中钉。几周过去了，他很少和班级中的其他同学交流。他的表现说明他是很自卑的：不太说话，不太合群。比如，上课时他不抬头看黑板……学习习惯也不好，作业经常应付了事，如果遇到不会做的题目，他不会去问同学和老师，就空在那里直接交上来。他的父母也说："他对新环境有恐惧感，经常在家里发泄。"他的母亲甚至不敢督促他学习，批评他更不敢，怕他发火。

小提示：多些赞美，多些表扬，捕捉他人身上的一切闪光点。

（四）学会幽默

恩格斯说过："幽默是具有智慧、教养和道德的优越感的表现。"在交谈过程中适当运用幽默能使人感到智慧的潇洒、情致的深邃、精神的博大。

有一位女政治家因为肥胖常遭到对手的讥笑，她在一次竞选演讲中却主动说："有一次我穿上灰色的泳装在大海里游泳，结果引来了轰炸机，以为发现了敌国的潜艇。"在笑声中选民反倒不以其肥胖而反感。

言谈要有幽默感，幽默的语言极易迅速打开交际局面，使气氛轻松、活跃、融洽。幽默、诙谐也可以成为紧张情景中的缓冲剂，使朋友、同事摆脱窘境或消除敌意。

二、职场沟通很关键

（一）与上沟通

沟通，按目的可以分为与上沟通、与下沟通和平行沟通。中国职场中的人际关系实际上是一种人伦关系，是有大有小、有上有下的，不能以大欺小，也不能以下犯上。职场中所谓的办公室政治、同事交往困难，往往是由于表达不充分造成的。彼此很可能没有了解对方行为、语言的目的，因此对对方产生误解；自己的行为和语言也可能在表达过程中出现漏洞，所谓"言者无意，听者有心"就是这个意思，嫌隙常常产生在不经意间。

刚刚从某高职院校毕业的元元被分配到一家发电厂，工作非常积极肯干，受到了厂长的赏识。可是，一次偶发的事件却改变了全部。上级管理局派人来工厂参观，厂长一路陪同，经过仪表控制室，客人忽然看见电表板上有若干颜色不同的指示灯，有亮着的，有不亮的。有一个指示灯，则是一闪一闪的。于是问："这个指示灯为什么会闪？"厂长回答："是在做发电机起用准备。"听起来也蛮有道理。想不到厂长刚刚说完，负责这个岗位的元元却说："不是的，那个灯坏了。"厂长顿时极为尴尬。

职业素养

这个小故事说明与上沟通时要注意自己的言行，任何人都不会喜欢面对众人被直接反驳，领导需要被尊重，当发现错误时应采取间接的表达方式。

职场中经常需要向上级领导汇报、请示、建议，甚至犯错误以后要解释，属于与上沟通。在面临这些情况时，应该谨记"上"的观念，不可以以下犯上，也不必卑躬屈膝，最好的表达态度是不卑不亢。

> 小张接受了领导布置的任务，对两年来销售商的资料进行分类整理，以便于展销会工作的开展。小张加班加点，用最快的速度把资料整理好，送到了领导手中。原本以为领导会表扬她的工作效率，哪想到，领导看完之后，一皱眉头"我让你按照销售量进行整理，你怎么按销售区域整理？"

在职场中，你接受了一项工作，可能由于很多因素，你对领导安排的工作在理解上存在误差，甚至有时候和领导的计划南辕北辙。这就表明，如果沟通不畅，工作就不可能顺利完成。如果是一位宽容的领导，这样的错误可以笑一笑就过去了；如果是一位苛刻的领导，就会对自己的职业生涯产生不好的影响。

因此，想要提高工作效率，表现出你的办事能力，工作中与领导和同事的沟通必不可少。在接受一项工作任务的时候，无论多么简单，也要进行详细的沟通，避免出现工作漏洞。

（二）平等沟通

同事之间良好的沟通，可以相互配合，共同促进工作的完成。但是，现实中同事间由于存在竞争关系，沟通时容易缺乏真心，没有肺腑之言，缺乏相互配合的积极意识，经常会产生"谁怕谁"的心态，有时一句话、一个动作，都会引起他人的不满。北京数银英才企业管理咨询有限公司总经理胡卫东说："职场人首先要清楚，到公司是为了把工作做好。所以，对于工作中的人际关系，应理性看待。""物以类聚，人以群分"，对于不同类型的人，不要因不能做朋友而大伤脑筋，只要保持正常的工作关系即可。先从自己开始，尊重你周围的每位同事，平等沟通。俗话说得好："你敬我一尺，我还你一丈。"

1. 主动

素养鸡汤

让地三尺

在单位，王刚与同事李京的关系非常紧张，两个人经常为一些小事而产生争执，他感到很苦恼。有一天，他向朋友诉说心中的苦闷，朋友给他讲了"让地三尺"的故事。

古时候，一位丞相的管家准备修一座后花园，希望花园外留一条三尺之巷，可邻居是一名员外，他说那是他的地，坚决反对修巷。管家立即修书京城，看到丞相回信后的管家放弃了原来的想法，员外颇感意外，执意要看丞相的回信。原来丞相写的是一首诗：

> 千里家书只为墙，
> 让他三尺又何妨。
> 万里长城今犹在，
> 不见当年秦始皇。
> 员外深受感动，主动让地三尺，最后三尺之巷变成了六尺之巷。
> 王刚听了很受启发，主动跟李京道歉，表达自己的心意。现在，他和李京相处得非常融洽，配合默契，两个人的工作效率都提高了。
> 平等表达的第一个要求是主动。案例中王刚前后的变化，道出了一个永不磨灭的真理：主动与同事沟通，容易造就良好的同事关系。

在现代人际关系中，同事关系主要以利益为主，当两个人发生冲突时，一定是妨碍了彼此的利益。利益沟通的关键是维持双赢。只有在相互妥协中达到双赢，才能和谐相处。

2. 谦让

在公司、企业、单位里，凡是比你先加入的人，都是你的前辈。日本人称先入职的同事为"先进"。面对先入职的前辈要谦虚，礼貌待人，经常用一些礼貌用语和敬语。如：您好、谢谢。用真诚的态度谦虚地表达自己的想法，才会得到别人的支持。

3. 支持

可锐职业顾问总裁卞秉彬认为，如果"战友"是你的上司：一、不要推卸责任。将工作中遇到的问题，及时反映出来，但决不要在事情发生后推卸自己的责任。二、学会换位思考。多站在老板、上司的角度，想想如果你是他，你希望手下的员工怎么做。如果"战友"是同级同事：一、互相支持。在你遇到难题时想得到怎样的支持，你就怎样去支持别人。二、保持距离。不要把同事当成朋友，公私不分。三、决不传播流言。

4. 时刻注意细节

（1）平等对待每个人。不要对资历老的前辈刻意讨好，也不要对新人颐指气使，尊重是与同事相处的基本之道。

（2）莫在办公室里过多谈论自己的私人生活，更不要倾诉自己的个人危机，友善并不等同于友谊，别人对你的个人生活不一定感兴趣。

（3）开玩笑要有"度"。轻松幽默的人的确能够得到大家的喜爱，但口无遮拦就是另一回事了。

（4）莫谈论他人是非。谈论他人是非者往往自己会成为是非的中心。

（5）莫炫耀自己。即使你与上司有着情同手足的关系，也不要到处炫耀，低调才能远离妒忌和刁难。

（6）莫想着占别人的便宜。斤斤计较的人容易失去同事的信任和支持。

（7）莫过多要求别人。不要期望每个同事都像家人和朋友一样来包容你、理解你。

（8）如果已经和同事成为朋友，不要在工作场合显得过于亲密，避免让其他人感觉你们"拉帮结派"。

（9）要学会说"不"。同事间相互帮助是应该的，但不要让这种帮助变成了习惯和指使，否则你分内的工作又怎么办呢？

（三）沟通中的禁忌

古人云："赠人以言，重于珠玉；伤人以言，重于剑戟。"意思是，我们在沟通过程中，一定要言谈得当。即使是相识已久的朋友在沟通中也有一些禁忌，在不太熟悉的社交场合，我们更应该注意自己的谈话内容，不要触犯禁忌。

沟通中的禁忌有很多，需要我们在日常生活中不断地总结，针对不同的人、不同的情况，交谈的内容也应有所变化。一般情况下，沟通中的禁忌大致有以下几种：

（1）交谈中不要涉及令对方不愉快的事情。不愉快的事情包括"敏感事"和"隐私"。病亡、穷困、身体缺陷等都是让对方较为敏感的事情，俗话说"当着矮人不说短话"，这类话题不提为好。随着社会的进步，交往中对人们的隐私越来越尊重，在交谈中凡涉及个人隐私的一切问题均应回避。如：不询问女士的年龄、婚姻状况，不径直询问对方的履历、工资收入、家庭财产，不询问住址、电话等。

（2）要杜绝在背后说他人的长短。与人沟通时不说他人的坏话，也不传闲话，这不仅是礼仪的需要，也是成功的保证。富兰克林在谈到他成功的秘诀时曾说："我不说任何人的坏话，我只说我所知道的每个人的长处。"背后对人说长论短，这是最令人厌恶的行为。

（3）与女士沟通时不论及对方美丑胖瘦、保养得好与不好等。但在社交场合，有时对对方，特别是女士的衣服、发型、气色给出真诚而适度的称赞，不在此列。

（4）与不熟悉的人沟通时不问对方衣服的质量、价格，首饰的真假等。如果在社交场合问及对方这些问题，会使人难以回答，甚至陷入难堪境地。

（5）在社交场合不以荒诞离奇、耸人听闻、黄色淫秽的内容为话题，也不开低级庸俗的玩笑，更不能嘲笑他人的生理缺陷，那样只会证明自己的格调不高。

（6）在涉外场合，一般不要谈论当事人国家的政治问题，不应随便议论他人的宗教信仰，对某些风俗习惯、个人爱好也不要妄加议论。

另外，有四种行为也是沟通中的大忌：好主观臆断，对他人的意见只有接受或不接受两种态度；好追根究底，依照自己的价值观去探查和评价别人的隐私；好为人师，总是试图以自己的经验给别人提供忠告；好自以为是，不能从别人的立场出发考虑问题。

（四）成就完美沟通

每人每天都在表达、沟通上耗费很多的时间，根据科学的研究，职场人员往往用50%～80%的工作时间以不同的形式进行沟通。表达能力不是人们天生就具备的，是在工作实践中培养和训练出来的。

表达、沟通本身没有对和错之分，只有有效和无效之别。想要实现完美沟通就要具备明确的表达目标，在表达、沟通过程中注意细节，能根据表达的进程自我调整。

> 一位知名主持人有一次在节目中访问一名小朋友，问他："你长大后想要做什么呀？"小朋友天真地回答："我想当飞机的驾驶员！"
>
> 主持人接着问："如果有一天，你的飞机飞到太平洋上空时，所有引擎突然都熄火了，你怎么办？"小朋友想了想说："我会先告诉坐在飞机上的人绑好安全带，然后我挂上我的降落伞跳出去。"
>
> 这个回答让现场的观众哄堂大笑，主持人却留意到孩子涨红了脸，眼泪夺眶而出。他觉得这个孩子也许并不像观众所想的是自作聪明。于是又问他："那你为什么要这么做啊？"孩子的答案充满悲悯之情，透露出一个孩子美好而真挚的想法："我要去拿燃料，我还要回来！"

这个采访是一个完整的沟通过程,孩子开始的回答让观众们大笑,是因为他们并不了解孩子表达的最终目的,当孩子做出解释后,观众的反应就截然不同了。

在高度全球化的今天,沟通可以说是无处不在,它的重要性越来越被人们所认识。对于职场人而言,只有领导与员工之间、员工与员工之间形成有效沟通,才能形成团队精神,发挥出高效、优异的工作效能。对公司、企业、单位而言,只有拥有了谈判与合作的沟通技巧,才能在竞争与合作中为自己谋取到最大优势。

三、练就一副"铁齿铜牙"

在一个人的职业发展中,沟通能力发挥着至关重要的作用。一个良好的职场环境需要无时不在的沟通,从总体目标到细节,都在沟通的内容之列。沟通技能的学习和训练都不是什么难题,只要你能够主动转变观念、培养意识,练就一副"铁齿铜牙",成为沟通高手指日可待。

(一)了解沟通的步骤

虽然不是每次沟通都需要提前准备,但是有些交谈和沟通不只是为了交流信息、表达意见,还希望能够解决问题。在这种情况下做好必要的准备是必须的。

1. 明确你的沟通目的
(1)表达你想要对方了解的信息。
(2)针对某个问题,想知道对方的想法和态度。
(3)想要解决问题、达成共识或签订协议。

2. 了解你的沟通对象
从了解你的沟通对象开始,了解他的个性、兴趣,只有了解对方,才可以选择适当的交谈方式进行沟通,通过沟通缩短与对方的距离,化解彼此的对立。

3. 选定沟通的场地和时间
环境对沟通的顺利进行有很大影响。不同的场合适合不同的交谈方式。如:面试、推销、访谈、相亲,场合的选择有很大的差别。对沟通时间的预估和设计也是沟通之前的必要安排。

4. 制作沟通计划表

沟通的目的		
参加者		
地点		
开场白的重点		
表达的重点		
成果	达成统一	
	问题所在	

计划表可以帮助你在表达前先思考如何进行有效表达。

（二）选择合适的方式

如果你对邻居说："我家有一盆花，你帮我去修剪一下吧？"对方一定会莫名其妙："为什么要我给你卖体力？"但如果你换一种说法："我发现你家的花修剪的特别漂亮，你在这方面造诣很高。哎，我家有一盆花，你能不能教教我，看怎么修剪才漂亮？"对方一定会高高兴兴地帮你修剪花了。同一件事，为什么表达的方式不同，其效果就截然不同呢？这就涉及语言艺术的问题。

拓展阅读　如何表达

地点：主管办公室。

经验：不卑不亢。

领导请小陈进办公室，询问他对奖金发放的看法。小陈很紧张，忙说工作多，还没来得及想。

评点：错失了一次和领导良好沟通的机会。

应对上策：

1．"感激您特意询问我，我们的主要成就来源于您有力的领导。"

2．"太棒了，可以有钱花了！"

3．"太感谢您了，我很满意。"

4．"为了获得更多奖金，我会更加努力的。"

应对下策：

1．"反正吃亏的总是我。"

2．"别人总是妒忌我的奖金。"

3．"怎么不按劳分配呢？"

4．"这太不公平了。"

5．"不知道。"

【小提示】由此可见表达能力是职场战略的金钥匙。在不同场合，人们需要采用不同的表达方式和技巧。

（三）运用恰当的沟通技巧

所谓沟通技巧，是指人们利用文字、语言与肢体等与他人进行交流所使用的技巧。沟通技巧涉及许多方面，如简化运用语言、积极倾听、重视反馈、控制情绪等。我们应学会用清楚、准确、简练、生动的语言表达自己的思想。有效地表达还需要与听众交流，通过听众的反馈来调整你讲话的内容。因此，必须掌握一些必备的沟通技巧。

职场沟通应注意以下几个方面的技巧：

1）适当地暴露自己，取得对方信任

与人沟通，可以从自身出发，并适当暴露自己的弱点。这是增加亲和力、取得对方信任、塑造自我形象的一种方式。

与人沟通的关键是要使对方自然而然地交谈。每个人最熟悉的莫过于自己，以自身为话题，谈论共同经历过的事情，更容易产生共鸣，也更容易让对方敞开心扉。

2）说服他人的技巧

素养鸡汤

卡耐基的说服技巧

著名人际关系专家卡耐基租用纽约某饭店的大舞厅用来举办每季度一系列的讲课。即将开课之际，他收到饭店通知，租金将上涨300%。卡耐基不想付超出的那部分租金，于是第二天他去见经理，对他说：收到信我很吃惊，但我根本不怪你，如果我是你，我也会发出一封类似这样的信。你身为饭店的经理有责任尽可能地使收入增加。如果你不这样做，你将丢掉现在的饭碗。现在我们拿出笔和纸，把这件事的利弊列出来。利：舞厅空出来，给别人开舞会或开大会，像类似活动比租给人家当课堂能增加不少收入。弊：如果坚持增加租金，饭店会减少收入，事实上饭店一点收入都没有，因为我租不起。还有一个损失，这些课程吸引不少受过教育、修养高的人到你们的饭店来，对你们是个很好的宣传，事实上如果你花费5000元在报纸上登广告，也无法让这么多的人来到你们的饭店。我希望你好好考虑一下，然后告诉我你的决定。第二天卡耐基收到一封信，通知他租金只上涨50%而不是300%。

每个追求成功的人都要具有说服别人的能力，即将毕业的学生更应如此，作为一名求职者，你所面临的问题是如何差异化地推销自己，说服别人招聘你。

在职场中也是一样，当你面对领导或是同事的观点与你的观点有出入时，你是否有能力说服他们？职场上，被公司重视的员工，发展得好的人，通常不是那些唯唯诺诺、只会点头说是、埋头执行的人，而是那些能够陈述自己主张、提出好的意见，并让对方接受的人。这种能力就是职场说服力，是让你说话更有分量的能力，是让别人与你达成共识的能力。

3）批评的技巧

在沟通过程中，如果不得不提出批评，一定要委婉地提出，同时要注意：

①不要在公开场合批评他人；

②在进行批评之前应说一些亲切和赞赏的话，然后再以"不过"等转折词引出批评的问题；

③批评对方的行为而不是对方的人格，用询问的口吻而不是命令的语气批评他人；

④就事论事。

4）学会倾听

善于倾听是综合沟通能力的基本能力，有时听比说还重要。

传说曾经有个小国的使者来到中国，进贡了三个一模一样的金人，皇帝很高兴。可是这个小国的使者不厚道，同时出一道题目：这三个金人哪个最有价值？皇帝想了许多办法，请来珠宝匠检查，称重量，看做工，都是一模一样的，怎么办？使者还等着回去汇报呢。泱泱大国，不会连这件小事都不懂吧？最后，有一位退位的老臣说他有办法。皇帝将使者请到大殿，老臣胸有成竹地拿着三根稻草，插入第一个金人的耳朵里，这根稻草从另一边耳朵出来了；插入第二个金人的稻草从嘴里直接出来了；插入第三个金人的稻草进去后掉进了肚里，什么响动也没有。老臣说：第三个金人最有价值。使者默默无语，答案正确。

倾听是沟通的第一步，有智慧的人也都是先听再说。善于倾听，才是职业人最基本的素质。倾听的作用很多，可以获取很多信息，整理出对自己有用的信息；可以帮助谈话顺利进行；可以发现问题，及时表达自己的观点；可以保持沟通气氛的友好等。不过，倾听并不是简单地用耳朵去听，需要用心去理解。

人与人之间的交流是相互的，在单向的没有共鸣的交流中，是不会也不可能建立起信任与合作的，而在职场中合作和信任则是最基本的工作条件。所以，作为职场人尤其要注意避免粗暴的、单向的命令式沟通。不要犯这样的错误：在同事还没有来得及讲完自己的想法之前，就按照自己的经验大加评论或做出评断。

如果习惯于经常打断对方的讲话，或者常常固执地做出片面的决策，往往会使对方缺乏被尊重的感觉。时间久了，就没有人愿意向你反馈真实的信息。一旦信息反馈系统被切断，你就成了"孤家寡人"，得不到决策所需要的信息。而保持畅通的信息交流，则会使你的管理如鱼得水，并能及时纠正管理中的错误，制定更加切实可行的方案和制度。

表达、沟通不只是言语上的交流，聆听、回馈同等重要，用眼观察，用心体会，才能成为沟通能力超强的职场高人。

素养训练营

拓展活动一：囊中失物

活动目标： 让学生们体验解决问题的方法，理解沟通的重要性；让学生们观察和体会面对同样一个问题时其他人所表现出来的态度，如何才能达成共识并进行配合，以共同解决问题？

活动形式： 11～16名学生一组。

材料与场地： 有规律的一套玩具、眼罩。

时间： 30分钟。

活动程序：

（1）教师用袋子装着有规律的一套玩具、眼罩，而后给出游戏规则。

我有一套物品，我抽出了一个，而后再给你们一人一个，现在你们通过沟通猜出我拿走的物品的颜色和形状。全过程每人只能问一个问题"这是什么颜色?"我就会回答,但如果同时很多人提问,我就不会回答。全过程每个人只能摸自己的物品,而不得摸其他人的物品。

(2)现在教师让每位学生都戴上眼罩。

有关讨论

你的感觉如何,开始时你是不是认为这完全没有可能,后来又怎样了呢?

你认为在解决这一问题的过程中,最大的障碍是什么?

你对执行过程中大家的沟通表现的评价如何?

你认为还有其他方法吗?

拓展活动二:数字传递

活动目标: 让学生了解在沟通的过程中非言语沟通的重要作用。

活动形式: 5~8名学生一组。

材料和场地: 若干数字纸条,教室。

时间: 30分钟。

活动程序:

(1)将学生分成若干组,每组学生5~8名,并以每组选派一名组员出来担任监督员。

(2)所有参赛的组员按纵列排好,队列的最后一人到教师处,教师向全体参赛学生和监督员宣布游戏规则。

(3)游戏规则:

①各组选派一名代表到主席台上,教师:"我将给你每组代表看一个数字,每组代表必须把这个数字通过肢体语言让你们组的其他组员都知道,并且让小组的第一名组员将这个数字写在讲台前的白纸上(同时写上组名),看哪个组的速度最快、最准确。"

②全过程不允许说话,后面一个组员只能够通过肢体语言向前一个队员进行表达,通过这样的传递方式层层传递,直到第一名组员将这个数字写在白纸上。

③比赛进行三局(数字分别是0、900、0.01),每局结束后休息1分15秒。第一局胜利积5分,第二局胜利积8分,第三局胜利积10分。

小组讨论:

(1)P(计划)、D(实施)、C(检查)、A(改善行动)循环,在这个游戏中如何得到体现?

(2)四个循环中,哪个步骤更为重要?

 知识吧台

林肯的谈话原则

一、与人见面,尽量不要给他人留下不愉快的印象。

二、与人交谈,语言要简单亲切,不要有任何优越感,要让人感到他和你从小就认识。

三、千万不要忘记，幽默是一种重要的说服人的方法。

四、痛痛快快地笑，对身心健康有好处。

五、举一些浅显幽默的例子，比什么都更有说服力。

六、用简单的故事说明你的观点，往往能够避免别人冗长乏味的议论和自己费力的解释。

七、一个贴切的故事，能够减轻拒绝或批评造成的尖锐刺激，既达到谈话的目的，又不伤感情。

八、私下交谈比任何其他方式更能赢得别人的合作。

初入职场　别把沟通当难事

专家就90后职场新人普遍存在的问题进行分析时指出，加强沟通是一种自信的表现。学会沟通，职场生涯将更为顺畅。而一旦遇到沟通不畅的情况，职场新人也不要有畏难甚至回避的情绪，多从自己身上找问题，可能会让你的再次沟通变得简单、有效。

问题一：自信心不够

日语专业的小李进入一家大型日资企业的文秘岗位实习。因为企业文件中许多专业的词汇是在学校没有学习过的，内向的小李担心实习老师批评她有太多不懂而不敢主动去咨询，每天只是默默地在办公室查字典。针对这样的现象，资深职场培训专家钟瑜娟表示，许多职场新人容易因为觉得自己没有经验、不了解情况而唯唯诺诺，总躲在别人身后。她建议职场新人没必要因为没有经验就失去自信。如果担心做得不好，最好多和老员工沟通，多向上级请教，不要陷入负面的思考中。

问题二：沟通不顺畅

张同学大学毕业后顺利进入一家待遇不错的事业单位工作，但她发现身边的同事大部分是70后，很难找到共同语言。"同事们在一起谈的都是孩子、房子、车子，我根本插不上嘴。"久而久之，和同事的关系也就更淡了。人力资源从业者蔡小梅介绍，90后生长在信息时代，喜欢用网络获取信息，他们往往忽略了现实的沟通，有了问题，习惯性地使用百度、谷歌搜索，殊不知当面请教是拉近距离、增进了解的最好方式。建议职场新人在身边寻找一位有经验的"过来人"，向资深前辈请教，远比独自在内心纠结要好。

问题三：耐心不足，吃不了苦

"我不愿意干那么多无聊的事情，下班了我想去看看电影，放松一下。"小李是标准的90后，他袒露了心中想法。钟瑜娟提醒职场新人，"学会换位思考，多做少说是王道。有空可以阅读关于职场的书籍，做好职场规划。"建议职场新人们把磨炼当作机会，在公司里不管年龄大小，都是前辈，虚心向他们请教，让他们认同你。另外，不要太把自己当回事，出了问题不要把责任往别人身上推，多找找自己的原因。

素养光荣榜

周玄毅：好好说话从学会沟通开始。

第六单元　学会沟通——搭建成功之桥

单元测试题及答案

第七单元
学会协作——
驰骋职场之翼

> 与他人进行有效的沟通，并且赢得他们的合作，这是那些要使自己的事业上升的人们应该努力培养的一种能力。
>
> ——戴尔·卡耐基
>
> 单个的人是软弱无力的，就像漂流的鲁滨逊一样，只有同别人在一起，他才能完成许多事业。
>
> ——叔本华

单元教学课件   单元微课

职业素养

素养风向标

案例  老板的选择

案例导读

本案例讲述的是一公司招聘人员时通过一个测试来判定应聘者的职业能力高低,并最终确定应聘者的故事。

案例描述

一家全球500强公司招聘高层管理人员,9名优秀应聘者经过初试,从上百人中脱颖而出,进入由公司老总亲自把关的复试。

老总把这9个人随机分成甲、乙、丙三组,指定甲组的3个人去调查本市婴儿用品市场,乙组的3个人去调查妇女用品市场,丙组的3个人去调查老年人用品市场。

老总解释说:"我们录取的人将负责开发市场业务,所以,你们必须对市场有敏锐的观察力。让大家调查这些行业,是想看看大家对一个新工作的适应能力,每个小组的成员务必全力以赴!"临走的时候,老总补充道:"为了避免大家盲目开展调查,我已经叫秘书准备了一份相关行业的资料,走的时候自己到秘书那里去取。"

两天后,9个人都把自己的市场分析报告送到了老总那里。老总看完后,站起身来,走向丙组的3个人,与之一一握手,并说道:"恭喜3位,你们已经被公司录取了!"然后,老总看着大家疑惑的表情,哈哈大笑,说:"请大家打开我叫秘书给你们的资料,互相看看。"

原来,每个人得到的资料都不一样,甲组的3个人得到的分别是关于本市婴儿用品市场过去、现在和将来的分析报告,其他两组也类似。丙组的3个人很聪明,互相借用了资料,并补充了自己的分析报告。因此老总选择了丙组的3个人。

(摘自:徐鹤隆,《世界500强企业员工的12堂必修课》,华夏出版社)

案例分析

案例中,9名应聘者分为甲、乙、丙3组,每组3人,分别调查本市婴儿用品市场、妇女用品市场、老年人用品市场,最后都要提交关于市场开发的调研报告。甲组的3个人和乙组的3个人分别写了关于婴儿和妇女用品市场调研报告,而丙组的3个人参照大家的报告,相互借鉴,形成了完整系统的市场开发调研报告,从而赢得了老板认可,最终应聘成功。

案例交流与讨论

(1)公司老总为什么选聘丙组的3个人?从中你得到什么启示?

(2)由此案例请展开讨论,你认为工作中的协作有哪些特点?

一、认知团队协作

（一）团队及团队协作

所谓团队，是指才能互补、团结和谐并为共同目标而奉献的集体。团队不仅强调个人的工作成果，而且强调集体的整体业绩。团队强调通过成员的共同贡献，实现共同目标。团队的实力大于个人实力之和。团队的核心是共同奉献。这种共同奉献的基础是团队具有成员能够信服的目标。只有切实可行而又具有挑战性的目标，才能激发团队的工作动力和奉献精神，为工作注入无穷无尽的能量。团队的精神是共同承诺。共同承诺就是共同承担集体责任。没有这一承诺，团队就如同一盘散沙。做出这一承诺，团队就会齐心协力，成为一个强有力的集体。

所谓团队协作是指团队成员为了团队的利益与目标而相互协作、尽心尽力。团队协作主要包含三个方面的内容：

首先，在团队与成员之间的关系上，团队协作表现为团队成员的强烈归属感。团队成员因为共同的理念和目标而有机地凝聚在一起。团队成员把团队视为"家"，把自己的前途与团队的命运联系在一起，愿意为团队的利益与目标尽心尽力。在处理个人利益与团队利益的关系时，团队成员采取团队利益优先的原则，个人服从团队，维持公利与大利。另外，团队通过一系列的制度使它与其成员结成牢固的命运共同体。团队还通过一系列活动，培养成员对团队的共存共荣意识与深厚忠诚的情感。

其次，在团队成员之间的关系上，团队协作表现为成员之间的相互协作及共为一体。团队成员彼此把每个成员都视为"一家人"，他们之间相互依存、同舟共济、互相敬重、相互宽容，见大义容小过，彼此信任；在工作上互相协作，在生活上彼此关怀，在利益面前互相礼让。他们和谐相处，凝聚力强；他们彼此促进，追求团队的整体绩效与和谐。

最后，在团队成员对团队事务的态度上，团队协作表现为团队成员对团队事务全方位的投入。团队充分调动成员的积极性、主动性、创造性，让成员参与管理、决策和全力行动；团队成员在处理团队事务时尽职尽责、尽心尽力，充满活力和热情。

（二）团队协作的特征

1. 共同的目标

一个优秀的团队必须有一个共同的目标。目标对团队非常重要，它为团队指明了方向；它是团队存在的理由；它是团队运行的核心动力；它是团队决策的前提；它是团队合作的旗帜。团队成员应花费充分的时间、精力来讨论、制定他们共同的目标，并且每个团队成员都要深刻地理解团队的目标。

2. 核心领导

一个团队必须有一个核心领导。核心领导具有充分的人、财、物的指挥权，充分的决策权及强有力的组织协调能力，在团队中往往起到教练或后盾的作用，把握大局并关注细节，在重要环节中能够对团队提供指导和支持。当团队成员意见不一致时，核心领导可以做出关键决定，并督促成员按照他的决定执行。

3. 相互信任

一个具有凝聚力的团队，最为重要的要素就是相互信任。团队成员之间的信任是不可或缺的。作为团队中的个人，必须学会心平气和地承认自己的错误和弱点，并及时求助。同时，还要乐于接受别人的优点，认可别人的价值。

4. 牺牲精神

个人成功，并不能代表企业成功，只有团队成功，才是企业成功。一个团队，至少由三五个成员组成，每个人都有自己的思考方式和做事方法，个人的想法可能与团队的目标、计划有差异或冲突，但是团队成员必须按团队共同确定的目标去执行，为团队目标的实现要勇于牺牲个人的想法。

5. 凝聚力

任何团队都需要凝聚力。团队凝聚力不仅是维持团队存在的必要条件，而且对团队潜能的发挥有很重要的作用。凝聚力使团队成员之间的吸引力提升，引导团队成员产生共同的使命感、归属感和认同感，并逐渐升华为团队精神。凝聚力可分为向心力和团结力，向心力是团队对成员具有的吸引力，而团结力是成员之间具有的吸引力。

6. 良好的沟通

团队成员间的畅通交流可以使团队的成果远远大于每个人成果的总和。持续地沟通，是团队成员能够更好地发扬团队精神的重要方式。团队成员唯有秉持对话精神，及时有效地沟通，才能达成团队共识，激发成员和团队的创造力量。

素养鸡汤

天堂与地狱的区别

有人与上帝谈起天堂与地狱的问题。上帝对这个人说："跟我来，我让你看看什么是地狱。"他们走进一个房间，里面一群人正围着一大锅肉汤。但奇怪的是，他们每个人看起来都神情绝望，骨瘦如柴。原来他们每个人都拿着一个汤勺，但汤勺的手柄却长出手臂的两倍，所以没办法把吃的东西送进嘴里。

"走吧，我让你看看什么是天堂。"他们又走进了另一个房间，同样是一锅汤、一群人、一样的长柄汤勺。但每个人都很快乐，吃得很愉快。因为他们互相用自己的汤勺去喂对方。

原因很简单：地狱里的人只想着喂自己，而天堂里的人却想着喂别人。天堂和地狱的距离就是如此之近，单干和团结分享有着天壤之别。

【案例分析】 这个寓言故事非常生动形象地揭示了天堂与地狱到底有什么区别。地狱里的人神情绝望、骨瘦如柴，为什么是这样子呢？原因在于汤勺的手柄很长，他们没办法用汤勺把吃的东西送进自己的嘴里。而天堂则是另一番景象，每个人都很快乐，吃得很愉快。因为他们互相用自己的汤勺去喂对方，这样大家都可以吃到食物了。可见，天堂与地狱的背后隐藏的哲理是，个人单打独斗还是大家相互扶持，最后结果却是天壤之别。

二、团队的力量

在非洲的草原上如果见到羚羊在奔逃,那一定是狮子来了;如果见到狮子在躲避,那就是象群发怒了;如果见到成百上千的狮子和大象集体逃命的壮观景象,那是蚂蚁军团来了。

中国有句古语"三个臭皮匠,顶个诸葛亮"。只有善于协作,运用合力,才能聚起强大的力量,把事业做大。一个不懂得协作的人,必将感到步履维艰;一个善于协作的人,就会觉得如鱼得水。然而,很多人却恰恰缺少团队协作的精神,信奉个人英雄主义,不注意与周围人配合。战国时,秦王问一个大臣:"秦国人比齐国人怎么样?"大臣说:"一个人和一个人比,秦国人不如齐国人;一国人比一国人,齐国人不如秦国人。"最后,秦国战胜了比自己强大的齐国,靠的就是团队的力量。

协作精神是任何企业都十分强调的,在招聘新员工时也都会考察应聘者是否有协作精神。团队协作是职业人必须具有的职业素养。

协作的力量

由于单位偏远,我和几个同事都寄宿在单位。有一天晚上,单位的厨房里发出"吱吱"的声音,第二天,便发现地上有一个破碎的鸡蛋壳,不用说这一定是老鼠的杰作。于是第二天晚上,我和几个同事躲在厨房里等老鼠出现。当晚,老鼠真的出现了,可是,你知道它们是怎样偷鸡蛋的吗?第一只老鼠躺在地上,第二只老鼠把蛋推到第一只老鼠的肚皮上,第一只老鼠便用四肢把鸡蛋夹紧,然后,第二只老鼠就咬着第一只老鼠的尾巴,连老鼠带鸡蛋拖回洞里。此情此景,大家都看呆了,完全忘了要捉老鼠。

由此可以我们可以得出:
(1)团队就像一条铁链,每个人都是其中一环;
(2)配合比个人优秀更重要;
(3)配合有时候也是一种理解,主动配合的本身就是一种忘我;
(4)个人力量正在被团队力量所取代。

三、不做团队中的"短板"

一只木桶能够装多少水取决于最短的一块木板的长度,而不是最长的那块,这就是木桶原理。木桶原理还可以引申一下,一只木桶能够装多少水不仅取决于每块木板的长度,还取决于木板与木板之间的结合是否紧密。如果木板与木板之间存在缝隙或缝隙很大,同样无法装满水。

职业素养

> 一家商店随着规模扩大,需要扩充人员,于是招聘了10多名新人。经过岗前培训之后,这些新员工被分别安排在不同的岗位上。一个月过去了,老板发现商店并没有出现预期的销售局面,反而还不如以前。老板非常疑惑,他进行了深入调研,发现主要原因是这些新员工由于培训时间过短,素质良莠不齐,尽管有一些适应能力强的新员工提升了商店的销售额,但还有一部分新员工由于职业素养低下、业务能力有限、工作态度不端正等原因,导致商店在营销活动中连连失误,商店的服务质量及良好的信誉受到影响,相当一批老顾客流失了,最终造成商店的营业额下降。

一个团队的战斗力,不仅取决于每名成员的能力,还取决于成员与成员之间的相互协作、相互配合,这样才能紧密地结合成一个强大的整体。著名心理学家荣格曾列出一个公式:I We=Full I。意思是说,一个人只有把自己融入集体,才能最大限度地实现个人的价值。

(一)学生团队协作现状

近期调查了20多家企事业单位,分别针对在校高职学生、近五年毕业生及用人单位的人事主管进行问卷调查。在高职院校中共发出了1400份问卷,收回有效问卷1070份;其中男生510人,占47.7%,女生560人,占52.3%;在企事业单位中共发出120份问卷,收回110份,其中无效问卷10份,有效率达到90.9%。将收集到的数据进行分类统计,结果显示:在校高职学生及毕业生普遍缺乏与人合作的团队精神。

> 小孟从高职院校毕业后成为一名业务员,最初,他的销售技能和业务关系都非常好。取得成绩以后,他就开始对别人指手画脚了,尤其是对那些客户服务人员。本来这些客户服务人员非常支持小孟的工作,只要是他的客户打来电话,客服就马上进行售后服务。但是,由于小孟动辄说"是我给你们的饭碗,没有我,你们都要饿死!",要不然就说这些客服人员服务不好,他的客户向他投诉等。后来,凡是小孟的客户打来的电话,客户服务人员都一拖再拖。最后,这些客户打电话给小孟,并把怒火发到他的身上。由于后续服务不到位,小孟的续单率非常低,原来的客户也都让其他业务员抢走了。你身上也有这样的问题吗?

学生的团队精神缺失主要表现在以下几个方面。

1. 凝聚力不强

学生表现出合作、团结不够,纪律观念不强,个人主义至上,看问题和处理事情只从自我考虑,对自己有利的就做,对自己无利的就不做,利大就做,利小就不做,不能从大局出发,不能从他人的角度思考问题,造成了集体的凝聚力不强。

2. 人际关系淡薄

有的同学在人际交往与合作中,不注重培养师生、同学之间的感情,轻义重利,以经济状况的贫富为标准,富则相交,贫则相离,与己有利则亲近,无利则疏远,缺少互帮互助的精神,交往关系上过于淡薄。

3. 对团队活动的参与意识不够

文艺、体育、科技等丰富多彩的校园活动适合不同群体的学生参加,但是,从实际情况来看，学生活动组织难度增大，各类校园活动的参与度不高。这其中不能回避的问题就是大学生群体的活动参与意识逐年下降。

> 深圳托普理德企业管理顾问有限公司董事长谭兆林曾经在电视上讲过这样一个事例：在他的公司有一名员工，工作能力很强，但目中无人，不能和同事和睦相处。这名员工来找谭兆林，他说："谭总，如果我辞职了，离开了你，离开了公司，你难道一点都不觉得可惜吗？"谭兆林回答："是的，我会非常难过，因为我将失去你这样一个非常有能力的人，一个能为我创造绩效的人。但是，如果你伤害到我的团队，我一定会让你离开。"

无论个人的能力如何，作为团队中的一分子，如果不能融入群体，总是独来独往、唯我独尊，必定会陷入自我的圈子里，无法获得友情、关爱和尊重。所以，要避免这方面的问题，既要有独立的个性，又必须融入群体，才能使个人得到发展。

（二）没有人能独自成功

独木难成林，一个人无法独自干成大事。对于工作中出现的问题，人和人之间有不同的看法是正常的，争辩也是常有的，但我们一定要学会沟通和交流，用坦诚的态度，积极与他人进行沟通，寻求理解和共识。

> 《西游记》中的唐僧师徒组合，其团队成员要么个性鲜明，要么缺乏主见，默默无闻。但就是这么一群典型人物组合在一起，克服了常人难以想象的困难，最终完成取回真经的任务。他们所依靠的就是彼此之间的真诚团结。作为团队领导人和协调者的唐僧，虽然处事缺乏果断和精明，但对于团队目标抱有坚定信念，以博爱和仁慈之心在取经途中不断地教诲和感化众位徒弟。队中明星员工孙悟空是一个不稳定因素：虽然能力高超，交际广泛，疾恶如仇，但桀骜不驯，喜欢单打独斗。但他对团队成员有着难以割舍的深厚感情，还有一颗不屈不挠的心，为达成取经的目标愿意付出任何代价。也许很少有人会意识到，猪八戒对于团队内部承上启下起着多么重要的作用，他的个性随和健谈，是唐僧和孙悟空这对固执师徒之间最好的"润滑剂"和沟通桥梁，虽然好吃懒做的性格经常使他成为挨骂的对象，但他从不会因此心怀怨恨。至于沙僧，每个团队都不能缺少这类员工，脏活累活全包，并且任劳任怨，还从不争功，是领导的忠实追随者，起着保持团队稳定的作用。
>
>

每个团队成员都有各自的优缺点，只要发挥出自己的优势，形成团结的合力，成功就能随之而来。

职业素养

素养鸡汤

三个和尚

三个和尚在一所寺庙里相遇，看到寺庙的破落，他们都很感叹："怎么香火这样不盛呢？"和尚甲："必是和尚不虔，所以菩萨不灵。"和尚乙："必是和尚不勤，所以庙宇破落。"和尚丙："必是和尚不敬，所以没有香客。"

三人争论不出结果，决定留下来各尽所能，看看香火能否兴盛。于是，和尚甲礼佛念经，和尚乙整理寺务，和尚丙化缘讲经。不久之后，寺庙的香火渐渐兴旺起来，重新恢复了昔日的壮观。

三个人又开始了新的争论。和尚甲："因为我整日念经，所以菩萨显灵，香火旺盛。"和尚乙："因为我整日忙碌，所以寺务新建。"和尚丙："因为我讲经劝世，所以香客众多。"三人只顾争吵，寺务懈怠，寺院又开始没落了。三人又走上了化缘之路。这时他们才真正明白：寺院的荒废，既非和尚不虔，也非和尚不敬，更非和尚不勤，而是和尚不睦。

没有人能独自成功，只有在团队中才能实现最好的自我。

一家具有国际影响力的大公司的总经理在接受记者采访时被问道："贵公司在招聘员工时，最看重员工的什么素质？""我们有一套非常严格的招聘员工标准，其中最首要的是具备团队协作精神。若一名应聘者缺乏团队协作观念，他即使是天才，我们也不会录用。因为在现代企业中，我们需要不同类型、不同性格的人共同努力、团结奋进，把各自的优势发挥到极致。一家企业如果缺乏团队协作精神是难以成功的。"

四、团队是个人成功的源泉

秋天来临，当雁阵排成人字或一字斜阵飞翔在蓝天白云之间时，不知你是否想过这样一个问题：大雁为什么要整齐地远翔？根据动物学家的研究，当大雁一只接着一只列阵飞行时，前一只大雁鼓动翅膀所带动的气流会让后一只大雁的浮力、飞行高度提升71%，这样越是飞在后面的大雁就越节省力气。而这只领头的大雁因没有前雁的相助，逆风而行，通常是最辛苦的。但只要这一只大雁累了，还会有第二只、第三只……随时可以上前替补。途中，若有大雁受伤需要休息，飞在它前后的两只大雁就会留下来照顾它，绝不会让它落单。两只留下的大雁等待受伤的大雁恢复后，再组成新"人"字形小队追赶前面的雁队。途中，它们也会再联合其他散雁，组成一个雁阵，实现它们飞往温暖南国的目标。当雁群休息的时候，有的寻找食物，有的负责站岗放哨，每只大雁都有不同的分工。如果一只大雁想飞到一个遥远的地方去，根本就不可能完成。因为它不能忍受飞行的孤独，也忍受不了寒风的侵袭。大雁这种令人惊叹的团队精神，帮助它们历尽艰险，飞越千山万水，顺利到达目的地。

竹子也给我们树立了很好的楷模。竹子都是群生的，人们看到的往往是一片竹林，而不是孤零零的一棵竹子。对一棵竹子而言,如果它没有依靠,没有支持,那么它面对的只有死亡。

在社会中,单枪匹马的精神固然值得肯定,但如果想真正地得到发展,在事业上真正获得成功,就必须发挥团队协作精神,从团队汲取力量。

(一)适应社会发展的需要

现代社会已进入"知识经济"时代,人们相互间的依存关系更为密切,分工更为细密,个人所掌握的知识和信息非常有限,因而对相互协作的要求也就更高。只会孤军作战的人已不适应今天的形势。因此,培养学生的团队精神,首先是适应社会发展的需要。

(二)适应自身发展的需要

社会心理学实验证实,团队合作能提高个人和团队的创新能力和工作绩效。在这个知识和信息大爆炸的时代,通过培养学生的团队精神,提高学生与人共事时的奉献、进取、团结合作的意识,有利于学生个人获取更多的信息和知识,也有利于共同创新和协同发展。

一根筷子容易折,十根筷子折不断。团结就是力量,团结就有凝聚力,团结就是生产力,团结就有战斗力。团结是团队精神的灵魂,团队精神是我们完成预期目标、取得最大效益的法宝,是事业成功的保障。

五、团队协作是企业发展的基石

一个好的团队可以影响一个企业的发展,而一个团队出现了协作问题,就可能导致企业的失败。

爱迪生的公司从拥有18名员工的小企业成长为美国东部的工业巨头,团队协作起到了很大的作用。他是一个实干型的企业家,他的魅力主要体现在,用巨大的工作热情感染员工。他工作起来废寝忘食,员工们受他的感染后也和他一样,为自己热爱的事业拼命工作。没有一个人感到自己在为老板卖命,因为老板看起来比谁都拼命,大家到这儿来,就是和他一起工作。他是公认的天才,但他没有把自己孤立起来。他和工人们保持着交流,让他们参与每项创造发明,人人都有机会展露自己的聪明才智。工作闲暇,他常常带着员工在车间开宴会,和他们一起跳非洲舞,还偶尔带着他们去钓鱼。在大家的团结努力下,企业最终发展为美国东部的工业巨头。

美国联邦快递公司(以下简称FedEx)是全球最大也是最早创立的航空快递公司。作为航空快递公司,其最大特点在于业务流程环环相扣、区域跨度大、时间连续(有些环节不分昼夜)且紧迫。同时由于业务遍布全球,公司有众多团队,有专门负责销售的团队,有专门负责收派件的团队,有专门负责分拣的团队,有负责客户服务的团队,有负责调度的团队,以及负责技术的团队和负责航空运输的团队等。客户的包裹就像接力棒一样在这些团队之间快速传递着,无论哪个环节出现失误,都将给后续工序造成连锁的并且是成倍增加的压力,甚至可能给客户造成无法挽回的损失。FedEx目前正向包括中国在内的220

职业素养

个国家及地区提供24到48小时之内、门到门的快递运输服务。每个工作日FedEx运送的包裹数量超过320万件,每年运送包裹总价值达600多亿美元,在全球拥有超过138000名员工、50000个投递点、671架飞机和41000辆车辆,并且通过互联网络与全球100多万客户保持密切的电子通信联系。2002年,FedEx的营业额已经达到196亿美元,在《财富》杂志全球500强中排名第246位;2004年,FedEx被《财富》杂志评为2004年度"全球十大最受推崇公司"。毫无疑问,FedEx是全球业界的典范。FedEx的成功就是靠无数团队相互协作和努力拼搏实现的。

素养成长路

素养鸡汤

故事二则

故事一:林斌,来自偏远农村,家庭贫困。在学校时他就性格内向,独来独往,自己认定的事情就非干不可,为此常与同学发生争论。他瞧不起别人,别人对他也很疏远。他身边的部分同学会刻意地孤立他,贬低他,讲他的坏话,为此他感到很气愤,也很苦恼。在工作后也出现了类似的问题,短短一年时间就换了三份工作。

故事二:韩刚很幸运,一毕业就分配到一家地方报社。他积极学习业务,工作态度踏实,取得了非常好的工作业绩。可是工作八年后,韩刚仍然是个普通员工,而跟他一起参加工作的同事,都纷纷坐上了主编或副主编的位子。再看看已经30多岁的自己,韩刚真是越想越郁闷。

看着韩刚郁郁寡欢的样子,他的好朋友向他传授了一套与同事的相处方法,果然一年后,韩刚顺利地被晋升为副主编,而且还带领报社的业务骨干出去考察了。

是什么使韩刚平步青云呢?原来,韩刚是一个性格倔强的人,认为只要努力工作就一定会得到应有的回报,可是在一个关系紧密的单位,单枪匹马的韩刚总是被遗忘。

韩刚的朋友帮他改变了两个不足之处:第一,只工作不合作。有一定的能力,又肯埋头苦干,工作的质量和效率都很突出,但是韩刚不愿与同事交流,一旦与他人合作,就显得闭塞、冷漠。只顾着干活,从不与同事有什么交谈和来往。第二,过分推销自己。韩刚在业务上投入了大量精力和时间,所以在业务上取得了非常好的表现,很喜欢在别人面前指手画脚,自吹自擂。这种品格很难获得好口碑。群众调查时,大家多半会把他的能力打个对折。而且,在任何场合都过分突出自己,必然忽略了他人的感受,往往给人不懂尊重他人的坏印象。

【案例分析】从上面两个故事中我们可以看出，如果不能把自己融入集体之中，你会面临大家对你难以认同的困境。与同事合作，就要积极参与各种集体活动，积极与同事协商工作方法，听取意见和建议，分享工作成果。遇到困难喜欢单独蛮干，从不和其他同事沟通交流；好大喜功，专做不在自己能力范围之内的事。一个人如果以这种态度对待所在的团体，那么其前途必然是黯淡的。只有把自己融入团队中去的人才能取得更大的成功。必须摒弃"独行侠""自视清高""刚愎自用"的思想和态度，代之以"团结就是力量"和"齐心协力"的团队意识。

一、学会与同事相处

（一）与同事相处的步骤

美国思想家艾默生曾说："你能诚心地帮助别人，别人也一定会帮助你，这是人生中最好的一种报酬。"大学生刚刚走出校园，参加工作，第一个难题便是如何与同事相处。

（1）真诚。在职场中，坚持真诚沟通、真诚待人、真诚做事，时间久了，大家自然就会在心里形成一个印象：这个人很真诚，让他办事放心。

（2）平等友善。步入新的环境，对许多事情都不了解，即使你各个方面都很优秀，即使你认为自己有能力解决手头的工作，也要虚心向有经验的同事请教，因为以后你也许需要他们的帮助。另外，你还可以从他们那里得到他们总结的"个人经验"，弥补自己的不足。

（3）保持微笑。微笑是处理事情的开心锁。即使是遇到了十分麻烦的事情，也要乐观，保持微笑。不要把个人情绪带进工作中，保证工作的正常进行。你可以对自己或对同伴说："我（我们）是最棒的，这件事一定可以解决！"

（4）有技巧地说"不"。同事之间"好人"难当，大家都是同事，帮这个帮那个，最终的结果，就是自己多了许多工作。当耳边又响起"嗨，帮我发份传真吧"，即使"不"字已经到了口边，最终还是咽了下去。同事们说起你时，常用"好人"代替，然而心中却隐藏些许轻视。

当别人要求你帮忙时，你实在不能说"不"，就告诉他：不巧正要处理一件事情，他的工作要"排队"，你做完自己的工作以后才可以帮他再做。或者运用你的幽默，亲切、友好地拒绝他的要求。"哇，老兄，上次的小费还没给呢。不如以后你的薪水我也帮你领？"让他感觉到自己的要求是无理的。

（二）职场相处的15个技巧

（1）无论发生什么事情，都要首先想到自己是不是做错了。学会站在对方的立场，体会对方的感觉。

（2）低调，低调，再低调。

（3）嘴要甜，平常不要吝惜你的喝彩声。适当的夸奖，会让人产生愉悦，但不要过头，否则会令人反感。

（4）有礼貌，礼多人不怪。

（5）少说多做，记住言多必失。

（6）不要把别人的友好视为理所当然，要知道感恩。

（7）不要推脱责任，勇于担当。

（8）不说同事坏话。要坚持在背后说别人好话，别担心好话传不到当事人耳朵里。如果有人在你面前说某人坏话时，你要微笑。

（9）避免和同事公开对立（包括公开提出反对意见，激烈的更不可取）。

（10）经常帮助别人，但是不能让被帮助的人觉得理所应当。

（11）对事不对人。对事无情，对人要有情；做人第一，做事其次。

（12）学会忍耐，忍耐是人生的必修课。

（13）新到一个地方，不要急于融入某个圈子里。等过了足够长的时间，属于你的那个圈子会自动接纳你。

（14）有一颗平常心。没什么大不了的，好事要往坏处想，坏事要往好处想。

（15）待上以敬，待下以宽。

二、明确职责，学会配合

团队是由不同的人组成的，团队中每个成员分工明确。团队中的分工是为了有序、高效地完成工作任务。作为团队中的一员，要明确自己的职责，做好自己的事情，并与同事配合，有条不紊地保证工作顺利进行。

我们知道在一支足球队中，前锋、中场、后卫及守门员首先要明确自己的职责，把自己角色扮演好，担负起自己的责任，同时要与其他队友配合，大家团结一致，才可能战胜对手。

三、培养意识，做合作型员工

团队精神的真谛就是"合作"，而团队合作就是力量，就是竞争力、战斗力。工作中要同心协力、互相支持、共同合作，成为一名合作型的员工。

有这样一则故事，有两个饥肠辘辘的乞丐，总想过安逸幸福的渔家生活。于是这两乞丐每天都向上帝祷告，希望上帝恩赐给他们一个建造家园的机会。有一天上帝终被二人的执着所打动，决定赐予他们一个建造家园的机会。

一天上帝化装成卖渔具的老人，各送给他们每人一个鱼竿、一篓鲜鱼。然后告诉他们俩，在三百五十里外的海滩上就是他们建造家园的好去处，老者说完这句话便消失不见了。

拿到鱼竿的乞丐心想，要建造美丽温馨的幸福家园就得勤奋，耽搁时间就是放掉摆在眼前的机遇。于是他没有过多地思考，便踏上了找寻幸福的征途。

分到鱼的乞丐寻思着美味可口的烤鱼肉香，嘴角淌着口水。美滋滋地自语道："快到晚上了，不如美餐一顿，再美美地睡上一觉，等天亮再上路也不迟。然而第二天却暴雨倾盆、冰雹满地，他看到天气如此恶劣便退缩了。暴雨整整下了一天，第二天又是狂风怒吼。就这样拖了两天，鱼篓中的鱼吃完了。等到和煦的阳光再次出现时，分到鱼的乞丐抱着空空的鱼篓面带无奈与遗憾死去了。

话说得到鱼竿的乞丐历尽千辛万苦、风吹雨淋、挨饿、受冻，最终看到了几步之遥的大海。这时，他的双腿已经僵硬，无法向前挪动一步，他举步维艰地爬到海边，拼尽最后一口气力把鱼钩投到水中。他看了一眼浩瀚的大海，有气无力地长叹一声，懊悔地闭上了双眼。

此时，老者再次出现在他的身旁，唤醒了昏睡的乞丐，用非常严厉的目光注视着乞丐说："年轻人，如果可以时光逆流，再恩赐你们一次机会的话，你会怎样做呢？只见他失落的双眸里，射出一道对未来充满激情的曙光。他向上帝说了一番话后，上帝微微点点头说："我虔诚的孩子，祝你们好运"。话音未落老者就消失了。

分到鱼的乞丐提着鱼篓说："快到晚上了，不如我们先点燃篝火美餐一顿，再美美地睡上一觉，明天再上路也不迟。"话还没有说完，就被分到鱼竿的乞丐所打断，只听他说："我不认可你的观点，其实要找到幸福的生活并不难，只要我们团结起来，互相鼓励、互相扶持、不抱怨、不气馁，坚强执着地去克服一切困难，相信希望与成功就在我们脚下。"

就这样他们两个相互鼓励、相互督促，饿了，就烤些鱼吃，累了，就相依而坐，冷了，就相拥取暖，用彼此的体温来抗拒寒冷。

当他们再次出现在海滩上的时候，两个人在海边的不远处点燃了篝火，吃上了刚刚从海里钓上来的鲜鱼。若干年后他们先后有了自己的家庭，过上了幸福美满的渔家生活。

从上面的寓言故事中，我们可以看出，不同的意识，就会有不同的选择和不同的结果。生活中或职场中也是一样，只要有不向困难低头、勇往直前的斗志，并且有换位思考、互谦互让的团队协作意识，相信成功就在我们每个人的脚下。记住，这不是一个单打独斗的社会，为了共同的目标，要学会和你身边的同学或同事合作，甚至是和陌生人合作。

素养鸡汤

电影《红海行动》在2018年春节期间火了，这部电影展现了不折不扣的团队协同作战精神，体现出了中国的大国风范，弘扬了爱国主义精神，值得每个中国人去观看。

《红海行动》影片描述的主要任务，就是撤出伊维亚共和国的侨民，而且一个都不能少。负责这次撤侨任务的作战主力部队，是中国海军的"蛟龙突击队"。在现实的中国海军中，这支队伍是真实存在的，并被人们誉为"海上蛟龙，陆地猛虎，空中雄鹰，反恐精英"。《红海行动》用惊心动魄的战斗场面，用近乎写实的场景与画面，展现了"捐躯赴难，视死如归"的精神，而且展现的是团队作战，极大地凸显了中国军人的军事素养和骁勇善战，展现了"勇者无畏，强者无敌"的英雄气概和热血豪情。其中，蛟龙突击队突出的团队领导力及团队执行力体现在以下几个方面：

一、团队分工、各司其职。首先，整场电影下来，如果不再回看影评介绍，整个就是脸盲，记不清楚到底影片的主角长什么样，只知道是个八人小分队，穿着同样的衣服、戴同样的帽子，行动迅速、敏捷如蛟龙，在激烈的战斗中经常脸上又是灰又是土的，你不会单独记住他们中的某一个人，你记住的将是"蛟龙"这个团体。他们互相信任，完美配合，海陆空三栖作战，每个人都在战斗中发挥自己所长，少了任何一个人都不是"蛟龙突击队"，没有一个人是其他人的陪衬。

《红海行动》里没有一个英雄，因为他们都是英雄，都是血肉鲜活、个性鲜明的主角人物。蛟龙突击队是一个真正的特种兵团队，从团队人员的配置来看，队长杨锐、副队长兼爆破手徐宏、狙击手顾顺、观察员李懂、机枪手佟莉、机枪手石头、医疗兵陆琛、通信兵庄羽，每个人各司其职，性格鲜明立体，战术配合完美。整部电影没有过多喊口号和煽情的部分，他们更多是用行动去诠释"勇者无畏，强者无敌"的精神。

这部电影非常突出团队意识，在蛟龙突击队里，各自分工明确，不会出现谁的位置最重要，团队中每个人的作用都无可替代。在每次行动时大家都无条件听从队长的命令，各自站好自己的岗位，面对挑战与困难毫不退缩、勇猛直前。影片很大一部分内容所展示的都是蛟龙突击队队员在各种极端作战环境下如何协同行动，可以说相当出色，甚至在与指挥部失联的情况下，队员之间行云流水般的协同配合，竟然在很紧张的观影气氛中，产生了一种很独特的美感。

二、统一指挥、高效决策。张译饰演的蛟龙突击队队长杨锐，他是队长，也是家长，果敢沉稳，处事不惊，在联系不到主舰指挥中心的情况下发出了一条条准确的指令，强有力地配合了伊维亚共和国的撤侨行动，给予了恐怖组织沉重的打击。坚强血汉一般的男人，他强硬、担当、充满血性及人情味，在千钧一发之际从不慌乱，在最合适的时间发出最准确最自信的命令。在一场刻画杨锐指挥才能和应变能力的坦克大战中，他机智地借助了沙尘暴的掩护，在己方坦克伤痕累累的不利局面下，靠一己之力扭转战局。高效决策、服从命令是一个高绩效团队必须具备的特质。

三、战术配合、默契支持。蛟龙突击队打的是战术配合。在每次定向解救任务时，都需要狙击手和观察员配合占领制高点，狙击手和观察员一定要有很好的默契和非常沉着稳定的心态才能完成任务。影片中的狙击手顾顺和李懂之间的配合及与恐怖分子间争分夺秒的狙击战，每个细节都值得称赞。

在战斗中移动护卫时，需要左右两侧建立防守线。每次冲锋陷阵的时候，都需要队友进行掩护。当进入房间进行搜索时，一般会以四人小方队的形式，每个人负责一个方位确保团队的安全。当自己出现困境的时候，都会向队友报出自己的情境，寻求帮助，队友都会杀出血路给予支援。队员之间相互信任、彼此主动沟通，在保护自我安全的情况下时刻顾及队友的处境。

四、勇于担当、积极进取。在与叛军的对抗中，大家随时处于警戒状态，或冷静耐心地观察，或找准时机进行攻击，或勇敢顽强地徒手搏斗。

面对强悍的对手，不管多么艰难，战士们依然勇往直前，即便血染沙场，信念从未改变。面对危险与困难，毫不退缩，勇敢进取，"要扛，一起扛"。这是一部典型的"中国式英雄"的电影，体现了完美的团队作战意识，也反映了真实的人性。

素养训练营

拓展活动一：坐地起身

一、项目类型：团队合作型。
二、道具要求：无须其他道具。
三、场地要求：一处空旷的场地。
四、项目时间：20～30分钟。
五、项目目标：这个活动让学生明白团队协作的重要性，并且体验团队协作的具体内涵，总结团队协作的重要特点，从而培养学生团队意识和团队精神。
六、详细游戏规则：
1. 要求四个人一组，围成一圈，背靠背地坐在地上。
2. 在不用手撑地的条件下站起来。
3. 随后依次增加人数，每次增加2人，直至10人。
在此过程中，工作人员要引导同学学会协作，共同完成动作，并坚持到底。

拓展活动二：蒙眼三角形

一．项目类型：团队合作型。
二．道具要求：眼罩若干和绳子。
三．场地要求：一处空旷的场地，最好是草地。
四．项目时间：20～30分钟。
五．项目目标：通过蒙着眼睛，让大家迅速建立信任，并达成共识和共同的目标；大家团结互助，完成低难度活动，从而培养学生团队意识和协作精神。
六．详细游戏规则：用眼罩将所有学生的眼睛蒙上，在蒙上眼睛前先观察一下四周的环境；然后，将双手放在胸前，像保险杆般保护自己与他人。目标是整个团队找到一条很长的绳子，并将它拉成正三角形，且顶点必须对着北方。完成时每个人都能握住绳子。

教师与学生一起讨论：
（1）回想一下发生过什么事情？
（2）每个人是怎么找到绳子的？
（3）是如何拉成正三角形的？
（4）想象和蒙上眼睛之前看到的差异大吗？其他人当时的想法如何？
（5）大家觉得绳子像什么？
（6）这个活动和工作类似吗？
（7）活动最有价值之处是什么？
（8）如果再玩一次你会怎么做？

职业素养

知识吧台

钥 匙

一把坚实的大锁挂在大门上，一根铁棒费了九牛二虎之力，还是无法将它撬开。钥匙来了，它瘦小的身子钻进锁孔，只轻轻一转，大锁就"啪"的一声被打开了。铁棒奇怪地问："为什么我费了那么大的力气也打不开，而你轻而易举地就把它打开了呢？"钥匙说："因为我最了解它的心。"

人生启示：

每个人的心，都像上了锁的大门，任你用再粗的铁棒也撬不开。唯有关怀，才能把自己变成一把细腻的钥匙，进入别人的心中，了解别人。

素养光荣榜

姚明、刘翔公益片：合作共赢。

单元测试题及答案

第八单元
学会主动——
获得先机之钥

你要追求工作,别让工作追求你。

——富兰克林

作战基本原理,切勿完全处于被动地位。

——克劳塞维茨

人性本质是主动而非被动的,不仅能消极选择反应,更能主动创造有利环境。

——史蒂芬·柯维

单元教学课件 单元微课

职业素养

素养风向标

案 例 ▶没有人告诉他该怎么做

毛永刚进入微软公司中国研发中心时，负责新一代 Word 的开发。真正开始工作，他才发现，摆在他面前的只有一个目标和大概的资料，没有详细的岗位职责，没有人告诉他该怎么做，该用什么工具。和美国总部交流沟通，得到的答复是一切都要靠自己去做。

原来，微软公司企业文化的一个精髓就是员工要自己找事做。比如测试一件产品，公司没有硬性规定测试程序和步骤，完全是根据员工自己对产品的理解，考虑产品的设计和用户的使用习惯，发现新的问题。这样，每个员工都要充分发挥自己的主动性，既唤起了他们的责任感，又调动了他们的激情，从而设计出最令人满意的产品。

新员工到微软没有培训，而是"不管你会不会游泳，到这个游泳池就把你推下去，能游也得游，不能游也得学会游"。总裁鲍尔默说："这样就形成了一种企业文化，来到这里就要潜心学东西，学好了就能生存，生存下来就要想怎样生存得更好，在这里就是没有人告诉你该怎么做。"

毛永刚没有退缩，他毅然挑起了开发工作的大梁，积极思考，主动自觉地去工作。他的努力得到了回报，很快成长为桌面应用部经理。

【思考与讨论】
毛永刚的成功来自哪里？微软公司的企业文化对你有什么启示？

素养加油站

一、认知主动

主动是指一个人的主动性，是个体按照自己规定或设置的目标行动，而不依赖外力推动的行为品质，其中目标是依据个人的需要、动机、理想、抱负和价值观等确定的。所谓工作上的主动性，是由个人意愿和能力所决定的，就是在工作中从我出发，从"要我做"到"我要做"，从"要我学"到"我要学"。在没有人监督和要求的情况下，主动地去完成自己的工作，不断地为企业创造价值。

美国文学家及哲学家梭罗曾说：最令人鼓舞的事实，莫过于人类确实能主动努力以提升生命价值。主动是什么？主动就是"没有人告诉你而你正做着恰当的事情"。主动，是一种态度，它反映一个人对待问题、对待工作的行为趋向和价值取向；主动，是成功人士必须具备的一种重要品质；主动，是装有太阳能发动机的汽车，能够在直奔目标的同时积累新的能量。

二、主动与被动

主动的对立面就是被动。被动则是一种等待的心态。被动的人，思想停滞，在思维方式上略显死板，处处以自己的想法或私利为中心。因此，被动的人，是消极的，冲劲不够、闯劲不够、压力不够、工作进取心不够。被动的人喜欢推卸责任，推诿扯皮，要"太极"；对自己的责、权、利模糊，喜欢"等"着做或者守株待兔。他们总是在等待命运安排或贵人相助。对一件事情，他们总认为是事情找上他们，自己不会主动推动事情的进展。

而主动是一种自觉行为。主动的人，是积极的，有高瞻远瞩的眼界、统筹兼顾的规划，能全面地、深刻地、辩证地思考问题，因此往往能够圆满完成工作任务；主动的人在思维方式上具有超前性、预见性，因此能够以预防的策略，做好事前的预防和控制，制定周密而详尽的管理计划，采取科学的技术措施，实施有效的管理方法。因此，主动的人会勇于承担责任，主动与人沟通，并经常做自我批评，喜欢"追"着干，并且具有协作与团队精神。

拓展阅读：主动工作的人和被动工作的人

美国钢铁大王卡耐基曾经说过："有两种人永远都会一事无成，一种是除非别人要他去做，否则绝不主动做事的人；另一种则是即使别人要他做，也做不好事情的人。那些不需要别人催促，就会主动去做应做的事，而且不会半途而废的人必将成功，这种人懂得要求自己多付出一点点，而且比别人预期的还要多。"

对于主动工作的人来说，有些事是不必老板交代的。如果老板说："给我编一本前往欧洲用的密码电报小册子。"主动工作的人得知老板的需求后，会立即去寻找密码电报资料，并设身处地为老板着想，认为把小册子做得便于携带、容易查询是必要的，于是把资料清晰地打印出来，编成一本小小的书，甚至用胶装订好。而被动工作的人，他听到老板的要求，会满脸狐疑地提出一个或数个问题：

"从哪儿能找到密码电报？"
"哪些图书馆会有这样的密码电报资料？"
"这是我的工作吗？"
"为什么不让查理去做呢？"
"急不急？"

然后，他会随便简单地编排几张纸，完成任务即可。

如果你是老板，必定会对那个满脸狐疑的家伙随后交来的几张皱巴巴的密码电报纸不放心，必得经过仔细的核对和确认后，才敢在飞往欧洲前把它放入自己的公文包。

这就是主动与被动的差别，主动的人可以获得更多的学习机会，让上司更放心、更重视他，让同事更喜欢与他一起工作，可以获得更多的晋升机会，并且事业易于成功。而被动的人，往往会丧失机会，工作很难得到上司的赏识，也很难得到同事的认可，事业很难成功。

三、主动是走向优秀的秘诀

现代社会赋予了人们更多主动决策的权利，需要人们面对问题时主动思考并不断创新，同时提供了更多的机会及空间让人们选择要做什么、要怎么做，大多数人的工作不再是机械式的重复劳动，而是需要独立思考、自主决策的复杂过程。因此，积极主动，在这个时代显得格外重要，它是一个人走向优秀的秘诀。

阿尔伯特·哈伯德曾说："世界会给你以厚报，既有金钱也有荣誉，只要你具备这样一种品质，那就是主动。"所以，要想在职场有所成就，就要先从做一名积极主动的员工开始。做一名积极主动的员工,就要培养工作热情,对你的本职工作充满热爱;就要学会主动服从,认真执行,并圆满完成任务;就要主动负责,坚守自己的职责和使命,面对问题,绝不推卸责任;就要敢于主动付出,不在乎自己多做一点;就要主动合作,敢于竞争,把团队的利益放在首位。

从本质上说,主动是源自内心的一种激情,引领我们满怀热忱地去竞争、去努力、去奋斗;它驱使我们满腔热情地勇于进取、一往无前,绝不退缩。积极主动,从某种意义上说,就如同人生的太阳一般,它的光芒给予我们动力,并引领我们不断奋勇向前,向着更远的目标、更高的山峰超越。

四、你离主动有多远

哈尔滨某学院针对企业对大学生毕业就业能力要求方面做了一次调查。调查显示,越来越多的用人单位认为,对于大学毕业生,正确积极的工作态度和高水平的道德修养比优秀的专业基础技能更重要。调查中,有85.6%的外企在招聘毕业生时把正确积极的工作态度作为最重要的因素进行考虑,道德修养水平被认为是第二重要的因素。

在调查中,用人单位表示目前大部分大学毕业生在言行上存在较大差距,企业在培训方面花费大量的人力、物力,大学毕业生在追求较高报酬的同时,往往忽略了对对等付出和多一点奉献的思考,不安心工作、跳槽频繁、不辞而别的现象越来越多。

团队合作精神和人际交往能力等也受到了用人单位的重视,其程度几乎与专业基础技能持平。究其原因,就是在生产、管理或服务等岗位,都越来越需要团队合作和沟通精神,这是胜任工作的重要条件之一。

根据受访企业的反馈,大学毕业生的专业发展能力受重视程度的排位比较靠后,这与企业类型的差异有关。在生产型企业中,将近七成的大学毕业生被分配在专业技术和技能要求较低的普工岗位。但在管理、服务型企业中,或者是在生产型企业的管理岗位中,大学毕业生的学习能力、创新能力及分析和解决问题的能力受重视程度相当靠前,是用人单位考虑的重要因素(见下表)。

选项		第一因素/%	第二因素/%	第三因素/%	提及率(合计)/%
专业基础技能	专业理论知识	3.3	2.6	4.2	10.1
	实践操作能力	15.4	16.3	17.8	49.5
社会适应能力	正确积极的工作态度	31	21.4	18.3	70.7
	思想道德水平	17.6	22.7	18.1	58.4
	团队合作精神	10.9	12.1	13.5	36.5
	人际交往能力	8.8	9.8	4.9	23.5
	心理素质	2.3	3.5	6.8	12.6
专业发展能力	学习能力	3.4	4.7	8	16.1
	创新能力	3.3	2.1	4.7	10.1
	分析和解决问题的能力	4	4.8	3.7	12.5

职业素养

李开复在《给中国学生的第五封信：做个积极主动的你》中指出：在中国的教育体制下，学生们事事要听从父母和老师的安排，遇到问题也可以直接从父母和老师那里获得帮助，这很容易养成被动的习惯。因此，许多中国年轻人不善于主动规划自己的成长路线，不知道如何积极地寻找资源，以使自己的学业和人生迈上更高的阶梯。

在这个快速发展的时代，人们拥有更多的选择机会，同时也面临众多的竞争，所以，作为当代青年代表的大学生，应该不再只是被动地等待别人告诉你应该做什么，而是应该主动去了解自己要做什么，在做好规划的基础上全力以赴地去完成。

五、不做守株待兔的人

相传在战国时期的宋国，一个农夫有一天在田里耕作，突然一只兔子跑过来，由于跑得太快，一头撞在树上，撞死了。农夫捡了一个大便宜，觉得这样挺好，什么也不做，就能捡到兔子。于是，他每天什么都不做，就坐在那棵大树旁，准备再捡到兔子。结果大家都知道，田也荒了，而且也没有再捡到兔子。

为什么会有这样的结果呢？就是因为这个农夫把一次偶然的成功当成了一劳永逸。事实上，如果他不是只坐在树下等，而是主动出击，就算兔子跑得再快，也总有抓住的机会。

积极主动这个词最早是由著名心理学家维克托·弗兰克推介给大众的。弗兰克本人就是一个积极主动、永不向困难低头的典型。弗兰克原本是一位受弗洛伊德心理学派影响颇深的决定论心理学家，但是，他在纳粹集中营里经历了一段凄惨的岁月后，开创出了独具一格的心理学流派。弗兰克的父母、妻子、兄弟都死于纳粹魔掌，而他本人则在纳粹集中营里受到严刑拷打。有一天，他赤身独处于囚室之中，突然意识到了一种全新的感受——也许，正是集中营里的恶劣环境让他猛然警醒：在任何极端的环境里，人们总会拥有一种最后的自由，那就是选择自己的态度的自由。

弗兰克的意思是说，在一个人极端痛苦无助的时候，他依然可以自行决定他的人生态度。在最为艰苦的岁月里，弗兰克选择了积极向上的态度。他没有悲观绝望，反而在脑海中设想，自己获释以后该如何站在讲台上，把这一段痛苦的经历介绍给自己的学生。凭着这种积极、乐观的态度，他在狱中不断磨炼自己的意志，直到自己的心灵超越了牢笼的禁锢，在自由的天地里任意驰骋。弗兰克在狱中发现的思维准则，正是我们每个追求成功的人所必须具有的人生态度——积极主动。

美国作家史蒂芬·柯维在其《高效能人士的七个习惯》中这样写道：

> 不要忽略人性最可贵的一面，那就是人有"选择的自由"（freedom to choose）。这种自由来自人类特有的四种天赋。除自我意识外，我们还拥有"想象力"（imagination），能超出现实之外；有"良知"（conscience），能明辨是非善恶；更有"独立意志"（independent will），能够不受外力影响，自行其是。
>
> 积极主动是人类的天性，如若不然，那就表示一个人在有意无意间选择消极被动（reactive）。消极被动的人易被自然环境所左右，在秋高气爽的时节里，兴高采烈；在阴霾晦暗的日子，就无精打采。积极主动的人，心中自有一片天地，天气的变化不会发生太大的作用，自身的原则、价值观才是关键。如果认定工作品质第一，即使天气再坏，依然不改敬业精神。
>
> 消极被动的人，同样也受制于社会"天气"的无常变化。如果受到礼遇，就愉快积极，反之则退缩逃避。心情好坏建立在他人的行为上，别人不成熟的人格反而是控制他们的利器。

太多人只是坐等命运的安排或贵人相助，事实上，好工作都是靠自己争取而来的。采取主动并不表示要强求、惹人厌或具侵略性，而是不逃避为自己开创前途的责任。在未来的职场中，守株待兔还是主动出击，这是我们必须要做的一个态度选择。

六、主动才能创造机会

在竞争异常激烈的当今时代，被动就会挨打，主动则可以抢先占据优势地位。我们的事业、人生不是上天安排的，无不需要我们去主动争取、去拼搏。在职场，有很多事情也许永远没有人安排你去做，有很多职位空缺永远都会需要有人去做。这就要看谁能够把握住机会，主动做，主动去争取。因为你主动，所以不但锻炼了自己，同时也为自己争取到了机会，积累了经验，积蓄了力量。但是，如果你不去主动争取，等到什么事情都需要别人来告诉你时，机会已经溜走了，好的职位早已经被那些主动者捷足先登了。

所以，学会主动是为了给自己增加机会，增加锻炼自己的机会，增加实现自己价值的机会。社会、企业、职场只能给你提供舞台，而演出则要靠自己，能演出什么精彩的节目，有什么样的效果，决定权完全在你自己。

今天，人们对人才的定义已经发生了很大的变化，因为在现代化的企业中，大多数人的工作不再是机械式的重复劳动，而是需要独立思考、自主决策的复杂过程。著名的管理学家彼得·德鲁克曾指出："未来的历史学家会说，这个世纪最重要的事情不是技术或网络的革新，而是人类生存状况的重大改变。在这个世纪，人将拥有更多的选择，他们必须积极地管理自己。"所以，今天大多数的优秀企业对人才的期望是：积极主动、充满热情、灵活自信。

所以，每个年轻人都应学会积极主动，必须善于规划和管理自己的事业，为自己的人生做出最为重要的抉择。没有人比你更在乎你自己的事业，没有什么像积极主动的态度一样更能体现你自己的独立人格。

小提示：每个主动的人，运气都不会太差。

拓展阅读：积极主动的人，运气都不会太差

同学小君，大学毕业就去了一家知名的杂志社当编辑。据我所知，那家杂志社只招名牌大学，考试更是像过独木桥。

我和她都不是名牌大学毕业，单是筛选简历就会被刷了下来，所以我只敢远观而不敢动手，连投简历的胆量都没有。

她应聘成功的三个月后，转正了。这真的让当时的我羡慕嫉妒恨啊！她说，当初她跟很多人一样投了简历，但结果是石沉大海。

因为太想得到这个机会了，于是，她单枪匹马带着自己的作品去了杂志社。到那里当然也是碰壁，连大门都不让进，还被前台翻了几次白眼。

可她还是坚持不懈地去杂志社蹲了好几次点，居然跟前台聊上话，吃了几次饭后混熟了。后来前台把她引荐给杂志社的主编，主编看了她的文章和插画后，非常满意。

很顺利地，她得到了这个很多人梦寐以求的机会。现在她能经常采访大咖，见过的世面也不是一般人能比。

她有才华，但有才华的人不一定有她这样的机遇。她的机遇不是偶然，而是她经过积极进取、努力拼搏获得的。

正如大仲马所说："谁若是有一刹那的胆怯，也许就放走了幸运在这一刹那间对他伸出来的香饵。"

素养成长路

一、积极主动，勤为先

实现成功的因素虽然多种多样，但积极进取却是许多成功人士的共同特点。积极进取体现在一个"勤"字上。"一生之计在于勤"，是先哲的遗训，更是一条被实践检验过的真理。一个人要想学有所成、业有所成，就得使自己积极主动并勤奋起来。

人生中的任何一种成功，大多是始于主动、勤奋。"书山有路勤为径，学海无涯苦作舟"，说的是读书人的勤；"六月炎天不歇荫，锄头底下出黄金"，说的是种田人的勤；"勤能补拙是良训，一分辛劳一分才"，这是说普通人的勤……主动、勤奋是点燃智慧的火把，是获取成功的法宝，是完善自我的捷径。主动、勤奋，是人们走向成功的经验总结。

职场中，一个以薪水为个人奋斗目标的人是无法走出平庸的生活模式的，也从来不会有真正的成就感。虽然工资作为工作的目的之一，但是从工作中能真正获得的东西却不是装在信封中的钞票。如果你忠于自我的话，就会发现金钱只不过是许多报酬中的一种。试着请教那些事业成功的人士，他们在没有优厚的金钱回报下，是否还继续从事自己的工作？大部分人的回答都是："绝对是！我不会有丝毫改变，因为我热爱自己的工

作。"想要攀上成功之阶,最明智的方法就是选择一件即使酬劳不多,也愿意主动、勤奋做下去的工作。

在现代职场,过去那种听命行事的工作作风已不再受到重视,懂得积极主动、勤奋工作的员工将备受青睐。在工作中,只要认定是要做的事,哪怕看上去是"不可能完成"的任务,都要敢于接受挑战,立刻采取行动,而不必等老板做出交代。

当今时代是一个知识爆炸的时代,社会的发展和变化日新月异。若要跟上时代的发展,适应变化的要求,就得主动、勤奋,否则就会落伍,就会被淘汰。所以,主动勤奋不仅是现实生存的需要,也是未来发展的需要。主动、勤奋不仅仅是一日之计、一年之计,更是一生之计。

二、眼中有事,心中有谋

有一位大学毕业生刚来公司不久,培训一个星期了,从未见她提出什么问题,一直在办公室上网,一副百无聊赖的样子。问她的工作范围和职责是什么,她说:"看大家在忙,不知道该干什么,头儿没告诉我该干什么,所以只好上网了。"

美国作家哈伯德的《找准自己的位置》很受美国商界精英追捧,他在论说员工实现自我价值必须具有的精神时,除了勤奋、敬业、忠诚,还特别强调了主动性的养成。他告诫人们:如果你想巩固自己的位置,你就要永远保持主动率先的精神,不等老板交代,便主动去做自己应该做的事。

主动性的基本构成要素是进取心,它会促使一个人主动去做他应该做的事,而不是总处于被动性的状态,等待领导吩咐后,才不得已而去做。具有强烈进取心的员工,总会积极主动地去做好本职工作,因此他工作时,不会有压迫感,而是享受主动工作给他带来的快乐。而要想成为一个有进取心的人,首要的是必须克服得过且过、拖延时间的恶习,养成积极主动的良好习惯。

 服务生雅各布的故事

一个阳光明媚的中午,一个喧嚷繁忙的餐厅。
"先生,有人招呼您了吗?"一个端着满满一托盘脏碟子的小伙子匆匆从我身边经过。
"还没有。我赶时间,给我一份沙拉和面包圈。"
"好的,这就给您拿来。您喝点什么?"
"健怡可乐,谢谢。"
"对不起,我们只卖百事可乐,行吗?"
"那就柠檬水吧。"
我的餐点很快就来了。小伙子仍旧匆忙地在餐厅中穿梭。
过了一会儿,突然在我的左边有人直冲过来,长手臂越过我的右肩,你猜怎样?我的眼前出现了——一罐冰凉解渴的健怡可乐!
"哇,谢谢你!"
"不客气!"小伙子又赶到别处去忙了。

我的第一个念头是:"把这家伙挖过来!成为我的雇员!"他显然不是个一般的服务员。

我越是想到他做的那些额外的事,就越想找他聊聊。趁他注意到我的时候,我招手请他过来。

"抱歉,我以为你们不卖健怡可乐?"

"没错,先生,我们不卖。"

"那这是从哪儿来的?"

"街角的杂货店,先生。"

我惊讶极了。

"谁付的钱?"我问。

"是我,才2块钱而已。"

听到这里,我不禁为他的专业服务所折服,但是我还有一个疑问——"你忙得不可开交,哪有时间去买呢?"

小伙子雅各布面带笑容,说:

"不是我买的,先生。我请我的经理去买的!"

当时是中午就餐的高峰时段,他已经忙不过来了,但是,他注意到有位顾客没人招呼,尽管这位客人不在他负责的桌区。

——让他们去招呼吧,反正不是我管的。

——老板真是抠门死了,忙成这样也不增加点人手!

——为什么中午值班的总是我!

但雅各布显然没这么想。

我如何能帮上忙?

我如何为你提供更好的服务?

几个月之后,雅各布不在这家店做服务生了,他升任了经理。

(摘自:《QBQ 问题背后的问题》,约翰·米勒著,电子工业出版社)

这个服务生表现出的正是作为一个职业人最重要的责任意识。面对餐厅混乱的局面,他没有抱怨"经理是怎么做的管理""为什么人手不够",而是想"我能做些什么""我如何尽自己的能力改变现状",在这样的思路指引下,他主动去多做事,为客户带来了方便,也为公司赢得了忠诚客户,同时也为自己的职场发展奠定了基础。

三、"分外"的事也要做

很多时候,领导安排的工作并不在职责范围之内,在这种情况下,是消极怠工,还是立即执行?当然是立即执行。

要站在领导和公司的立场上看问题,努力做好领导安排的每件事情。不要满足于完成分内的任务。因为严格地说,只是单纯地执行任务,你只是一个"执行者"。付出多少,得到多少,这是一个众所周知的因果法则,一如既往地多付出一点,多做一些分外的事情,回报可能会在不经意间,以出人意料的方式出现。

如果你能比分内的工作多做一点,那么,不仅能够彰显你勤奋的美德,而且还能发展一种超凡的技巧与能力,使你具有更强大的生存力量,从而摆脱困境。社会在发展,公司在成长,个人的职责范围也随之扩大。不要总是告诉自己"这不是我分内的工作",做一些"分外"的事，会为你带来更多的机遇。

拓展阅读 做好分外之事

一位成功学家曾聘用一名年轻女孩当助手，替他拆阅、分类信件，薪水与相关工作的人相同。

有一天，这位成功学家口述了一句格言，要求她用打字机记录下来："请记住，你唯一的限制就是你自己脑海中所设置的那个限制。"

她将打好的文件交给老板，并且有所感悟地说："你的格言令我深受启发，对我的人生大有价值。"

这件事并未引起成功学家的注意，但是，却在受雇女孩心中打上了深深的烙印。从那天起，她开始晚饭后回到办公室继续工作，不计报酬地干一些并非自己分内的工作，譬如替老板给读者回信。

她认真研究成功学家的语言风格，以至于这些回信和自己老板写得一样好，有时甚至更好。她一直坚持这样做，并不在意老板是否注意到自己的努力。终于有一天，成功学家的秘书因故辞职，挑选合适人选时，老板自然而然地想到了这个女孩。

在没有得到这个职位之前就已经身在其位，这正是女孩获得提升的最重要原因。在下班的铃声响起之后，她依然坚守在自己的岗位上；在没有任何报酬的情况下，她依然努力工作，最终使自己有资格接受更高的职位。

小提示：积极主动，不计报酬。

故事并没有结束，这位年轻女孩的能力如此优秀，引起了更多人的关注，其他公司纷纷提供更好的职位邀她加盟。为了挽留她，成功学家多次提高她的薪水，与最初当一名普通助手相比已经高出了四倍。

四、让主动成为一种习惯

在《高效能人士的七个习惯》这本著名的畅销书中，作者史蒂芬·柯维将积极主动列为七个重要习惯之首。当主动成为一种自觉、一种习惯，你就离成功不远了。

一般说来，主动性可以分为四个层次：

（1）不用别人告诉你，便能积极出色地完成自己的各项工作；

（2）老板安排任务后，才去做老板安排的职责范围内的工作；

（3）老板安排任务后，多次督促，迫于形势才去做；

（4）老板安排任务后，告诉他怎么做，并且盯着他，他才去做。

显而易见，企业所希望的主动工作便是主动性的第一个层

次，即不论老板是否安排，都能积极主动并出色地完成自己的工作。但是，在日常工作中，我们为什么常出现被老板认为是"缺乏主动性"的情况呢？原因可能有以下几点：

（1）自己的意见和老板不一致，又很少和老板及时沟通。自己和老板的意见不一致是很正常的，这说明你和老板的想法有分歧，这就需要及时和老板沟通，多请示，早汇报，和老板的意见达成一致。否则，自作主张肯定得不到老板认可，又耽误工作进程。

（2）自己制定的工作标准低，没完成任务的借口太多。对每项工作，当老板提出高标准时，我们要按老板的要求积极努力完成，千万别认为老板的要求太离谱、太苛刻，不可能完成；或认为我反正就这水平，要么老板另请高明。老板的要求高，对我们来说，既是一种锻炼和学习的机会，又是一次自我挑战和升华。

（3）老板没给标准和时间，思想上松懈。老板之所以没给出任务完成的标准和时间，要么忘记了，要么还没考虑成熟。不等于老板没有标准和时间意识，从而可以拖延办理。要记住，老板没给标准和时间，你自己要有标准和时间，并把你的理解向老板汇报，千万不能思想松懈。任何工作，能及时完成工作的尽量及早完成。

（4）工作中牵涉别人的配合，而别人配合不力，又不去催促，怕得罪人。我们的大多数工作都需要别人配合，要么是同事，要么是商业合作伙伴。如果别人配合不力怎么办？就要恳求、督促对方的配合，但是要注意语气，不能一副居高临下的样子；否则，只能适得其反，欲速则不达。

（5）老板安排的工作自己认为"不在我的职责范围内"，而消极怠工。要知道，老板为什么把不是你职责范围的事情交给你做，说明老板相信你的能力，也可能对你进行考验。每家公司、每个老板都欣赏愿意勇挑重担、不讨价还价的员工。老板把不是你职责范围的事情交给你做，是老板对你的重视和考验，从表面看是实现了公司的近期利益，实则有利于你自己的长远利益。

一位老板曾说过：请示老板分派工作要比顺从老板分派工作更高一层，这是一种变被动为主动的技巧，它不仅体现了员工的工作积极性、主动性，还增加了让老板了解自己的机会。

工作积极主动，就是领会老板的指令，然后运用自身的智慧与才干，把指令内容做得比老板预期的要完美；主动学习更多与工作有关的知识，以便随时用在工作上；有高度的自律能力，不经督促，自行把工作保持在较高效率水平之上；了解公司及老板的期望，认真去完成每个任务目标；准确进行自我定位，随时调整自我去适应不同的工作环境。

差别

两个同龄的年轻人同时受雇于一家店铺，并且拿同样的薪水。

可是一段时间后，叫阿诺德的那个小伙子青云直上，而那个叫布鲁诺的小伙子却仍在原地踏步。布鲁诺很不满意老板的不公正待遇，终于有一天他到老板那儿发牢骚了。老板一边耐心地听着他的抱怨，一边在心里盘算着怎样向他解释清楚他和阿诺德之间的差别。

"布鲁诺先生，"老板开口说话了，"您现在到集市上去一下，看看今天早上有什么卖的。"

布鲁诺从集市上回来向老板汇报说，今早集市上只有一个农民拉了一车土豆在卖。

"有多少？"老板问。

布鲁诺赶快戴上帽子又跑到集市上，然后回来告诉老板一共四十袋土豆。

"价格是多少？"

布鲁诺又第三次跑到集市上问来了价格。

"好吧，"老板对他说，"现在请您坐到这把椅子上一句话也不要说，看看阿诺德怎么说。"

阿诺德很快就从集市上回来了，向老板汇报说，到现在为止只有一个农民在卖土豆，一共四十口袋，价格是多少多少；土豆质量很不错，他带回来一个让老板看看。这个农民一个钟头以后还会运来几箱西红柿，据他看价格非常公道。昨天他们铺子的西红柿卖得很快，库存已经不多了。他想这么便宜的西红柿，老板肯定会要进一些的，所以他不仅带回了一个西红柿做样品，而且把那个农民也带来了，他现在正在外面等回话呢。

此时老板转向了布鲁诺，说："现在你肯定知道为什么阿诺德的薪水比你高了吧！"

（选自：张健鹏、胡足青主编，《故事时代》，当代世界出版社，2006年）

【案例分析】 阿诺德和布鲁诺的区别就在于一个主动为店铺考虑，为老板考虑，最终提高了工作效率，自己也从中受益；一个虽没有消极怠工，但他只会本本分分地做好老板分配给自己的本职工作，不会主动思考，相比之下，孰优孰劣就泾渭分明了。可见，在职场发展离开主动是不行的。

素养训练营

拓展活动一：无家可归

一、项目类型：团队主动型。

二、道具要求：无须其他道具。

三、场地要求：一处空旷的场地。

四、项目时间：10～15分钟

五、项目目标：启发同学们认识到在人际互动中要积极主动，不能只是消极被动地等待，否则将无家可归；建立同学们的主动意识，同时也让同学们认识到集体归属的重要性，培养新生的团队意识。

六、游戏规则：

1. 请大家手拉手围成一个圈，指导老师站在中间。听到"开始"指令后，大家拉着手逆时针跑起来。

2. 指导老师说："马兰花儿开"，同学问："开几瓣？"

3. 老师答："开n瓣！"（n可以是随意的数字），所有同学应立即主动寻找伙伴，组成一个正好有n个人的小组。

4. 没有主动找到伙伴的同学，将受罚表演节目（节目由同学们协商确定）。活动可重复进行，并变换n数字的大小。

拓展活动二：寻人行动

一、项目类型：团队主动型。

二、道具要求："寻人信息卡"、笔。

三、场地要求：一处空旷的场地。

四、项目时间：25～30分钟。

五、项目目标：通过"寻人游戏"锻炼学生们与他人主动交往和交流的意识，并增强同学之间的进一步了解。

六、游戏规则：

1."寻人行动"要求学生根据"寻人信息卡"上的信息，在10分钟内找到具有该特征的人并简单交流后签名。

2.大家交流"寻人信息卡"，看看谁的签名最多。主持人邀请有代表性的学生进行全班交流，如签名最多的和某一特征签名最少的。

3.交流完毕后，主持人梳理全班信息，请具有同一特征的人站立一排并相互介绍与交流。

寻人信息卡

序号	特征	签名	序号	特征	签名
1	穿39码的鞋		17	戴眼镜	
2	会打乒乓球		18	补过牙	
3	有白发的人		19	穿黑色袜子	
4	喜欢听古典音乐		20	喜欢唱周杰伦的歌	
5	去过北京		21	喜欢上网聊天	
6	骑自行车上学		22	当过志愿者	
7	身高170厘米		23	网络游戏高手	
8	妈妈是教师		24	有住院开刀的经历	
9	校运动会获过奖		25	体重54千克	
10	读过韩寒的书		26	喜欢红色	
11	参加过爱心捐款		27	喜欢爬山	
12	未来理想是当医生		28	不是本地人	
13	四月出生		29	爱养小动物	
14	色盲、色弱者		30	想报考外地大学	
15	某学科的课代表		31	理科为强项	
16	擅长游泳		32	崇拜贝克汉姆	

注意事项：

1.本游戏可以在陌生群体中进行，通过游戏让学生们明白要学会主动交往与沟通才能获得别人认可并建立友谊。

2.在一个栏目中可以签不止一个人的名字，看看谁签的名字多。主持人要求签名人进行确认，防止出现假、乱信息。

3.符合同一特征的学生相互交流后，派一名代表进行全班分享。

4."寻人信息卡"中的信息可根据学生的实际特点进行增减。

 知识吧台

积极主动的七个步骤

要达到积极主动的境界,我建议大家按照七个步骤,循序渐进地调整自己的心态,培养自己的习惯,学习把握机遇、创造机遇的方法,并在积极展示自我的过程中收获成功和快乐。

步骤一:拥有积极的态度,乐观面对人生

心理学家早已发现:一个人被击败,不是因为外界环境的阻碍,而是取决于他对环境如何反应。埋怨不会改变现实,但是积极的心态和行动可能改变一切。

根据心理学家的统计,每个人每天大约会产生5万个想法。如果你拥有积极的态度,那么你就能乐观地、富有创造性地把这5万个想法转换成正面的能源和动力;如果你的态度是消极的,你就会显得悲观、软弱、缺乏安全感,同时也会把这5万个想法变成负面的障碍和阻力。

消极的人允许或期望环境控制自己,喜欢一切听别人安排,但在这样的情况下,他不可能拥有控制自己命运的能力,也无法避免失败的厄运;相反,积极的人总是以不屈不挠、坚忍不拔的精神面对困难,他的成功是指日可待的。积极的人总是使用最乐观的精神和最辉煌的经验支配、控制自己的人生;消极者则刚好相反,他们的人生总是处在过去的种种失败与困惑的阴影里。

步骤二:远离被动的习惯,从小事做起

消极被动的习惯是积极主动的最大障碍,如果你从小就在消极、被动的环境下长大,你就更应该努力剔除自身所拥有的那些消极因素。

要改掉这个习惯,你就需要下定决心,每件小事都要表达出自己的意见,即使你不是很在乎。例如,自己决定在餐馆点什么菜,自己决定自己的衣着打扮,周末时自己决定要去哪里玩,等等。你应该学会对自己的生活做出合理地安排,而不是"别人怎样我就怎样"。当自己感觉"无所谓",想依从别人的意见时,记得提醒自己,一定要把自己的选择展现出来。

遇到困难时,不要找借口,应该多想一想,有没有别的解决方案?能不能将问题分解开来,一步一步地加以解决?或者,是否需要先提高自己在某方面的能力,然后再回头来处理这个难题?不要因为逃避而说自己没有选择或没有时间——没有人缺少时间,只不过,每个人分配时间的方式有所不同而已。

步骤三:对自己负责,把握自己的命运

每个人都有选择,都有机会,但是,先天和环境因素会造成每个人的机会多少不同。所以,这个世界不是完全公平的。但如果你因为世界不公平而放弃了自己的机会和选择,那就是你自己的责任。

"积极主动"的含义不仅限于主动决定并推动事情的进展,还意味着人必须为自己负责。责任感是一个很重要的观念,积极主动的人不会把自己的行为归咎于环境或他人。他们在待人接物时,总会根据自身的原则或价值观,做有意识的、负责任的抉择,而非屈从于外界环境的压力。

对自己负责的人会勇敢地面对人生。大家不要把不确定的或困难的事情一味搁置起来。比方说,有些同学认为英语重要,但学校不考试时,自己就不学英语;或者,有

些同学觉得自己需要参加社团锻炼沟通能力，但因为害羞就不积极报名。对此，我们必须认识到，不去解决也是一种解决，不做决定也是一个决定，消极的解决和决定将使你面前的机会丧失殆尽，你终有一天会付出沉重的代价。

步骤四：积极尝试，邂逅机遇

在和学生的交流中，我发现，一些学生因为受到一些挫折就丧失了奋斗的勇气。例如，有的学生因为应试教育在大学中延续而后悔念大学，有些学生因为专业不合适就虚度时光，还有的学生因为在研究生期间遇到种种学术上的难题而感到气馁……不知道大家有没有想过，这些都是可以直面的挫折，它们都需要你具有积极主动的态度。生命中随处是机遇，许多机遇就藏在一个又一个挫折之中，如果你在挫折面前气馁，你很可能会与自己的机遇擦肩而过。

积极尝试是学习最好的方法。在一个先进的公司，你不需要担心失败。在一项对美国公司的首席执行官的调查中发现，他们最欣赏的就是那些主动要求做某项新工作的员工。无论是否能够做好，至少这些员工比那些只会被动接受工作的员工要令人欣赏，因为他们有勇气、积极上进，而且会从中学习。

美国人很喜欢尝试不同的工作，他们一生中平均要换四次工作。在长期计划经济的思想影响下，更多的中国人不愿意换工作，而更倾向于终生做一件事。其实，换工作岗位的意义在于，你一开始做的决定并不一定是你的终生决定，你仍然有机会去尝试更多的东西，只有这样才能真正找到自己的兴趣所在，才能最大限度地发挥自己的潜力。

步骤五：充分准备，把握机遇

不要坐等机遇上门，因为那是消极的做法。屠格涅夫说："等待的方法有两种，一种是什么事也不做地空等，另一种是一边等，一边把事情向前推动。"也就是说，在机遇还没有来临时，就应事事用心、事事尽力。

如果被苦难或挫折阻挡，我们应该学习把挫折转换成动力，而不要一遇到困境就躲在阴暗的角落里怨天尤人，更不要在需要立即行动的时候犹豫不决。人生不能用这种消极的方式度过。我们终有一天要面对自己，对自己的生命负责。因此，我们必须在平时做好充分的准备，掌握足够的信息，以便在必要时做出最好的抉择，把握住稍纵即逝的机遇。

步骤六：积极争取，创造机遇

当机遇尚未出现时，除了时刻准备，我们还应该主动为自己创造机遇。

记得当我在苹果工作时，有一段时间公司经营状况不佳，大家士气低落。这时，我看到了一个机遇：公司有许多很好的多媒体技术，但是因为没有用户界面设计领域的专家介入，这些技术无法形成简便、易用的软件产品。

于是，我写了一份题为《如何通过互动式多媒体再现苹果昔日辉煌》的报告。这份报告被送到多位副总裁手里，最后，他们决定采纳我的意见，发展简便、易用的多媒体软件，并且请我出任互动多媒体部门的总监。

多年以后，一位当年的上司见到我，他深有感触地对我说："当时，看到你提交的报告，我们感到十分惊讶。以前，我们一直把你当作语音技术方面的专家，没想到你对公司战略的把握也这么在行。如果不是这份报告，公司很可能会错过在多媒体方向的发展机会，你也不会有升任总监和副总裁的可能。今天，在iPod的成功里，也有不小的一部分要归功于你和你那份价值连城的报告。"

步骤七：积极地推销自己

在全球化和信息化的时代里，那些能够积极推销自我的人更容易脱颖而出。

在公司里，经常得到晋升机会的人，大多是能够积极推销和表达自己、有进取心的人。当他们还是公司的一名普通员工时，只要和公司利益或者团队利益相关的事情，他们就会不遗余力地发表自己的见解、贡献自己的主张，帮助公司制订和安排工作计划；在完成本职工作后，他们总能协助其他人尽快完成工作；他们常常鼓励自己和同伴，提高整个队伍的士气；这些人总是以事为本、以事为先，他们都是最积极主动的人。

要想把握住转瞬即逝的机会，就必须学会说服他人，向他人推销自己、展示自己的观点。一般说来，一个好的自我推销策略可以让自己的人生和事业锦上添花。好的自我推销者会主动寻找每个机会，让老板或老师知道自己的业绩、能力和功劳。当然，在展示自己时，不要贬低他人，更不可以忘记团队精神。

有些人可能会认为，要求我们展示自己，这是不是要我从一个内向的人彻底转变为外向的人？其实，一个内向的人很难彻底地改变自己的性格。所以，我建议大家可以在自身性格允许的范围内往"外向"靠拢，尽量寻找一些"比较外向但又不给自己带来太大压力"的机会。

只有积极主动的人才能在瞬息万变的竞争环境中赢得成功，只有善于展示自己的人才能在工作中获得真正的机会。

素养光荣榜

孙雨朦：进入大学之后要学会主动争取机会。

单元测试题及答案

第九单元
学会坚持——
超越平凡之道

立志不坚,终不济事。

——朱熹

锲而舍之,朽木不折;锲而不舍,金石可镂。

——荀况

取得成就时坚持不懈,要比遭到失败时顽强不屈更重要。

——拉罗什夫科

单元教学课件 单元微课

素养风向标

案例 ▶成功没有秘诀

1987年，她14岁，在湖南益阳一个名叫衡龙桥的小镇卖茶水，1毛钱一杯。茶水盛在一个透明的杯子里，上面盖块方方正正的玻璃片遮挡灰尘。那时，小镇上的农贸市场人来人往，她的茶水小摊就设在市场旁边。因为她的茶杯比别人大一号，所以卖得最好。没人清楚1毛钱一杯的茶水一天下来究竟能收成几何，大家看到的，只是她总在欢天喜地地忙忙碌碌。

1990年，她17岁，原来的同行要么嫌卖茶收入太低而早早鸣金收兵了，要么赚点钱赶紧转行另谋出路了。唯有她，还在卖茶水。只是，她不在小镇上卖了，而把摊点搬到了益阳市里。不卖最简单的从大茶壶里倒出的茶水了，却卖当地特有的"擂茶"。擂茶制作起来很麻烦，但也卖得起价，小杯3元，大杯5元。而不管大杯小杯，她的茶杯又是比别人的大小杯都要"胖"一圈，所以她的小生意又是忙忙碌碌。

1993年，她20岁，居然仍在卖茶水。不过卖的地点又变了，在省城长沙市，摊点也变成了小店面。屋子中央摆着一根雕茶几，客人进门，必泡上热乎乎的茶请他品尝。客人尽情享受后出门时，或多或少会掏钱再拎上一两袋茶叶。

不知我们中间有几人能够把一杯杯茶水坚持卖十年之久，何况在如今的风起云涌的商界，总是不时冒出各种各样快速致富的神话。但她做到了，长达十年的光阴她始终在茶叶与茶水间打滚。只是，她已经拥有37家茶庄，遍布于长沙、西安、深圳、上海等地。福建安溪、浙江杭州的茶商们一提起她的名字，莫不竖起大拇指。1997年，她24岁，这是一个女人最美丽而成熟的年龄。事业有成又天生丽质的她，甜美的笑容在一本知名财经刊物的封面上格外灿烂地绽放。在照片下面有行文字：我的成功没有秘诀，只不过是一条道走到底。

翻开这本杂志的第一页，就能读到有关她的报道，在文中的最末一段，她说："我只是个卖茶的，也永远会是卖茶的。"接着她又说，"我一定会一条道走到底，若干年后，你会发现本来习惯于喝咖啡的国度里，也会有洋溢着茶叶清香的茶庄出现，那也许就是我开的……"

她的名字叫孟乔波，我认识她是在2003年10月16日。她递给我的名片，我仔细看了，我发现那上面印有新加坡的茶庄地址。她果真把茶庄开到海外去了！面对我采访时的一连串发问，她旧话重提：成功没有什么秘诀，仅仅需要一条道走到底。

【思考与讨论】
1. 孟乔波成功的秘诀是什么？
2. 坚持不懈地学习给孟乔波带来了什么？

素养加油站

一、认知坚持

坚即意志坚强,坚韧不拔;持即持久,有耐性。坚持是意志力的完美表现,常常是成功的代名词。坚持一词出自《清史稿·刘体重传》:"煦激励兵团,坚持不懈,贼穷蹙乞降,遂复濮州。"坚持,是一个持续的过程,形容做事持之以恒。想成一事,必从小事开始,积少成多。正所谓:不积跬步,无以至千里;不积小流,无以成江海。

一位哲人曾说过:"耐力就是能力,坚持就是胜利。"人的一生要经历很多次的挫折与失败。有的人把挫折视为磨刀石,学会了坚持,挖掘出自身潜力,激发出无穷动力,从而实现自己的理想。有的人则自叹命运不佳,甘于退缩,轻言放弃,结果是人生之舟永远不能到达理想的彼岸。学会坚持是一种理智,是一种豁达,是一种境界,是人生的一种升华和选择。学会坚持需要胆略和勇气,需要决心和信念。在人生的征程上,站起来比倒下去多一次的就是成功。

二、成功需要坚持

毛毛虫蜕变成蝴蝶,是一个艰难的、痛苦的过程,但它并没有因此而放弃,而是凭着坚持不懈的精神,最终赢得了美丽;蚌壳里钻进了一粒细小的沙粒,使蚌不断地分泌汁液,这种过程是一种折磨,是一种煎熬,但蚌并没有向困难低头,而是凭着坚持不懈的精神,一层一层地包裹着这粒细小的沙子,最终孕育出了绚丽夺目的珍珠。人生不会总是一帆风顺的,总会面临许多挫折。人们面对挫折一般有两种选择:一种人选择消极地逃避,也许他可以逃避一时,但最终的受害者是自己;另一种人则是迎难而上,愈挫愈勇。于是,他们的命运也在不知不觉中被定格了。

荀子在《劝学》中说:"骐骥一跃,不能十步;驽马十驾,功在不舍。"说的就是坚持的重要性。一匹骏马虽然脚力非凡,然而它只跳一下,最多也不能超过十步,这就是不坚持所造成的后果;相反,一匹劣马虽然脚力不如骏马,然而若坚持不懈地拉车走十天,照样也能走得很远,它的成功就在于走个不停、坚持不懈。这和龟兔赛跑的故事是一样的:兔子腿长,敏捷,跑起来比乌龟快得多,无论怎样也应该是兔子赢得这场比赛。然而结果恰恰相反,最后的胜利者却是乌龟。因为兔子骄傲自满、自高自大,自恃腿长、敏捷、跑得快,以为稳操胜券,跑了一会儿就在路边酣然入睡了。而乌龟则不同,它没有因为自己的腿短、爬得慢而气馁;相反,它锲而不舍地坚持前行,一爬到底,最终赢得了比赛。

纵观古今中外的历史,许多杰出人物几乎都是在走过艰辛、漫长的勤奋之路后,最终才攀上了人类文化的高峰:司马迁写《史记》用了十三年;李时珍写《本草纲目》用了二十七年;达尔文写《物种起源》用了二十八年;哥白尼写《论天体运动》用了三十年。

职业素养

马克思写《资本论》用了四十多年，他生前只出版了第一卷，第二、三、四卷是在他逝世后由恩格斯等人整理出版的，可谓是耗尽了毕生的精力。我国当代科学家袁隆平培育水稻良种，也是几十年如一日，持续不断地奋斗才获得成功。

"水滴石穿，绳锯木断"，这个道理我们每个人都懂得，然而为什么对石头来说微不足道的水能把石头滴穿？柔软的绳子能把硬邦邦的木头锯断？一滴水的力量是微不足道的，然而许多滴水持续不断地冲击石头，就能形成巨大的力量，最终把石头滴穿。同样的道理，只有坚持不懈绳子才能把木头锯断。在我们现实学习生活中，一定要学会坚持，只有坚持才能取得成功，只有坚持才能走向胜利。所以说，坚持就是胜利。

拓展阅读　把一件事坚持30天

国外有一个叫摩根的青年，有一天突发奇想——连续吃三十天麦当劳会怎样？

他说干就干，一日三餐都吃麦当劳，连吃30天。

他还用摄像机记录下了这一过程。

30天后，摩根的体重增加了25磅，而且患上了轻度抑郁症和肝脏衰竭。

要知道，之前摩根可是非常健康的。

摩根连续30天吃麦当劳的视频引起了另一个人的关注。

他叫马特·卡茨，是著名的软件工程师。

他告诉自己，既然30天可以改变一个人，那为什么不朝好的方向改变呢？

于是他给自己列了一份30天挑战计划。

要完成的四个任务：
- 骑车上班；
- 每天步行10000步；
- 每天拍一张照片；
- 写一本50000字的自传。

要克服的四个习惯：
- 不看电视；
- 不吃糖；
- 不玩推特（相当于我们不刷朋友圈）；
- 拒绝咖啡因。

除了那本50000字的自传，其他几项都是非常小的挑战。

然而就是这本自传，平均到每天也只有1667个字。

30天后，马特·卡茨从一个肥胖的宅男工程师变成了一个拥有健康、文采等多种美好品质的人。

他说:"做那些小的、持续性的挑战,30天后你会感谢自己。"

在一个荷花池中,第一天开放的荷花只是很少的一部分,第二天开放的数量是第一天的两倍,之后的每一天,荷花都会以前一天两倍的数量开放……假设到第30天荷花就开满了整个池塘,那么请问:在第几天池塘中的荷花开了一半?

第15天?

错。是第29天。

这就是著名的荷花定律,也叫30天定律。

很多人的一生就像池塘里的荷花,一开始用力地开,玩命地开,但渐渐地,你开始感到枯燥甚至是厌烦,你可能在第9天、第19天,甚至第29天的时候放弃了坚持,这时往往离成功只有一步之遥。

荷花定律告诉我们这样一个道理:越到最后,越关键。拼到最后,拼的不是运气和聪明,而是毅力。

一辈子太长,一秒钟太短,30天不长不短,刚刚好。你可以改掉一个坏习惯,也可以培养一个好习惯。

1. 把东西放在固定的位置。
2. 一周集中采购一次生活必需品。
3. 把第二天的计划写在纸质日历上。
4. 在前一天晚上准备好第二天要用的东西。
5. 以分钟为单位计时,而不是以小时计时。
6. 随身携带笔记本。
7. 记录时间都去哪儿了。
8. 每天静坐冥想五分钟。
9. 早起。
10. 记账。

这10个习惯小得不能再小,但若能长期坚持,必能够改变你的人生。

丘吉尔在剑桥大学讲演时,有人问他成功的秘诀是什么。他回答道:"我成功的秘诀有3个,一是,绝不放弃;二是,绝不,绝不放弃;三是,绝不,绝不,绝不放弃。"要确定适合自己的奋斗目标,并对自己的人生进行准确的定位,切忌好高骛远、不求实际。一旦目标确定,就要坚持不懈,不要轻言放弃。人生中最应该把握住的信念只有一种,那就是把长远的计划付诸现实,将眼前进行中的事情做好,踏踏实实地走好每一步,不要怨天尤人,更不要好高骛远。记住:成功无捷径,更不能速成,要从切实可行的基础做起,脚踏实地,坚持不懈,才能实现自己的目标。

三、坚持不懈,终有所成

大科学家爱因斯坦曾做过一个实验:他从一个村子里找了两个人,一个愚钝且软弱,一个聪明且强壮。爱因斯坦找到一块两英亩左右的空地,分给他俩同样的工具,让他们比赛挖井,看谁最终先挖到水。

愚钝的人接到工具后,二话没说,便脱掉上衣大干起来。聪明的人稍做选择也大干起来。两个小时过去了,两人均挖了两米深,但均未见到水。聪明的人断定是自己选择错误,觉得在原处继续挖下去是愚蠢的,便另选了一块地方重挖。愚钝的人仍在原处吃力地挖着,又两个小时过去,愚钝的人只挖了一米,而聪明的人又挖了两米深。愚钝的人仍在原处吃力地挖着,而聪明的人又开始怀疑自己的选择,就又选了一块地方重挖。又两个小时过去,愚钝的人挖了半米,而聪明的人又挖了两米,但两人均未见到水。这时聪明的人泄气了,断定此地无水,他放弃了挖掘,而愚钝的人此时体力已经不支了,但他还是坚持在原处挖掘,在他刚把一锹土掘出时,奇迹出现了,只见一股清水汩汩而出。

比赛结果,这个愚钝的人获胜。

爱因斯坦后来对学生说:看来智商稍高、条件优越的强壮者不一定会成功,成功有时需要一种近乎愚钝的力量啊!

关于这个实验的真实性我们无从考证,也无须考证。我们只要明白并牢记故事告诉我们的道理就足够了——坚持到底就是胜利。

四、发展需要坚持的力量

有人说人生就是一条跑道,每个不同的人生阶段都面临着长短不一的赛程。生活中每个人在跑道上都有起点,但并不是每个人都能抵达胜利的终点。因为不是所有站在跑道上的人都具备坚持不懈的精神。

现代社会的生活节奏越来越快,五光十色的诱惑越来越多,面对生活,面对压力,部分大学生难免会变得盲目,变得焦躁不安。但仔细反省一下,就不难发现这些浮躁现象的背后,透露出我们精神世界的贫乏,凸显出我们内心定力的不足,暴露出我们意志品格的薄弱。

世界在飞速发展,生活在与时俱进。但我们仍然需要坚持一些东西:人生的信念需要坚持,终生的学习需要坚持,必要的工作需要坚持,纯洁的爱情需要坚持,美丽的梦想需要坚持……没有科学工作者对科学研究的坚持,就没有一个个科学发明;没有农民对土地辛苦劳作的坚持,就没有丰收的硕果;没有工人对严格规范的坚持,就没有优质的工业产品……每个行业、每个领域,乃至每个人,要想成功都离不开坚持,在每条成功的路上,都有一串串坚持不懈的足迹。

当然,坚持不是盲目地蛮干,坚持表现为渗透了智慧的执着;坚持也不是顽固不化,而是一种坚定的信念,是一种崇高的追求,更多时候表现为一种义无反顾、不屈不挠的精神。

因此,作为大学生和职场新人,更应该定位好自己的人生,找准位置,坚定信念,既不朝秦暮楚,也不浅尝辄止,更不能轻言放弃。如果我们心无旁骛地朝着理想的目标迈进,无论遇到什么挫折,都能够勇敢地坚持下去,我们就会有意想不到的收获。

不要羡慕他人的辉煌,更多地学习他人成功背后的那种坚持不懈的精神吧!在人生的跑道上,不要幻想能够投机取巧,因为成功没有所谓的快捷方式,如果一定要找一条捷径,那就是你永不放弃的精神。

我们的世界是五光十色、精彩纷呈的,我们要做的事情是那样的繁多复杂,要做成任何一件事,都要付出艰辛的劳动,如果没有锲而不舍的精神,肯定是一事无成。相反,如果你能抱着坚持到底就是胜利的信念,情况就会改观。因为事业的成功与否,关键在于是否有不折不挠的斗志，是否有锲而不舍的精神。

拓展阅读 成大事不在于力量的大小，而在于能坚持多久

前段时间，朋友圈被一位"外卖小哥"雷海为刷屏，在第三季《中国诗词大会》总决赛中，雷海为一路过关斩将，击败北大硕士彭敏夺得冠军。

雷海为的起点并不高，中专毕业后，早早踏入社会参加了工作。雷海为自小热爱古诗词，在工作之余，他几乎把所有的时间都花在了读古诗词上面。每次到书店，看到自己喜欢的诗词就当场背下来，回到家里再把它默写出来。这样不仅省下了买书的钱，也加深了对诗词的印象，天长日久，雷海为会背的诗词越积越多。

在送外卖的日子，雷海为每天将《唐诗三百首》带在身上。在等餐或者休息的时候，他会把随身携带的《唐诗三百首》拿出来看。这样，一单外卖送到了，一首诗也背会了。

夺得《中国诗词大会》的冠军后，雷海为说："我当时读诗，纯粹是出于对诗词的热爱，去读、去背、去感受古人的思想感情和意境。我真的没有想到，十三年的读诗背诗，能够让我站在央视的舞台上。"

【案例分析】都说机会是留给有准备的人的，而这样的准备往往是漫长的，很多人就是没熬过时间。谁都希望梦想之树能开花，但大多数人又不愿等待一株幼苗生根、发芽、抽枝的漫长过程，到最后只剩下一声嗟叹。世界上的许多事情能否成功，并不在于一个人有多大的力量，而在于有多大的恒心，只要坚持不懈，终会有所成就。

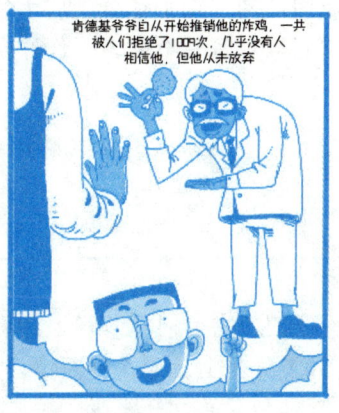

素养成长路

我们从小就听"小猫钓鱼"的故事。小猫在钓鱼的时候看到蝴蝶、蜜蜂,便放下渔竿去嬉戏,最后一条鱼也没钓到。但当它一心一意钓鱼时,却收获很多。这实在是世上最简单的道理,然而,能够做到的人却少之又少。

怎样才能坚持到底呢?下面几条内容也许能够给大家一些帮助。

一、树立明确的目标

目标明确,人们的行动才会有方向。明确、具体的目标,可以增强人们的毅力,这主要是由行动的效率和目标的吸引力而产生的功效。人们在做一件事情之前,一定要清楚这件事情的价值。选择那些具有正面的、积极的、长远的价值的目标。这样,人们才会对目标有热情、有毅力。有人对所确立的目标价值估计不足,匆忙干一件事情,但在干的过程中,却对所做的事情的价值产生怀疑,热情降低,精力不集中,思想不专注,工作深入不下去,对完成这件事情没有足够的毅力。

二、采取积极的行动

千里之行,始于足下;不积跬步,无以至千里。目标容易树立,但必须有切实可行的计划作支撑。只有对目标制订出实施计划,人们才能按照计划行动;否则,人们仍然是茫然的。有了计划,人们就会按照计划,先干什么,后干什么,在什么时间干什么事情。一切经过精心地计划,就会心中有数、有条不紊,工作才会有效率,对所干的事情才会有信心、有毅力。

青蛙与海

青蛙很想看看海是什么样子的。它去问鹰怎样才能看见海。

鹰说:"哦,这很容易,只要你登上前面这座高山,就能看见海了。"

"天哪,那么高的山!"青蛙仰起头,吓得吸了一口冷气,"我既没有像你那样有力的翅膀,也没有像鹿那样善跑的长腿,这么高的山,我怎么上得去呢?"

"是啊,这山的确太高了。不过,除此之外,再没有别的办法了。"鹰说完,展翅飞走了。

青蛙很沮丧,正要准备回去,一只松鼠跳到了它面前问:"你叹什么气呀?"

青蛙回答说:"我想上山去看海,可这山太高了,我上不去。"

"这石阶你能跳上去吗?"松鼠说完,跳上了一个石阶。

"这有什么不能。"青蛙说着,也跟着跳了上去。

就这样,青蛙跟着松鼠一级级跳石阶。它们累了就在草丛中歇会儿,渴了就喝点山泉水。不知过了多少天,它们终于跳完所有的石阶,到了山顶。大海展现在它们眼前。

正在山顶歇脚的鹰看见青蛙,十分惊讶地问:"你不是说你登不上这么高的山吗?"

"是啊。"青蛙回答,"你让我登高山,我连想都不敢想。但松鼠教我跳石阶,却是我能够做到的。"

我们每个人心中都会有高远、美好的梦想,千万不要整天看着不可企及的目标和梦想长叹,要学会从力所能及的事情做起,每迈一步你都正在向着那个目标和梦想接近。

当然,有了计划,就要积极行动,犹如登山,不要站着不动,不要为眼前的高山所吓倒,唯一可以做的事情是在选择登山路径之后,就立即行动,只有行动才能缩短攀登者与山顶的距离。多走一步,就会多一份信心,就会多产生一份毅力,也就多一份成功的机会。

三、绝不放弃

光荣,始于平淡;艰巨,在于漫长。正如长篇小说《士兵突击》封面上赫然入目的一句话:"步兵就是一步一步走出来的兵!"许三多的坚持让我们感动。许三多这样一个连杀猪都不敢看的"胆小鬼",这样一个被人欺负时能逃就逃,逃不掉就抱头倒地挨揍的"瘪犊子",这样一个无论别人说什么都只会傻笑着应声的"呆头鹅",在钢七连却成长为令我们敬佩的士兵英雄,他的每一步成长都令我们感动。

他咬着牙做 333 个腹部绕杠,是坚持;独守营房半年,让仅有一个兵的连队成为全团卫生标兵,是坚持;自己修成了一条几代老兵都没能修成的路,是坚持。他不会顾及任何"潜规则",不会因为别人的脸色不好而放弃自己的看法,不会因身边环境的好坏而"随大流",尽管连队只剩下他一个兵,他照样一丝不苟地坚持出早操,坚持在饭前吼出响彻云霄的歌声。他是古希腊神话中永不言败的滚石英雄,让我们在感受悲壮的同时,更感受到一名真正军人的坚强,感受一名士兵虎倒不散架的雄风。

老子曰:"慎始如初,即无败事。"许三多靠信念和坚持,一次一次战胜了自己,最后成为名副其实的士兵。坚持使许三多积聚力量,有了军人的血性,被激怒后敢在训练场上嗷嗷叫着和老兵伍六一"血拼"到底。他脑子里只有"一根筋"——坚持"做有意义的事"。因为坚持,尽管许三多看起来有点"傻",可骨子里却让人佩服。因为他的认真,让全连为之感动;因为他的执着,让战友为之骄傲。许三多之所以如此坚韧,因为他身上延续着钢七连从革命战争岁月中保留下的血脉:"从尸山血海里爬起来,默默地掩埋好战友的尸体后跟自己说我又活下来了，还得打下去！"

可以说，正是钢七连"不抛弃，不放弃"的宗旨成就了许三多，也是他最令我们感动的地方。这句话是对军人情感特质最经典的提炼。不抛弃什么？不抛弃亲情、友情、战友情；不放弃什么？不放弃信念、理想、原则。许三多没有抛弃马班长、史班长给予他的关怀，没有抛弃团长和队长对他的赏识，没有抛弃他的战友，没有抛弃他的家庭，也从不放弃自己的理想并为之奋斗。

四、再来一次

在成功过程中需要过人的毅力和恒心。面对挫折时，要告诉自己：坚持住，再来一次！缺乏恒心是大多数人最后失败的根源，一切领域中的重大成就无不与坚韧的品质有关。

因为这一次失败已经过去，下一次才是成功的开始。人生的过程都是一样的，跌倒了，爬起来，只是成功者爬起来的次数比跌倒的次数多一次，失败者爬起来的次数比跌倒的次数少一次而已。

数百年前，苏格兰有位名叫罗伯特·布鲁斯的国王，在那个危险动乱的年代，智勇双全的他大有用武之地。当时英格兰的国王正与其交战，率领大军欲将其赶出苏格兰，把苏格兰变成英格兰的一部分。

两军交战频繁，罗伯特·布鲁斯的部队规模不大，却相当英勇，他带领部队与敌人打了六次仗，可六次都失败了，最后被迫仓皇出逃。后来苏格兰军队彻底溃散，罗伯特·布鲁斯不得不藏身于深山老林之中。

一个雨天，罗伯特·布鲁斯躺在洞穴里倾听洞口外的雨声。他心力交瘁，痛苦不堪，准备放弃所有的希望——对他而言似乎做什么都无济于事了。

正当他躺着思索的时候，他注意到自己的上方有只蜘蛛正准备结网。他仔细观察着，那只蜘蛛从洞壁的一边向另一边搭网丝，尝试了六次，可六次都够不着。"可怜的东西！"罗伯特·布鲁斯说道，"你也尝到连续六次失败的滋味了吧！"

然而蜘蛛并没有放弃希望，它更加谨慎地准备第七次尝试。罗伯特·布鲁斯看得入了迷，几乎忘却了自己的烦恼。蜘蛛在细丝上晃动着身子。它还会失败吗？不会了！蛛丝被顺利地拉到了洞壁并固定在上面。"太好了！"罗伯特叫道，"我也要尝试第七次！"

于是，他把自己的部下又召集到一起。他向大家表明了自己的计划，让他们鼓励那些气馁的人。很快在他的周围又组织起一支勇敢的部队，第七次战斗打响了，英格兰国王被迫撤回本国，不久，英格兰便承认苏格兰为独立的国家，承认罗伯特·布鲁斯为苏格兰合法的国王。

正是因为那只在洞穴内一次又一次尝试结网的蜘蛛，让苏格兰国王罗伯特·布鲁斯获得了启发，从而使苏格兰迎来了胜利和独立的这一天。

作为学生或者职场新人，我们要知道，不管我们做什么，都要有坚持不懈的信念；不管最后选择什么职业，都要始终如一地走下去，不要动摇，不要随意改变前进的方向。学业如此，事业如此，其他亦如此，学会坚持，成功即悄然而至。

素养训练营

拓展活动一：坚持 21 天，养成一个好习惯

心理学家经过研究后指出，一项看似简单的行动，如果你能够坚持重复 21 天以上，你就会形成习惯；如果坚持重复 90 天以上，就会形成稳定习惯；如果能够坚持重复 365 天以上，你想改变都很困难。任何一种行为只要不断地重复，就会成为一种习惯。同理，任何一种思想只要不断地重复，也会成为一种习惯，进而影响潜意识，在不知不觉中改变我们的行为。

这就是"坚持 21 天，养成一个好习惯"的设计原理，其具体要求如下：

1. 选择一件事情，，如阅读、背单词、锻炼身体等，制订一项切实可行的计划，坚持这个习惯 21 天。
2. 让自己清楚地了解新习惯带来的好处，因为感情比理性的强迫更有动力。
3. 保持简单。初次尝试，设立内容简单的事情更容易坚持。
4. 填写坚持 21 天表格，坚持一天给自己一颗"恒心星"★。
5. 不要追求完美，一步一步地完成。

坚持目标								
坚持天数								
恒心星								
坚持目标								
坚持天数								
恒心星								
坚持目标								
坚持天数								
恒心星								

不要疑惑，马上开始行动吧！

我们坚信：只要你坚持 21 天，你就一定会爱上它。

拓展活动二：挖井的启示

一幅漫画：一个男子扛着铁锹到处找水，在他身后已挖了许多井，深浅不一，但都与地下水面相差一段距离。挖井人扬长而去，自语道："这里没水。"

这下面没有水，再换个地方挖！

1. 仔细观察这幅漫画，结合自身的经历，讲述一个学会坚持的故事。
2. 阐述漫画给予自身的启示。

职业素养

知识吧台

《肖申克的救赎》与《阿甘正传》：两个关于坚持的故事

《肖申克的救赎》与《阿甘正传》是美国电影史上的两部经典之作，虽然情节和内容完全不同，但讲述的都是关于坚持的故事。

电影《肖申克的救赎》改编自美国著名小说家斯蒂芬·金《不同的季节》中收录的《丽塔海华丝及萧山克监狱的救赎》，讲述了银行家安迪因为妻子有婚外情，酒醉后误被指控用枪杀死了妻子和她的情人，被判无期徒刑，肖申克在监狱中度过19年，但他坚守着内心的希望与自由，最后成功逃出监狱，重获新生的故事。《阿甘正传》是一部根据同名小说改编的电影，作者是温斯顿·格卢姆（Winston Groom）。电影讲述了一个智商只有75的人，由于为人和做事"一根筋""傻里傻气"，但非常执着，成了橄榄球、乒乓球巨星，参加了越南战争，几次受到美国总统的接见，最后成为百万富翁，并收获了青梅竹马的爱情的故事。

两部影片自上映以来，受到全世界无数人的喜爱，影片所反映的主题——希望与坚持，也为无数人所解读。

关于《肖申克的救赎》与《阿甘正传》的影评：

生活就像一盒巧克力，你永远不知道你会得到什么。当一片羽毛缓缓飘荡的时候，生活被幻化成了一首优美的圆舞曲，因为不管拿到的是什么，巧克力永远都是可口的。《阿甘正传》展现给我们的也永远都是生活中最美好的那一面，也会让我们时刻为生活的美好而满足。

忙着去活或是忙着去死？（Get busy living or get busy dying），《肖申克的救赎》把生命变成了一种残酷的选择。相信自己，不放弃希望，不放弃努力，耐心地等待生命中属于自己的辉煌，这就是肖申克的救赎。

虽然最后找到了通向天堂的那条路，但是这条追寻的过程却是充满坎坷。

它们都是极为优秀的影片，至少它们都是那种让你看完以后就绝对不会忘记的影片，而且每次看完都会有不同于前一次的感受。这两部影片都是在探讨人生、人性及社会。只不过一个充满了阳光和希望，而另一个则是阴暗和压抑，恰恰是这种鲜明的对比，让我们把这两部影片放在一起比较有了更多的意义。

坚持不懈的莫泊桑

莫泊桑（1850—1893），法国的批判现实主义作家，一生写了近300篇短篇小说和6部长篇小说，生动形象地揭露了资产阶级虚伪、自私的反动本质。

莫泊桑13岁那年，考入了里昂中学，他的老师布耶，是当时著名的巴那斯派诗人。布耶发现莫泊桑颇有文学才华，就把他介绍给福楼拜。

福楼拜是世界闻名的作家，当时在法国享有崇高的声誉。他看了莫泊桑的作品，对他说："孩子，我不知道你有没有才气。在你带给我的东西里表明你有某些聪明，但是，你永远不要忘记照布封（法国作家）的说法，才气就是坚持不懈，你得好好努力呀！"

莫泊桑点点头，把福楼拜的话牢牢记在心里。

福楼拜想考一考莫泊桑的观察能力和语言功底。一天，福楼拜带领莫泊桑去看一家杂货铺，回来后让莫泊桑写一篇文章，要求所写的货商必须是杂货铺的那个货商，所写的事物只能用一个名词来称呼，只能用一个动词来表达，只能用一个形容词来描绘，并且所用的词，应是别人没有用过甚至是还没有被人发现的。

多苛刻的要求啊！但莫泊桑理解福楼拜的良苦用心，他写了改，改了写，反反复复，努力朝福楼拜提出的要求奋斗着。

在福楼拜的严格要求下，莫泊桑的学业进步飞快。后来，他开始写剧本和小说，写完就请福楼拜指点，福楼拜总是指出一大堆缺点。莫泊桑修改后要寄出发表，但是福楼拜总是不同意，并且告诉他，不成熟的作品，不要寄往刊物发表。

刚开始，莫泊桑唯命是从，福楼拜不点头，他就把文稿放在柜子里。慢慢地，文稿竟堆起一人多高，莫泊桑开始怀疑：福楼拜是不是在有心压制自己？

一天，莫泊桑闷闷不乐，到果园去散心。他走到一棵小苹果树跟前，只见树上结满了果子，嫩嫩的枝条被压得贴着了地面，再看看两旁的大苹果树，树上虽然也果实累累，但枝条却硬朗朗地支撑着。这给了他一个启示：一个人，在"枝干"未硬朗之前，不宜过早地让他"开花结果"，"根深叶茂"后，是不愁结不出丰硕的"果实"来的。从此，他更加虚心地向福楼拜学习，决心使自己"根深叶茂"起来。

1880年，莫泊桑已经到了"而立之年"。一天，他拿着小说《羊脂球》向福楼拜请教。福楼拜看后拍案叫绝，要他立即寄往刊物发表。果然，《羊脂球》一面世，立即轰动了法国文坛，莫泊桑顿时成为法国文学界的新闻人物，同时，他也登上了世界文坛。

素养光荣榜

1. 微电影《坚持的力量》。

2. 王健林励志演讲——再坚持一会儿。

单元测试题及答案

第十单元
学会学习——
通向成功之梯

学而不思则罔，思而不学则殆。

——孔子

读书之法，在循序而渐进，熟读而精思。

——朱熹

未来的文盲不再是那些不识字的人，而是那些没学会学习的人。

——阿尔温·托夫勒

单元教学课件　　　　单元微课

职业素养

素养风向标

案 例　▶一名北大保安的"混搭"人生

2012年6月，一位名叫甘相伟的北大保安出版了名为《站着上大学》一书。正如书名一样，他"站着上北大"。2007年9月，甘相伟和3000多名新生一同走进北大校园。他的身份是在西门站岗的保安。用他自己的话说，保安只是一个跳板，他要"借"个身份上北大。

最初，这名小保安感到很沮丧。因为连要求校外人员出示证件这种例行的工作也会碰钉子，"哎呀，你不就是名保安吗，还查什么证件呀"。很多次，看到擦身而过的学生，他都忍不住埋怨自己"当时怎么没有一步考进来"。当年高考失利后，他上了大专，后来当过教材推销员、小公司的法律顾问、农民工子弟小学的语文老师。他还会有些不服气地问："我为什么不可以走进课堂？"换下保安服，背上单肩书包，甘相伟忐忑地走进教室。他第一次旁听只敢坐靠后的位置，生怕老师点名时会注意到这个一直没有举手的人，更害怕同学知道后会盯着他看个不停。

当然，那堂课到最后也没有人知道他是谁。坐在旁边的同学甚至还把他当作中文系的学生，问他"最近在看谁的作品"。"鲁迅的散文集《野草》"，他回答。后来，他总是提前半个小时去教室里抢占前三排的位置。有时为了听课，还要和同事换班。他随身带着小纸条，记下别人提到的书籍；为了买书，他可以一连好几天只方便面；可以不顾别人投来的怪异目光，在岗亭里读"康德"。这本名为《站着上北大》的书，是他5年来利用业余时间所写的随笔集，由北大校长周其凤亲自写序："相伟是个聪明人，我不止一次对北大的同学说过，北大的资源用之不竭，学生用得越多、越富有、越高兴。相伟在这方面的智慧简直发挥到了极致，这是特别值得北大学生学习和效法的。"

从农民到保安，再到北大学生，甘相伟被当成了励志榜样。事实上，他能够成才，并不是传奇，只是因为他有孜孜不倦的学习精神。

【思考与讨论】
1. 甘相伟是如何实现自己的人生目标的？
2. 为什么甘相伟会有不断学习的意识和毅力？
3. 从甘相伟的"混搭"履历，你学到什么？

素养加油站

一、认知学习

"学、习"二字较早见于《论语·学而》："学而时习之,不亦说乎?"《现代汉语词典》中,"学习"的释义是从阅读、听讲、研究、实践中获得知识与技能。在《辞海》中,"学习"的含义,一是学、效、习,引申为效法;二是求得知识和技能;三是指个体经过一定练习后出现的,并且是后天习得的能够保持一定时期的某种变化,是个体在适应环境过程中,心理上产生的适应性变化过程。现代人对"学习"二字的解释一般有两种观点:第一种观点认为,"学而时习之,不亦说乎?"意思是学了知识、技能之后,经常温习、实习、练习,不是一件很快乐的事情吗?这里的学,是指获得知识,有时指接受感性知识和书本知识;而习则是指温习、实习、练习,是巩固知识。第二种观点认为,"学"和"习"是两种不同的获取知识的方式。"学"是从书本上、课堂上获取知识;"习"是从经验中、个体的实践活动中获取知识。

学习,是人类认识自然和社会、不断完善和发展自我的必由之路。无论一个人、一个团队,还是一个民族、一个社会,只有不断学习,才能获得新知、增长才干、跟上时代。1972年5月,联合国教科文组织国际教育发展委员会主席埃德加·富尔在为递交《学会生存》报告而致函联合国教科文组织总干事勒内·马厄函时,曾明确指出:"我们再也不能刻苦地一劳永逸地获取知识了,而需要终身学习如何去建立一个不断演进的知识体系——学会生存。"该报告特别强调两个基本观念"终身教育"和"学习化社会",并希望据此改造现行的教育体制,使之达到一个学习化社会的境界。

1983年,美国未来学家阿尔温·托夫勒在《第三次浪潮》一书中提出了新的观点:"未来的文盲不再是那些不识字的人,而是那些没学会学习的人"。这一观点得到了世人的普遍认可。1996年4月11日,联合国教科文组织"国际21世纪教育委员会"正式提交教科文组织总干事马约尔的报告已十分明确地题名为《学习——内在的财富》,强调要通过持续地学习,让像财富一样隐藏在每个人灵魂深处的全部才能都充分地发挥出来,从而把超越了传统的启蒙教育和继续教育的终身学习放在社会的中心地位,并将终身学习概念视作进入21世纪的一把钥匙,将学会学习置于21世纪教育的核心。

关于"学习"的新理念还包括另外一个层面的含义,即未来的学习是"终身学习"。作为社会中的人,从幼年、少年、青年、中年,直至老年,学习将伴随整个生命过程,并对人一生的发展产生重大影响。这是人类生存的需要,也是不断发展变化的客观世界对人们提出的要求。人类从诞生之日起,学习就成为整个人类及每个个体的一项基本活动。不学习,一个人就无法认识和改造自然,无法认识和适应社会。学习的作用不仅仅局限于对某些知识和技能的掌握,学习还使人聪慧文明,使人高尚完美,使人全面发展。正是基于这样的认识,人们始终把学习当作一个永恒的主题,反复强调学习的重要意义,不断探索学习的科学方法。同时,人们也越来越认识到,实践无止境,学习无止境。庄子在《养生主》中曾经说"吾生也有涯，而知也无涯"。世界在飞速变化，新情况、新问题层出不穷，知识更新的速度日新月异。人们要适应不断发展变化的客观世界，就必须把学习从单纯地追求知识变成生活的方式，必须做到活到老、学到老、终身学习。目前，在一些青年学生中依然存在着"自满""短视""厌学""60分万岁"等错误思想，一些青年学生仍然看不到学习的前瞻性、长效性、使命性，缺乏时代感，不懂得"不积跬步，无以至千里；不积小流，无以成江海"的基本道理，这是不符合终身学习理念的。

拓展阅读 他患"不死的癌症"，坐轮椅考上清华（节选）

近日，一条视频感动了无数网友。清华研二学生矣晓沅登上舞台，与大家分享了自己的故事。尽管身体被局限在一方轮椅上，但他却用自己的行动走出了一条宽广的路。

矣晓沅，6岁患上"不死的癌症"，11岁，他的身体就被困在轮椅上，靠着一股不服输的劲儿，他考入清华大学计算机系，还获得了清华大学特等奖学金。

在《朗读者》节目，矣晓沅朗读了日本作家村上春树的《当我谈跑步时，我谈些什么》：
因为有身体的束缚，
才更想去追寻自由。
……
在节目中，矣晓沅说他最大的梦想就是能够站起来。

6岁患上类风湿性关节炎，11岁并发双侧股骨头坏死，永远无法站立。"一开始我只是跑不快，跳不高，走不远。但是，慢慢地我发现，我跳不起来了，我跑不动了。"晓沅这样形容他的处境。

有时候，病痛带来的不仅是身体上的痛苦，更多的是精神上的折磨。对常人来说简单的举动，对于矣晓沅来说，却很困难。

矣晓沅还记得这样一个细节，有一次，他的父母都出去办事了，家里只有他一个人。他忽然要用到一本参考书，参考书在书包里，书包在地上，他够不到。"当时我用尽手边一切能找到的工具，尺子、绳子等，想方设法像钓鱼一样，把那本参考书从书包里"钓"出来，折腾了40分钟，终于拿到了那本参考书。"

矣晓沅说："当那本参考书拿到的时候，我的父母也回来了，当时我就觉得我这40分钟白忙活了。"

面对类似境遇，有些人会自暴自弃，但矣晓沅最终还是选择了坚强。他不想让自己彻底沦为别人的负担，能对家人和朋友表达感激的最好方式，对他来说也是唯一的方式，就是"好好学习"。

他坚持付出比别人更多的努力，高考取得了679分、全省第16名的成绩。正担心着怎样面对今后求学的困难和未知的未来，清华的招生老师找到了他，说："清华绝对不会放弃任何一位优秀的学生。"

最终，他被清华大学计算机系录取。

来到清华园时，已是矣晓沅坐上轮椅的第十个年头。他全身大小数十个关节都被破坏，甚至严重变形。连转头、抬手、弯腰等基本动作都变得十分困难。

清华园很大，矣晓沅的求学之路，就是从"飙轮椅"开始，从一个教室到另一个教室，大学本科，矣晓沅没有缺席一堂课。

矣晓沅的成绩，也从初入学时的排名靠后，到大一第69名、大二第31名、大三第9名，到大四的时候，他拿到了全校的特等奖学金。这是清华学生的最高荣誉，每年只颁给10位本科生和10位研究生。

"我有身体的束缚。但是正因为这种束缚的存在，才让我真正想要去挣脱这束缚，追寻自由，这也是我参加很多活动的理由。"他参加辩论赛，站在鼓励贫困学生的演讲台，出现在前往腾冲的"中国远征军战斗遗址考察支队"中，走上学生节舞台剧的排练场……

特别是，他作为主要人员参与了"计算机自动集句作诗"（SRT 大学生研究训练）项目，开发了"Web 端和移动端的集句作诗系统"。这个人工智能系统将文学和计算机结合起来，能够根据用户输入的关键词生成集句诗，其移动端的 APP 还可以根据用户上传的照片自动生成符合照片内容的集句诗。

即使再难，星星点点的火光也将驱散黑暗。

"时不可兮骤得，聊逍遥兮容与。"这个叫作"九歌"的人工智能系统，冥冥中仿佛也给他指明了一条新的大道。

矣晓沅说，这是人工智能的一种探索，开发这个系统，并不是期望让机器超越人类、让机器碾压人类，而是希望让人们从机器的视角去感受诗词的美到底是什么、世界的美到底是什么。

"朗诵新诗信步穷，读书源自有真功；者般本是平生事，妙里何须造化工。"在《朗读者》现场，"九歌"为《朗读者》作的藏头诗，藏的是"朗读者妙"。

"人工智能和人不是你死我活、非此即彼的关系，而是可以相辅相成、相互帮助、相互促进的关系。我们真地希望我们做的能够去造福人类。"

矣晓沅说："我是幸运的，因为我还能阅读，还能用双手编写程序代码，在这个世界上，还有很多身体比我更加不便的人。学习对他们来说，有更多阻碍。我希望将来能继续进行计算机领域的研究，在语音识别、文字识别和输入法等领域，创造出能让人们更加方便使用的工具。"

这是他的一个梦想，而这个梦想也将带来广阔的前景：用人工智能改变残疾人的生活，给人们带来更美好的生活。

矣晓沅坦言，一路走来，他收到了太多帮助，他想将爱心和光明传递下去。

对于未来，矣晓沅说，希望有一天，能够用自己学到的知识、自己手中诞生出来的技术，去帮助更多的人，尤其是像他一样身体有困难的残疾人。因为他相信，身体不方便的人，比正常人更需要技术的帮助、更需要技术的支持。

二、"成功方程式"的启示

著名科学家爱因斯坦在回答关于他取得成就的诀窍时,写下了一个公式:X+Y+Z=W。他解释说,"X"代表艰苦劳动,"Y"代表正确的方法,"Z"代表少说空话,"W"代表成功。有人称此为"成功方程式",得到人们的普遍认同。"成功方程式"不但适用于科学研究,也同样适用于学习。艰苦劳动、少说空话,一般都能注意到,而正确的方法往往不被重视。许多青少年,虽然知道勤奋拼搏,学习古人"头悬梁,锥刺股"的精神,但是很少有人注意讲究科学的方法。科学的方法可以使学习达到事半功倍的效果。

(一)科学的学习方法有利于培养和提高人们的学习能力

这里所说的学习能力主要包括:

(1)获得积累知识(技能)的基本学习能力。这种学习能力主要有五个方面的基本内容:看的能力,即阅读和观察的能力;听的能力;问的能力;写的能力;思维能力(辩证思维与逻辑思维能力、理解消化能力、发现问题和提出问题的能力等)。

(2)巩固掌握知识(技能)的能力。这种学习能力主要包括练习能力(实验操作能力、动手能力等)、复习能力和记忆能力,另外还包括我们通常所说的自学能力。

除了遗传这个基础因素,人们学习能力的产生、培养和提高,在很大程度上取决于后天的学习实践。科学的学习方法是构成人们学习能力的灵魂,实际的学习能力主要是科学学习方法在人们学习实践中直接、具体地运用。例如,学习活动中的阅读和观察能力,实际上就是阅读和观察的科学方法在实践中的具体运用。谁掌握科学的阅读和观察方法并能把它正确地运用于实践中,谁就会在学习中拥有较高的阅读和观察能力。谁掌握的阅读和观察方法越科学、完整,谁的能力也就越强。

(二)科学的学习方法有助于人们在学习活动中少走弯路

恩格斯在自然辩证法中指出:"从歪曲的、片面的、错误的前提出发,循着错误的、弯曲的、不可靠的途径行进,往往当真理碰到鼻尖的时候还是没有得到真理。"方法科学,我们就可以少走弯路。17世纪捷克著名教育学家夸美纽斯在其名著《大教学论》中指出,"时间与精力的无益浪费当然是从错误的方法产生的"。这两段话,深刻地揭示了科学的方法在人们学习和研究过程中的重要性。掌握了循序渐进的科学学习方法,一步一个脚印、循序渐进地学习,我们离成功就越来越近了。

(三)科学的学习方法是人们学会学习、学有成就的重要因素

古往今来,千千万万的学者无不希望自己能学有所成。为了达到目的,人们都在自己的学习活动中进行了孜孜不倦地艰苦劳动和探索。然而,尽管如此,学有成就、登峰造极者仍然是凤毛麟角。其中一个非常重要的原因就是学习方法不科学。正如笛卡儿所说,"没有正确的方法,即使有眼睛的博学者也会像瞎子一样盲目摸索"。所以,勤奋刻苦的学习态度加上科学的学习方法,才能使人们扬帆远航,最终到达成功的彼岸。

俄国第一位诺贝尔奖获得者,也是世界上第一位诺贝尔生理学或医学奖获得者巴甫洛夫认为,"科学是随着研究方法所获得的成就前进的"。而另一位法国著名生理学家贝尔纳认为,"良好的方法能使我们更好地发挥运用天赋的才能,而拙劣的方法则可能阻碍才能

的发挥。因此，科学中难能可贵的创造性才华，往往由于方法拙劣可能被削弱，甚至被扼杀；而良好的方法则会增长、促进这种才华"。早在两千多年前，我国杰出的思想家荀子也在《劝学篇》中指出，"吾尝跂而望矣，不如登高之博见也。登高而招，臂非加长也，而见者远；顺风而呼，声非加疾也，而闻者彰。假舆马者，非利足也，而致千里；假舟楫者，非能水也，而绝江河。君子生非异也，善假于物也"。把荀子的思想运用于我们的学习实践中，"善假于物"，再加上勤奋刻苦的态度，那么，我们一定能够达到学有所成的目的。

（四）科学的学习方法是社会文明延续和发展的需要

人类文明的延续和发展，就如同一场旷日持久、规模宏大的接力赛。古人通过劳动习得生存和发展的经验，不断地总结、提炼，形成体系化的知识和技能。后人在学习的基础上，根据社会的变迁和发展，逐步地扩展和提高，并且世代延续，形成了人类可持续发展的文明历史。

值得关注的是，进入现代社会以来，人类文明以加速度的方式更新，这就更加强调了学习活动对人类社会的作用，以及对人类文明推动的影响。18世纪，我们探索和掌握了物理、机械、化学等知识，实现了第一次技术革命，开拓了农业文明。19世纪，电磁波、蒸汽机的研究、发明，把人类引入了电力及机械时代，实现了工业文明的大跨越。20世纪，以电子计算机、原子能、空间技术的新革命，把人类带入了信息时代。21世纪，以人工智能、清洁能源、机器人技术、量子信息技术、虚拟现实及生物技术为主的全新技术革命，开启了人工智能化时代。这一切都源于人类学习的不断进步。

英国技术预测专家 J·马丁的研究结果表明：人类的知识数量在19世纪是每50年增加一倍，20世纪初是每10年增加一倍，20世纪70年代是每5年增加一倍，而20世纪80年代则为每3年增加一倍。最近30年人类新增加知识的数量已超过过去2000年人类所积累知识的总和。20世纪90年代，计算机网络的出现使得知识增长速度进一步加快，据测算，互联网上的数字化信息每12个月就会翻一番。从存储的角度来看，一张高密度的光盘就可以存储一套24卷本百科全书的所有内容。知识增长速度之快，令人瞠目结舌。企图通过接受式学习掌握全部知识显然是天方夜谭。况且，"经验类知识"和创新意识、实践能力这些在当代来说最为重要的知识、技能，都不能通过接受式学习获得。正因如此，强调学习，进而强调学会学习就成了每个人都要面对的时代话题，有了特殊的重要意义。事实上，无论过去、现在与未来，学习能力决定了一个人的前途和命运，决定了对社会贡献的大小，决定了社会前进的速度，可以说学习能力是提高一切能力的基础。联合国教科文组织在报告中指出：个人获取知识和处理信息的本领对于自己进入职场和融入社会都将是决定性的因素。

三、学会学习与个人生存

在未来，学会学习与学会生存是息息相关的。不会学习的人，生存就成了问题。学会学习对于未来世界的重要性是显而易见的，具体体现在以下三个方面。

1. 科学技术的迅猛发展要求人们学会学习

科学技术的迅猛发展，导致知识生产量的空前增长，并呈现出以下两个特点：第一，知识总量递增的速度愈来愈快。当今时代，知识不再是以算术级数增长，也不再是呈几何级数、指数级数增长，而是像原子裂变般地爆炸式增长。第二，知识的陈旧周期愈来愈短。西方白领阶层中流行着一条"知识折旧"率：一年不学习，你所拥有的全部知识就会折旧80%。随着知识经济浪潮的席卷而来，简单扼要的"裂变效应"将会导致知识更新速度的不断加快。面对信息的裂变，"学会学习"就成为每个现代人的生存和发展之路。面对挑战，我们的教育唯有转变教学观念，将重点放在培养和开发学生智能、教会学生怎样学习、提高学生学习能力上，才能适应知识日新月异、迅速增长的需要，才能教会学生怎样学会生存而不被时代淘汰。

2. 知识经济时代的生存，需要人们学会学习

知识经济时代，也就是学习化的时代。在知识经济时代，如果不学习，社会就不能进步，国家就不能强盛，个人就不能得到发展，甚至难以生存。终身学习是打开21世纪光明之门的钥匙。

对于生存和发展来说，我们最大的危机是一不小心就成了"文盲"。今天谁是文盲？过去，文盲是指不识字的人；现代的文盲则是指不会主动探求新知识、不能适应社会需求变化、不会学习的人。这不是危言耸听，这种危险可能随时都潜伏在你我的身边。假如有一天，你不知道"文化管理"的含义，听不懂"搜索引擎"，不理解"期待视野"，面对陌生城市闪烁跳动的触摸式电子问路屏不知所措，面对图书馆的计算机检索系统一脸茫然时，也许，你该警惕了：自己是不是正在滑向功能性文盲的行列。

功能性文盲，是一个全球性的问题。即使是欧美等一些发达国家，功能性文盲仍然占人口比例的20%。为了不使自己成为"文盲"，唯一切实可行的办法就是时时保持学习的习惯，掌握信息时代的学习方法，把学会学习当作终生最基本的生存途径。

3. 成功者的经验告诉我们，学会学习是新时代成功者的必由之路

新时代的成功者大多是那些知识丰富，对新知识敏感且善于学习，在自己专业领域不断进取的人；是那些敢于并善于运用新知识，将其物化为满足人们需求的产品和服务的人；是那些善于将分散的知识融会贯通、组合集成，创造出新的知识并付诸应用的人。

在知识经济时代，面对科技革命对人类社会的巨大推动作用，面对以信息产业为代表的知识行业所创造的巨大财富，知识的拥有者有理由乐观地相信未来是属于自己的。毫无疑问，乐观和自信的生存态度，对于大学生来说，是十分重要的。但与此同时，还必须保持一份清醒。知识能够使人成功，但并不意味着拥有知识就一定能够成功。要真正做到让知识为社会、为人类创造财富，让知识的拥有者成为成功者的一员，必然有一个在实践中不断学习、不断创新的过程。未来成功的人生之路，将依赖于我们一生不断学习、不断适应、与时俱进的学习能力。所以，学会学习将成为21世纪成功者的第一张通行证。因此，作为新时代的大学生要让自己学会学习，做一个终生学习的人，只有这样才能不断地适应外部环境的变化，才能不断获得新信息、新知识，才能不断提高自身的素质和能力，才能不断走向成功，才能更好地生存。

四、学会学习与终身发展

21世纪的头十年,发达国家和大多数发展中国家都发生了剧烈的社会变革与社会转型。社会、经济、文化、生活、技术、信息等实现了跨越性的发展,社会模式已与20世纪迥然不同,社会类型从工业化社会转变为科技型社会。科技的发展改变了职业的性质和就业的类型,同时也改变了人类的学习途径和方式、方法。时间、地点、传授方式已经不能够对人们的学习进行约束。在这样的社会背景下,一些国家开始鼓励人们在不同的阶段进行不同类型的学习,以帮助个人成功地适应社会变迁,并顺利地完成社会转型和个人职业生涯发展。

1995年,欧盟发表了《学习社会》白皮书,其内容强调由于受到信息化、经济国际化、科技知识的冲击,人们需要依赖于终身学习才能成功地顺应社会的变迁,而终身学习的主要目标和核心内容是为所有的学习者打下良好的知识基础和广泛的工作能力基础。也就是说,人们需要通过多种方式及从各种资源中获取学习内容,并掌握有转换价值意义的知识类型,从不断的实践体验中获取新的专业知识和职业技能,以适应职场的瞬息万变。

由此可见,终身学习对个人应对知识快速增长和竞争加剧,并促进个人可持续发展具有重大影响。

对于学习永不服输

1948年,12岁的丁肇中随着父母辗转来到中国台湾。1950年,丁肇中凭着自己的能力,通过转学考试,考入了台北市一流的中学——建国中学。开学第一天,丁肇中就被校园内的一条横幅吸引住了,横幅上写道:古之成大事者,不唯有超世之才,亦必有坚忍不拔之志。丁肇中凝视着这条横幅,心中暗下决心,一定要把它的勉励当作自己以后学习、工作的座右铭。中学时期,丁肇中读书非常刻苦,成绩也非常优秀,在与同学讨论问题时总是追根究底,而且总是以胜利告终,再加上丁肇中的头非常大,班上的同学都戏称他"丁大头"或"大头丁"。高中毕业前,丁肇中的数学、物理、化学成绩都是满分,其他科目成绩也都是优良,学校保送他上台湾地区的成功大学。成功大学在当时是二流甚至三流的大学。丁肇中想读的却是一流的大学。是接受保送,还是参加联考呢?丁肇中觉得应该给自己一个机会,他仔细分析了自己的实力,最后做出选择:"我要参加考试,我应该可以考个状元。"

于是,他找机会与父亲商量:"爸爸,我不参加考试就可以保送上成功大学。"丁肇中很平静地说道。

爸爸很高兴:"那太好了!"

"可是,爸爸,我想参加联考!凭我自己的实力,我完全可以考入一所一流的大学。"丁肇中的语气中带着自信和倔强。

几个月后,联考揭榜的时间到了。丁肇中拿到录取通知书,呆了。录取通知书上写着:"经过联考,祝贺你被成功大学机械工程系录取。"

丁肇中没想到自己失败了。这样的打击是无比沉重的。同学们也很吃惊,谁也没有想

小提示：成大事者必然有坚忍不拔的意志，即使失败了，也要有勇气站起来。学会学习了，也就学会了生存。

到"丁大头"居然会失败。丁肇中久久地沉浸在失败的痛苦中。但是，丁肇中并没有被失败打倒。他站了起来，他要上一流的大学。他满怀失落地步入了成功大学的校园，但是他没有一味失落下去。在步入成功大学校园的第二年，丁肇中便通过自己坚持不懈的努力，到美国底特律的密歇根大学留学了。后来，丁肇中成了获得诺贝尔物理学奖的科学家。

素养成长路

随着时代的变迁，学习的内涵也在发生变化。青年学生要想适应社会发展，学会学习进而学会生存，就必须认真审视自己在学习上是否存在这样或那样的问题，是否掌握了符合时代要求的学习方法，然后对自己进行一场学习革命。

具体说来，进行一场学习革命，让自己学会学习，可以从以下几个方面入手。

一、学习从自身问题出发

当前，在青年学生中普遍存在的问题有：

（1）不爱学习，一些青年学生在进入大学或找到工作以后便产生了"船到码头车到站"的思想，没了求知压力。

（2）缺少学习的精神动力和基本的学习能力。

（3）受实用主义观念的影响，对目前社会上实用的知识就学，而对基础知识则不感兴趣，缺乏对知识的科学理解。

（4）就业的压力导致青年学生对成才的焦虑，对知识功能的曲解，因判断能力的低下而对社会需求缺乏全面的理解和深刻认识。

种种迹象表明，青年学生受眼前利益的驱动，其学习行为也就表现出很大的功利性和被动性。

二、学习目标应当高远与卓越

树立高尚的理想、确定远大的目标是青年学生学会学习的前提。青年学生的学习态度如何，直接影响学习的效果。青年学生是否会学习又直接关系到他们的未来，甚至关系到国家和民族的未来。理想是一个人前进的方向，人生没有理想，就像一只船没了航向，不会到达成功的彼岸。理想和目标是一种精神力量，是青年学生学习的内在驱动力。只有树立了高尚的理想，才能确定远大的奋斗目标，从而产生巨大的前进动力，激励自己锲而不舍、坚忍不拔、努力拼搏、奋勇向前，直达成功的彼岸。

青年学生应该脚踏实地，从职业生涯规划做起，对学习和生活的目标进行过渡性地分解，通过渐进式和阶段性的方式逐步实现志存高远、追求卓越的人生目标。

三、学习的关键在于自主学习

所谓自主学习，就是自己主动地学习，有主见地学习。自主学习包括四个方面：

（1）要对自己现有的知识基础、智力水平、能力高低、兴趣爱好、性格特长等有一个准确的评价；

（2）在完成学校统一教学要求并达到基本培养标准的同时，能够根据自身条件，扬长避短，有所选择和有所侧重地制订加强某方面基础、扩充某方面知识和提高某方面能力的计划，优化自己的知识和能力结构；

（3）按照既定计划积极主动地培养自己、锻炼自己，并且不断探索和逐步建立适合自己的科学学习方法，提高学习能力和学习效率；

（4）在实践中能够不断修正和调整学习目标，在时间上合理分配和调节，在思维方法及处理相互关系上注意经常总结、调整和完善，以达到最佳效果。

树立了自主学习的学习观，就会意识到自己是学习的主人，学习要靠自己的艰苦努力，从而才能在受教育的过程中发挥自己的主动性、积极性和创造性；同时，不断增强自我教育意识，具备独立学习能力，不断探究学习规律，以适应科技迅猛发展、知识不断更新的需要。

自主学习，应掌握一定的方法与技能。如学会利用图书馆，学会使用工具书，学会文献检索、资料查询，学会做学习笔记，学会积累和整理资料，学会对所学知识进行分析、归纳和总结等。

四、养成科学的学习方法

所谓学会学习，在某种意义上就是掌握学会学习的方法。科学的学习方法不仅有助于在学习活动中少走弯路，还有利于培养和提高各种学习能力，提高学习效率。学习方法就是青年学生学习时所采用的方式、手段、途径和技巧。科学的学习方法是人们认识规律和学习规律的反映，它具有共同性和普遍性。同时，由于学习方法受学习目的、学习内容、学习条件、教育者的个体特征（如教授方法，学识水平，教育、教学思想）、学习者的个体特征（如年龄、文化基础、素质、个性）等因素制约，而这些因素又是复杂多变的，因此，学习方法就呈现出多样性并具有个性化特征。另外，教育是随着社会生产力的发展而发展的，教育的内容不但是社会科学技术发展水平的反映，同时教育的手段和方法也是由社会生产力发展水平决定的，因此与教育内容、教育手段和方法相适应的学习方法也必然具有时代特征。

所以，青年学生要研究学习规律，掌握基本的学习方法。掌握了学习规律，就会自觉地遵循学习规律进行学习。合乎学习规律的学习方法是科学的学习方法，它具有普遍的意义。比如：巧妙地利用时间、科学地运用大脑、循序渐进地安排内容、不厌其烦地巩固记忆、严谨认真地进行实践等，都是对青少年学生很有效的学习方法。

五、转变学习观念，从"学会"到"会学"

对于青年学生，这是一个"授之以鱼"与"授之以渔"的问题。如果是在校的学生，学会学习就需要注意以下几个环节：

第一，做好课前预习。

第二，掌握听讲的正确方法，处理好听讲与做笔记的关系，重视课堂讨论，提高课堂学习效果。

第三，课后复习应及时。

第四，正确对待作业。

第五，课外学习。

总之，课前预习要做到知己知彼，课堂听讲要做到心领神会，课后学习要做到温故知新，课外学习要做到博学笃行。这样你就真正是一个从学会到会学的学生了。

拓展阅读 学习的妙法

陶渊明是晋代著名的大文学家。在他隐居田园后的某一天，有一位读书的少年前来拜访他，向他请教求知之道。

见到陶渊明，那少年说："老先生，晚辈十分仰慕您老的学识与才华，不知您老在年轻时读书有无妙法？若有，敬请授予晚辈，晚辈定将终生感激！"

陶渊明听后，捋须而笑道："天底下哪有什么学习的妙法？只有笨法，全凭刻苦用功、持之以恒，勤学则进，怠之则退。"

少年似乎没听明白，陶渊明便拉着少年的手来到田边，指着一棵稻秧说："你好好地看，认真地看，看它是不是在长高？"

少年很是听话，可怎么看，也没见稻秧长高，便起身对陶渊明说："晚辈没看见它长高。"

陶渊明道："它不能长高，为何能从一棵秧苗，长到现在这等高度呢？其实，它每时每刻都在长，只是我们的肉眼无法看到罢了。读书求知及知识的积累，便是同一道理。天天勤于苦读，天长日久，丰富的知识就装在自己的大脑里了。"

陶渊明又指着河边一块大磨石问少年："那块磨石为什么会有像马鞍一样的凹面呢？"

少年回答："那是磨镰和刀磨的。"

陶渊明又问："具体是哪一天磨的呢？"

少年无言以对，陶渊明说："村里人天天都在上面磨刀、磨镰，日积月累，年复一年，才成为这个样子，不可能是一天之功啊，正所谓冰冻三尺，非一日之寒。学习求知也是这样，若不持之以恒地求知，每天都会有所亏欠的。"

陶渊明的话让少年恍然大悟。陶渊明见此子可教，又兴致极好地送了少年两句话：勤学似春起之苗，不见其增，日有所长；辍学如磨刀之石，

不见其损，日有所亏。

学习的方法虽然有很多，但刻苦用功、持之以恒才是基础。

素养训练营

拓展活动一："孔子学习观"阅读感言

孔子幼年家境贫寒，没有接受过正式的启蒙教育，但他较早地接触社会，领悟了人生世态。孔子十五岁以后向往学习，《论语》里记载了许多孔子关于学习的论述："敏而好学，不耻下问""吾尝终日不食，终夜不寝，以思，无益，不如学也""三人行，必有我师焉，择其善者而从之，择其不善者而改之"……孔子的实际行动也为后人树立了榜样。他曾问礼于老聃，学乐于苌弘，学琴于师襄。公孙朝向子贡诘问孔子的师门，遭到子贡有力的反诘：圣人无处不可以学习，无人不可以学习，只要是合于文武之道的就可以学习。韩愈《师说》里更是阐述得淋漓尽致："生乎吾前，其闻道也先乎吾，吾从而师之；生乎吾后，其闻道也亦先乎吾，吾从而师之。吾师道也，夫庸知其年之先后生于吾乎？是故无贵无贱，无长无少，道之所存，师之所存也。""道之所存，师之所存也"就是子贡描述孔子的求学精神。

在《论语》中有这样一段记载：子曰："由也！女闻六言六蔽矣乎？"对曰："未也。""居！吾语女。好仁不好学，其蔽也愚；好知不好学，其蔽也荡；好信不好学，其蔽也贼；好直不好学，其蔽也绞；好勇不好学，其蔽也乱；好刚不好学，其蔽也狂。"文中的六言就是指仁、智、信、直、勇、刚六种道德标准，六蔽指与道德标准相对的愚、荡、贼、绞、乱、狂。"蔽"同"弊"，是指弊端、弊病。这段话翻译成现代汉语就是：孔子说："仲由！你听说过六种品德和六种弊病吗？"子路回答："没有。"孔子说："来，坐下！我告诉你。喜好仁德却不喜好学习，弊病是容易被人愚弄；喜好聪明却不喜好学习，弊病是容易放荡不羁；喜好信实却不喜好学习，弊病是拘于小信而贼害自己；喜好直率却不喜好学习，弊病是说话尖刻刺人；喜好勇敢而不喜好学习，弊病是捣乱闯祸；喜好刚强而不喜好学习，弊病是狂妄自大。"在孔子看来，个人成长的过程就是一个不断追求和学习的过程，在追求中学习，在学习中完善。所以，人重要的不是做，而是怎么做才能符合标准。解决的办法只有一个，那就是不断学习。

1. 阅读孔子对于学习的观念，分析怎样养成学习意识。
2. 结合自身讲述个人学习方法的利与弊。

拓展活动二：职场生涯角色扮演

心理学家舒伯提出，人的一生要持续经历六种角色，即子女、学生、休闲者、公民、工作者和持家者。据此，我们演绎有职业特点的工作者和持家者，并演化为"职业人"

及"家庭主妇（夫）"。

1. 结合职业选定职业角色，设置具体工作任务及完成这些工作应具备的知识和能力。

职业角色	工作任务	需要具备的知识和能力	学习的方法及途径
××职业	● ● ● ●	● ● ● ●	● ● ● ●

2. 设想家庭主妇（夫）应完成的工作任务及完成工作应具备的知识和能力。

家庭角色	工作任务	需要具备的知识和能力	学习的方法及途径
家庭主妇（夫）	● ● ● ●	● ● ● ●	● ● ● ●

3. 体验实践，希望学生们通过"做中学"，体验全面学习的重要性，设立学习计划。

一颗求知上进的心

弗雷德·道格拉斯的成功之路比很多人都更加困难重重。他的人生起点甚至比一无所有还要恶劣，他连自己的身体都属于别人——在他还没出生的时候，为了还清庄园主的债务，他的父母只好把他抵押出去。为了获得一个自由之身，弗雷德·道格拉斯必须付出百倍的努力，他所有的时间都不属于自己。

每一年，他最多只能和母亲见上两次面，每一次都是在夜晚，母亲长途跋涉12英里才能和他在一起待上一个小时，然后匆匆地赶回家，这样才能在拂晓时分照常下地劳动。至于他的父亲，在他20岁以前，记忆中就没有父亲的容貌和影子。他没有机会学习，没有人可以教他。当时的种植园里规定，奴隶不准阅读和写字。但是这一切都挡不住他那颗求知上进的心。他趁着主人不注意，在一些碎纸片和历书上偷偷学会了字母表。文字的大门一旦开启，知识便源源而来，他所能见到的所有文字都成了学习的内容。21岁那年，他抓住一个机会，毅然逃往北方的自由世界，从此摆脱了被奴役的命运。

为了生存，他在纽约和新贝德福德干起了搬运工。虽然这份工作也非常辛苦，但比起在种植园时，却多了一份尊严。后来他又来到马萨诸塞州的楠塔基特，偶然参加了一次反奴隶制的会议，并在会议上发了言。他的演讲非常朴实感人，结果感动了所有的与会者，他因此成了马萨诸塞州反奴隶制协会的成员。虽然巡回演讲很繁忙，但他绝不放过任何学习的机会。后来，协会安排他到欧洲进行废奴宣传，在那里他认识了几位英国友人，这些人捐赠给他七百五十美元，用这笔钱，他赎回了自己真正的自由之身，从此彻底丢弃了"奴隶"的身份。

素养光荣榜

1. 留守少年刻苦学习圆大学梦。

2. 毛主席刻苦学习的故事。

单元测试题及答案

第十一单元
学会自控——
把握进退之慧

让你的恶习先你而死

——富兰克林

能克服自己的愤怒，便能克服最强的敌人。

——德克

记住，最具深远意义的是：你唯一能完全控制的是你自己的心态。

——希尔

单元教学课件　　　　单元微课

职业素养

素养风向标

案　例 ▶美国亿万富豪保罗·盖蒂的故事

美国石油大亨保罗·盖蒂曾是个大烟鬼，烟抽得很凶。有一次，他开车经过法国，天降大雨，开了几个小时车后，他在一个小城的旅馆过夜。吃过晚饭，疲惫的他很快就进入了梦乡。清晨两点钟，盖蒂醒来，想抽一根烟。打开灯，他很自然地伸手去抓睡前放在桌上的烟盒，不料里头却是空的。他下了床，搜寻衣服口袋，毫无所获。他又搜寻行李，希望能发现他无意中留下的一包烟，结果又让他失望了。这时候，旅馆的餐厅、酒吧早已关门了，他唯一有希望得到香烟的方法是穿上衣服走出去，到几条街外的火车站去买，因为他的汽车停在距旅馆有一段距离的车房里。越是没有烟，想抽的欲望就越大，有烟瘾的人大概都有这种体验。盖蒂脱下睡衣，穿好出门的衣服，在伸手去拿雨衣时，他突然停住了。他问自己："我这是在干什么？"盖蒂站在那儿寻思，一个知识分子，而且是相当成功的商人，一个自以为有足够理智对别人下命令的人，竟然要在三更半夜离开酒店，冒着大雨走过几条街，仅仅是为了得到一支烟。这是一个什么样的习惯？这个习惯的力量有多么强大？没多大会儿，盖蒂下定了决心，把那个空烟盒揉成了一团，扔进了纸篓里。他换上了睡衣回到床上，带着一种解脱甚至胜利的感觉，很快就进入了梦乡。从此以后，保罗·盖蒂再也没有抽过烟，但他的事业却越做越大。

【思考与讨论】

1. 对于一般人而言，指挥别人容易，控制自己很难，但这位富翁却有超乎常人的自我控制能力，你认为这种自控能力对他的成功起到了什么样的作用？

2. 你能从保罗·盖蒂的故事中体会自控能力的重要性吗？

第十一单元 学会自控——把握进退之慧

素养加油站

一、认知自控

自控就是自我控制，是个人对自身心理与行为的主动掌握。自控是人类所特有的，以自我意识的发展为基础，以自身为对象的高级心理活动。希腊人将自我控制作为第四种美德，也就是他们所谓的节欲，这种美德能控制人们的情绪表达及行为方式，节制自身的肉欲和激情，去追求平静、合法、适度的快乐。自我控制是抵制诱惑的力量。面临同一情境，个体可以有多种情绪的表达方式。人们可以从多种可能方式中选择最适合的一种，来抒发自己的情感。在缺乏自我控制的时候，不顾后果和犯罪的行为总是大量发生。有一句古老的谚语道出了自我控制对于人生的重要性："要么是我们控制自己的欲望，要么是欲望控制我们。"

自我控制能力，也称自控能力或自控力，是自我意识的重要组成部分，它是个人对自身的心理和行为的主动掌握，是个体自觉地选择目标，在没有外界监督的情况下，适当地控制、调节自己的行为，抑制冲动，抵制诱惑，延迟满足，坚持不懈地保证目标实现的一种综合能力。简而言之，自控能力就是在日常生活和工作中，善于控制自己情绪和约束自己言行的能力。良好的自控能力是21世纪创新型人才的必备素质。美国学者对一些3岁半至4岁半幼儿进行自我延迟满足追踪30年，研究结果表明，那些在幼儿期能够等待的人都较为成功，而那些在幼儿期等不得、控制不住自己的人，长大后事业都少有起色。

二、自控是成功的关键

我们明明知道勤奋学习有助于自己将来的人生，但总是抵挡不了看电视、上网聊天的诱惑；我们明明知道勤俭节约是中华民族的传统美德，但总是阻挡不了大手大脚花钱购物的冲动；我们明明知道必须兢兢业业地工作才能使事业有所发展，但总是无法克制自己想偷懒、贪图舒服的惰性；我们明明知道一些人生哲理，但总是停留于口头，不能不折不扣地去践行。今天，在这个丰富多彩的世界里，人人都有可能遇到各种各样的诱惑，稍有不慎就会掉进诱惑的陷阱。诱惑是多彩的、迷人的，它具有不可抗拒的吸引力，使意志不坚者或贪图小利者上钩，结果自然是深陷诱惑的旋涡不能自拔，严重的则造成无法弥补的损失。与此相反，自控能力强的人往往能够获得成功。

33岁的C罗，23岁的身体：所有成就背后都有着苦行僧般的自律

2018年6月16日凌晨的世界杯属于C罗。这位33岁的葡萄牙当家球星，面对强敌西班牙，独中三元，以一己之力拯救整个国家队，炸翻了全世界的朋友圈。

30岁，对于顶级联赛的锋线球员来说，已经是职业生涯的分水岭。而C罗在30岁以后却比之前更加开挂：

俱乐部层面，率领皇马三度蝉联欧冠冠军；

国家队层面，带领葡萄牙豪夺欧洲杯冠军；

五座金球奖加身，赫然已是当今足坛第一人。

2018年5月，接受媒体采访的C罗说："如今的我，有着23岁的身体。"

欧冠客场对阵尤文，C罗的精彩倒钩堪称史诗级别。

他的倒钩高度为2.38米，几乎与球门横梁持平。

33岁的年纪，依然拥有不输23岁的体能和竞技状态，C罗到底是如何越活越年轻的呢？

篮球界的詹姆斯、足坛的C罗，都是当代职业运动员的楷模。越是站在世界之巅，越懂得自律的意义。

看看C罗的金刚腿，就知道他对自己的身体状态有多专注。运动员的体脂率通常在10%左右，他的体脂率仅有7%；运动员的肌肉含量通常很难超过46%，而C罗的肌肉含量为50%。

自18岁加盟豪门曼联起，为了能在推崇身体对抗的英超立足，C罗便开启了疯狂的健身模式，肌肉变得越来越健壮。

2009年，他以9400万欧元的天价转投皇家马德里。在伯纳乌的这些年，C罗的身体更是不断进化，锻炼到了可以与一流田径运动员相媲美的高度。从一撞就飞的花瓶到满身肌肉的"绿巨人"，C罗的进化只有一个秘诀，那就是苦练。

关于他的勤奋，有两个广为流传的故事：

1. 据英媒爆料，C罗在曼联效力时，每天最少花一个小时锻炼腰腹肌肉，转会皇马之后更加疯狂，每天3000个仰卧起坐。

2. 安切洛蒂（前皇马主教练）此前表示C罗甚至会训练到凌晨三点。

欧冠客战尤文做出惊天倒钩后，C罗在INS上发了一句话：Hard work pay off。中文意思是：天道酬勤。

即使是休赛期，C罗也会在家中健身。为了方便锻炼，他直接把客厅改造成了健身房。他的日常身体训练，每天达到3～4个小时，其中包括有氧运动、无氧运动、冲刺跑等。强健的腰腹、惊人的背肌、霸道的腿部肌肉，成就了C罗顶级的形体魅力，也赋予了他汹涌的踢球力量。

有运动专家在研究了C罗的任意球后惊人地发现，他的任意球之所以速度快、弧度大、威力强，都离不开腹肌的功劳。当射门时下半身所有肌肉同时发力，腹肌带动了臀肌、大腿、膝盖、脚踝、脚步甚至脚趾都发出了全力，然后增强手臂摆动，以提升球速和爆发力。

凌晨扳平西班牙的直接任意球，C罗在INS上还曾写下：Nothing worth having comes easy。中文意思是：值得拥有的东西，永远都来之不易。"你今天的日积月累，早晚会成为别人的望尘莫及。"这就是自律的意义所在，也是33岁C罗依然笑傲足坛的终极秘诀。

三、大学生的自控能力

当今大学生在自控方面存在的问题：

（1）自我要求不严，不良习气较重，缺少责任感。部分学生缺乏远大的理想抱负及克服困难的毅力，缺乏艰苦奋斗的精神。尤其随着独生子女学生的增加，有的学生怕吃苦，表现懒散，缺乏劳动观念，追求享乐日益明显。个别学生上课迟到、早退、吸烟、打架斗殴，直接影响到教学秩序和校园稳定。

（2）学习不刻苦，学习方法欠缺，不求上进。许多学生学习没有计划性，不考虑各学科之间的关系，基本没有预习、复习等简单而基本的学习过程。主动探索意识不强，几乎不提问题。同时，部分学生学习积极性较差，学习纪律松弛。

（3）心理问题日渐明显。部分学生因生活和就业的压力及感情波折等原因，存在程度不同的心理问题，影响他们的身心健康和学习生活。

（4）缺乏明确的人生奋斗目标及学习动力。高中时，有的学生是以考大学为唯一的学习目标和学习动力，进入大学之后突然没了奋斗的方向。有调查显示：40%的学生认为"入学后最迫切的愿望"是"希望大学有丰富多彩的文娱活动"；55.5%的学生甚至没有明确的目标。另据调查，大学生的学习勤奋程度同高中相比，自认为有所提高的占9%，大体相当的占29%，有所下降的占37%，大大下降的占25%；学习积极主动的占23%，一般能完成学业但学习比较被动的占45%，对学业采取应付态度的占24%，不能完成学业、学习放任的占10%，这说明学习动力不足的问题在相当一部分学生身上不同程度地存在着。

素养成长路

一、学会控制自己的情绪

（一）调动理智控制自己的情绪，使自己冷静下来

在遇到较强的情绪波动时应强迫自己冷静下来，迅速分析事情的前因后果，再采取表达情绪或消除冲动的"缓兵之计"，尽量使自己不陷入冲动鲁莽、简单轻率的被动局面。比如，当你被别人无聊地讽刺、嘲笑时，如果你顿时暴怒、反唇相讥，则很可能引起双方争执不下，怒火越烧越旺，自然于事无补。但是，如果此时你能提醒自己冷静一下，采取理智的对策，如用沉默为武器以示抗议，或只用寥寥数语正面表达自己受到的伤害，指责对方无聊，对方反而会感到尴尬。

（二）用暗示、转移注意力等方法控制自己的情绪

使自己生气的事件，一般都是因为该事件触动了自己的尊严或切身利益，很难一下子冷静下来。所以，当你察觉自己的情绪非常激动，有可能控制不住时，可以及时采取暗示、转移注意力等方法自我放松，鼓励自己克制冲动。言语暗示如"不要做冲动的牺

品""过一会儿再来应对这件事,没什么大不了的""冲动是魔鬼"等,或转而去做一些简单的事情,或去一个安静平和的环境,这些都很有效。人的情绪往往只需要几秒钟、几分钟就可以平息下来。如果不良情绪不能及时转移,就会更加强烈。比如,忧愁者越是想忧愁的事情,就越感到自己有许多忧虑的理由;发怒者越是想着发怒的事情,就越容易发怒。根据现代生理学的研究,人在遇到不满、恼怒、伤心的事情时,会将不愉快的信息传入大脑,逐渐形成神经系统的暂时性联系,形成一个优势中心,而且越想越强化,日益加重;如果马上转移,想高兴的事情,向大脑传送愉快的信息,争取建立愉快的兴奋中心,就会有效地抵御、避免不良情绪。

(三)在冷静下来后,思考有没有更好的解决方法

在遇到冲突、矛盾和不顺心的事情时,不能一味地逃避,必须寻找处理矛盾的方法,一般采取以下几个步骤:

(1)明确引发冲突的主要原因是什么?双方分歧的关键点在哪里?
(2)解决问题的方式可能有哪些?
(3)哪些解决方式是冲突一方难以接受的?
(4)哪些解决方式是冲突双方都能够接受的?
(5)找出最佳的解决方式并采取行动,逐渐积累经验。

例如:小林这几天情绪不好,原来是因踢足球和父亲发生了矛盾。父亲希望他放弃所钟爱的足球,专心学习;小林自己对足球有浓厚的兴趣,不愿放弃驰骋绿茵场。明确了分歧的原因之后,接下来就考虑解决问题的方式有哪些,方案有如下四种:

(1)放弃足球训练,专心学习;
(2)放弃足球训练,也不专心学习;
(3)坚持足球训练,因此影响学习;
(4)合理地安排时间,既坚持足球训练,又兼顾学习。

其中,第二、三套方案是父亲不能接受的,而第一、二套方案则是小林不愿接受的,既然第四套方案可为双方接受,不妨一试。

(四)平时可进行一些有针对性的训练,培养自己的耐性

可以结合自己的业余兴趣、爱好,选择几项需要静心、细心和耐心的事情做做,如练字、绘画,制作精细的手工艺品等,不仅陶冶性情,还可丰富业余生活。青年学生风华正茂、热情奔放、富有理想、朝气蓬勃。这是一个从幼稚走向成熟的时期;这是一个不轻易表露内心世界的时期;这是 个独立性与依赖性并存的时期;这也是一个思想单纯,少有保守观念,富有进取心的时期;同时也是应对方式情绪化、好走极端、易发生心理问题的时期。学会管理和调控自己的情绪,是大学生走向成熟、迈向成功人生的重要基础。

 韩信故事的启迪

《史记》被鲁迅先生誉为"史家之绝唱,无韵之离骚"。《史记》中有一篇《淮阴侯列

传》，是太史公倾心书写的重要篇章之一。《淮阴侯列传》记述了韩信的一生，其中有这样一件事：

淮阴屠中少年有侮信者。曰："若虽长大，好带刀剑，中情怯耳。"众辱之曰："信能死，刺我；不能死，出我胯下。"于是信孰视之，俛出胯下。一市人皆笑信，以为怯。

这段话翻译成白话文就是：淮阴有一位年轻的屠夫侮辱韩信。对他说："你虽然长得又高又大，喜欢带刀佩剑，其实你胆子小得很。"当众羞辱他说："如果你不怕死，就用你的佩剑来刺我；如果不敢，就从我的胯下钻过去。"韩信注视他良久，当着众多围观的人，从那个屠夫的胯下爬了过去。所有围观的人都笑了起来，以为韩信真的是胆小怕事。这件事被后人称为"胯下之辱"。

"士可杀而不可辱"，韩信为什么要忍受这样的奇耻大辱呢？苏轼《留侯论》中有这样一段话："古之所谓豪杰之士，必有过人之节，人情有所不能忍者。匹夫见辱，拔剑而起，挺身而斗，此不足为勇也；天下有大勇者，卒然临之而不惊，无故加之而不怒，此其所挟持者甚大，而其志甚远也。"这段话可以作为韩信所以忍受"胯下之辱"的注释。

事实证明，韩信是对的。韩信大破项羽之后被封为楚王。《史记》写道：信至国，召所从食漂母，赐千金。及下乡南昌亭长，赐百钱，曰："公，小人也，为德不卒。"召辱己之少年令出胯下者以为楚中尉。告诸将相曰："此壮士也。方辱我时，我宁不能杀之邪？杀之无名，故忍而就于此。"

韩信到了楚国，召见当年给他饭吃的漂母，赏赐了千金。等召见南昌亭长时，赏赐了百钱，说道："你是一个小人，做好事有始无终。"又召见当年让他受胯下之辱的屠夫，授予楚中尉的官职。韩信对各位将相解释说："这是一位壮士。当年羞辱我时，难道是我不能刺杀他吗？那是因为我杀了他没有任何意义，所以隐忍下来，才有了今天。"

韩信忍胯下之辱而图盖世功业，成为千秋佳话。假如他当初争一时之气，一剑刺死羞辱他的屠夫，按法律处置，则无异于以盖世将才之命抵偿无知狂徒之身。假如他当初图一时之快，与凌辱他的屠夫斗殴拼搏，也无异于弃鸿鹄之志而与燕雀争一日短长。韩信深明此理，宁愿忍辱负重，也不愿毁弃自己的前程。这样的忍耐，不是屈服，而是退让中另谋进取；不是逆来顺受、甘为人下，而是委曲求全以使自己的愿望得以实现。一旦时机到了，他就能如同水底潜龙冲腾而起，施展才干，创建功业。

小提示：活着就要做有意义的事，有意义就是好好活着。

二、学会控制自己的行为

控制自己的行为，简称自控行为，是指个体有意识、有目的地监控或调整自己的行为活动。通常，人们一旦意识到其行为不能达到满意的结果，他们会想法采取措施改变外部事件（如周围环境），或改变他们对于这些外部事件的行为反应形式。个体对外部事件的有效控制是有条件和限度的，而个体对自身行为反应的积极超前控制，即使在面临无法控制的外部情景下也是无限的。这种控制活动就是自我控制行为。自我控制行为改变了原有的行为后果，是一种有意识的意志行为。这一行为反应是指向个体自身的，而不是环境事件的。所以，人们也把这种情况称为"情绪化"。有的人只要情绪一来，就什么都顾不得了，什么难听的话都敢说，什么伤人的话都敢骂，甚至还做出违法乱纪的行为，这就是人的情绪化。

（一）情绪化行为的特征

（1）行为的无理智性。人的行为应该是有目的、有计划、有意识的外部活动。人区别于其他动物之一，就在于人的行为的理智性。但是，人的情绪化行为的一个重要特征，就是行为不仅"跟着感觉走"，而且"跟着情绪走"。行为的无理智性表现为：缺乏独立思考，显得不够成熟，浮于表面，轻信他人，而且有时还依赖他人。

（2）行为的冲动性。人的行为本应受意志的控制，受意识能动地调节支配。但是，人的情绪化行为反映了意志控制力的薄弱，显得冲动。一遇什么不顺意的或不称心的事，就立即爆发。带有情绪化的冲动性行为，看起来力量很强，然而不能持续很长的时间，紧张性一释放，冲动性行为就结束了。这种冲动性行为往往带来某种破坏性后果。

（3）行为的情景性。情绪化行为的显著特点是被生活环境中与自己切身利益相关的刺激所左右。满足自己需要的刺激一出现，就显得非常高兴；一旦发现满足不了，就会异常地愤怒。因此，这种行为就显得简单、原始、比较低级。如果他人故意制造一个情景，那么，一些人就会按照他人预计的方式行动，就会上当受骗。

（4）行为的不稳定性、多变性。人的行为总有一定的倾向性，而且这种倾向性一经形成，会显得非常稳定。但是，人的情绪化行为却具有多变、不稳定的特点，喜怒哀乐，变化无常，给人一种捉摸不定的感觉。

（5）行为的攻击性。具有情绪化行为的人忍受挫折的能力相当低，很容易将自己受到挫折而产生的愤怒情绪表现出来，向他人进攻。这种攻击，不一定以身体的力量方式出现，也可以语言或表情的方式出现。如不明不白地讽刺挖苦他人，使他人难堪和下不了台等。

正因为情绪化行为具有上述特点，就使这种行为具有不少消极的特点。例如，情绪化行为会成为个人心理发展的障碍，使人变得缺乏理智、不成熟，甚至成为引发严重后果的起端；对于群体来说，过多的情绪化行为会破坏人们之间的融洽与和睦；对于社会来说，当情绪化行为成为一种倾向时，就难以被社会规范所约束，甚至成为某个社会事件的起因，给社会造成重大的损失。

（二）情绪化行为的控制

（1）要承认自己情绪的弱点。在每个人的情绪世界里都有优点和缺点、长处和短处，为此我们一定要认识自己情绪世界中的弱点和短处，不能回避，不能视而不见。譬如，有的人容易激动，而且一激动就控制不住自己。怎么办？就要承认事实，在承认的基础上再认真分析自己激动的原因是什么，在什么情况下容易激动？然后再寻找一些方法去克服它。这样做的好处是：可以随时随地地提醒自己——"可不能放纵自己啊！"

（2）要控制自己的欲望。人的情绪化行为大都是因为自己的欲望、需要得不到满足而产生的。当一个人只关注自己需要的"物欲"是否得到满足时，其行为就变得简单、浅显，就会产生短视、剧烈的反应。在"索取和获得尽量多一点，付出和贡献尽量少一点"的不正常心态下，产生情绪化行为是不足为奇的。因此，要降低过高的期望，摆正"索取与贡献、获得与付出"的关系，只有加强了理性认识，才能阻止盲动的情绪化行为。

（3）要学会正确认识、对待社会上存在的各种矛盾。有很多情绪化行为是与不能正确认识、处理人与人之间的矛盾引起的，所以一定要学会正确认识和对待矛盾的方法，如果走极端、片面化、以点代面、形而上学、主观主义，只能增加自己的消极悲观情绪，使自己越来越沉重；要学会全面地观察问题，多看主流，多看光明面，多看积极的一面，从多个角度、利用多种观点进行多方面观察，并能深入现实中去，发现自己原来发现不了的意义和价值，使自己乐观一点，增加克服困难的勇气，增加自己的希望和信心，即使遇到严重挫折也不会气馁，不会打退堂鼓。

（4）要学会正确释放、宣泄自己的消极情绪。一般来说，当人处于困境、逆境时容易产生不良情绪，而且当这种不良情绪不能释放、长期压抑时，就容易产生情绪化行为。怎么办？要承认现实，要认识到，环境的不幸是难免的，关键是不要自己折磨自己，过度的压抑不会帮你摆脱痛苦。为此，就要将这种消极情绪适时地释放、宣泄出去。譬如，多找好朋友谈心，多找一些有乐趣的事情做，多参与社会活动，从中去寻找自己的精神安慰、精神寄托。

拓展阅读 坏脾气与钉子孔

从前，有个脾气很坏的小男孩。一天，他的父亲给了他一大包钉子，要求他每发一次脾气都必须用铁锤在他家后院的栅栏上钉一颗钉子。第一天，小男孩共在栅栏上钉了37颗钉子。

过了几个星期，由于学会了控制自己的愤怒，小男孩每天在栅栏上钉钉子的数量少了……最后，小男孩变得不爱发脾气了。

他把自己的转变告诉了父亲。父亲建议说："如果你能坚持一整天不发脾气，就从栅栏上拔下一颗钉子。"经过一段时间，小男孩终于把栅栏上所有的钉子都拔掉了。

父亲拉着他的手来到栅栏边，对小男孩说："儿子，你做得很好，但是，你看一看那些钉子在栅栏上留下的那么多小孔，栅栏再也不会是原来的样子了。当你向别人发脾气时，你的言语就像这些钉孔一样，会在人们的心灵中留下疤痕。你这样做就好比用刀子刺向了某人的身体，然后再拔出来。无论你说多少次对不起，伤口都会永远存在。其实，口头上对人们造成的伤害与伤害人们的肉体没什么两样。"

【案例分析】小男孩的故事告诉我们，控制好自己的行为，就能在自己的人生道路上少一些失言、少一些失手、少一些失足；控制好自己的行为，就能在自己的人生道路上多一分自信、多一份珍重。在这个世界上，没有人要把你变成什么样，只有自己要把自己变成什么样。完善自己的人格修养，以自律为前提控制好自己的行为，成功就会向你招手。

三、做好从学生到职业人的转化

从学生到职业人的转化，是一种社会角色的重要转变，也是人生的一次重要选择。怎样更好地完成这一过程，学会自我控制就是一个非常重要的问题。根据专家的研究结果，实现从学生到职业人的转化大体上应注意在如下几个方面学会自我控制。

（一）从宏大的"人生理想"向现实的"职业理想"转化

从"象牙塔"里走出来的大学生满怀对人生理想的憧憬和对未来的渴望，然而就业压力大，选择工作余地小，能够找到专业对口的工作，已经是非常幸运了。残酷的现实让他们感到理想与现实之间的落差，一时难以接受。宏大的人生理想，在现实面前已经失去目标、失去动力，取而代之的是迷茫和无奈。因此，难免在受挫后情绪低落。因此，从"学校人"到"职业人"的转化阶段的当务之急是控制好自己如何把人生理想转化为职业目标，并制定切实可行的实施方案，去实现自己的职业目标。

实现职业目标的途径有很多，关键是要结合自己的综合因素去选择一条最适合自己的途径，这样就能更快地实现自己的职业目标，并最终实现自己的职业理想。从实现职业理想的角度看，大学生应该尽最大的可能调控好自己的心态，使自己所选择的工作与职业目标有一定的相关性；否则，你所选择的工作将不会对职业理想产生支持，那样，职业理想就有可能沦为空想。

（二）从青苹果"学校人"到成熟"职业人"的转化

大学生相对单纯，他们还是青苹果一样的"学校人"，要想实现自己的职业理想，必须经过向"职业人"转化的过程。顶岗实习就是实现这一转化的重要一环。例如，同样的顶岗实习经历，可以出现不同的出路和结局，关键是你怎样控制好自己，走好自己的路。

从"学校人"转变成"职业人"的第一步，应从企业文化、业务流程、公司制度、仪态仪表、待人接物等多个方面进行了解，如企业需要的是什么人，具体职位应该具备什么样的素质，如何能够更好地发挥自己的潜力等。职业人最需要的就是敬业精神，职场新人的工作内容以日常性的事务居多，专业性的工作一般需要经过企业的再培训之后才能上岗。职场新人要保持沉稳的心态，因为这是做好任何工作的关键。职场新人首先要学会适应，学会适应艰苦、紧张而又有节奏的基层工作。因为缺少基层工作经历，可能会对一些制度、做法不习惯，这时，千万不要用你的习惯去改变环境，而是要学会自我控制，入乡随俗，适应新的环境。好高骛远、自命不凡、放任自流只会毁掉你的前程。

拓展阅读 改变自己的依赖思想

丘晓明毕业后依靠父亲的关系进了一家科技公司从事开发工作，因为具有创新意识和80后的一些性格特点，对于网络开发岗位的工作，他还是能够胜任的。但是，在日常工作中，与同事的交流及业务来往，他就显得笨拙了。刚开始，因为部门经理与他父亲之间的私人关系，事事都在背后照顾着他，他在职场上的历程还是比较顺利的。私下里，他也非常感谢部门经理对自己的照顾和重用。但是，过了半年，这位部门经理被调到其他城市，他突然发现自己身后的支架空了，除了有关网络开发的事务，公司里与自己相关的其他业务，他根本不熟悉，也没有摸出门道。虽然周围的同事很多，但他平时不善于应酬，与大家的关系处得不是很好，于是受到别人的排挤，有苦都无处诉说。因此，他在无奈中决定离开这家待遇不错的公司。

【案例分析】具有依赖倾向的人都习惯于依靠别人来实现自己的工作目标，但是，在现实社会中，每个人都有自己的私人工作事务，而不可能经常去牺牲自己的时间无偿地帮助别人。因此，我们要尽快改变自己的依赖思想，纠正自己的"依赖"性格，学会在工作中亲自去解决一些与自己相关联的业务。这样，不但能够培养自己的独立人格，而且有助于自己的长期发展。

（三）从单纯的处理问题方式向复杂的人际关系转化

新到一家公司，崭新的工作和生活方式、陌生的工作环境、复杂的人际关系，都让职场新人感到不习惯，如果没有耐心去思考一些细节上的问题，就会难以适应、四处碰壁。

在做人方面，首先要揭掉自我标签，低调做人。现代大学生的特点是个性张扬，彰显自我风格，追求与众不同。但工作岗位不是上演个人秀的舞台，因此，刚刚步入职场的大学生们一定要注意调整好心态，做事一定要低调。少说多做，尽快熟悉和融入企业环境。锐气藏于胸，和气浮于脸，才气见于事，义气施于人。处事时，对上司先尊重后磨合、对同事多理解多支持、对朋友善交际勤联络，复杂的人际关系是社会构成的一部分，亲和力太弱，摩擦力太大，一不小心，天时、地利、人和都会离你而去。

融入企业环境的手段之一就是尽快掌握职场礼仪。职场有职场的规则，单纯地讲礼貌是不够的。身处其中，一言一行、一举一动都要符合职场规范。礼仪是一个较为广泛的概念，包括语言、表情、行为、习惯等，相信没有人愿意自己在社交场合中，因为失礼而成为众人关注的焦点，并因此给他人留下不良的印象。对大学生来说，礼仪是一门必修课。

（四）从系统的理论学习向多方位的实际应用转化

在学校里学习的内容多是系统理论，一科接一科，科科都有现成的教科书，有教师讲解和辅导。到了工作岗位，提升实际动手能力靠的是不断培养、练习，而且实际工作中应用的知识往往是综合性、多学科的。没有人会主动告诉你哪个该学、怎么学，知识积累全靠自己探索。这种情况下，往往导致做了事情却没有实现目标，甚至偏离了目标，或者不知从哪里入手、学些什么。

通常情况下，企业都会对职场新人进行入职培训，要多学多看，多虚心请教，才能积累工作经验。大学生缺乏实践经验就很难得到发展，公司信服有经验的人，没有经验，则只能打下手。如果不注重能力提升和经验积累，这种情况就会变得越来越糟，使自己陷入尴尬境地。刚入职的大学生一定要调整好自己的心态，以谦逊的态度去向别人请教，一方面可以使自己进步很快，另一方面可以建立良好的人际关系，将自己很快融入集体中。

（五）从散漫的校园生活向紧张的工作模式转化

散漫的校园生活被紧张的职场打拼所代替，使这些在家里备受呵护的"90后"大学生进入"断乳期"，像是在奶奶、姥姥娇惯下自由淘气的孩子被送到幼儿园，受到纪律、时间的约束，就会感到浑身不自在，迟到、请假成家常便饭，总想找个借口、编个理由，请上一次假去外面玩一玩。

每当新生力量进入单位，都会带来新的气息，同时也会带来一些新的问题。对于大多数刚刚走上工作岗位的毕业生来说，除了工作能力，还要有实干精神、懂得人际沟通。不但要完成好属于自己的每项工作，还要做自己不愿做的事情。能否做好那些自己不愿意做的事情是职场新人是否成熟的标志，也是职场新人能否取得成功的主要因素。所以，职场新人必须学会调节自己，做好自己不愿做而又必须做的事情，学会妥协，向职场妥协、向现实妥协。

拓展阅读 美女医生的悲哀

有一位医学院的校花，在校期间长期担任班长、团支部书记，学习成绩优秀。毕业后被分配到市重点医院做内科医生，受到领导的关注、同事的青睐，上门求医的患者更是对她毕恭毕敬。然而，这位美女医生却厌烦了在诊室的工作。看到医药代表工作时间自由，工作方法灵活，挣钱更多，就决定下海。当了一周医药代表后，一天回到医药公司办公室，伏桌哭泣。经理关切地问："怎么了？"她非常委屈地说："那些药剂科的人，他们，他们，他们竟然……"经理开始担心，着急地问："他们怎么样了？是不是欺负你了？"美女泪流满面，非常痛心地说："他们竟然不理我！"经理舒了一口气，想引导她战胜困难："他们不理你，你打算怎么办？"美女坚定地说："他们不理我，我就再也不理他们！"经理心里凉了，心想你不理他们了，可这药谁买呢？"要不你还是别难为自己了，回到医院当医生吧！"美女号啕大哭，经理吓了一跳，关切地问："还有谁惹你生气了？"美女凤目圆睁："你！"经理不解："我劝你别干了，是为你好呀！"美女愤怒地说："要是不干，也得我先说！凭什么你先说出来？"经理连忙说："好，好，我收回刚才的话，请你先说。"美女大声说："我不干了，我立刻辞职！"经理点头表示同意，心里说，你快走吧，我的姑奶奶！

【案例分析】美女医生没有意识到，自己集喜欢、怜爱、恭维于一身，是因为自己是父母疼爱的女儿、是社会重视的大学生、是讨人喜欢的漂亮女人、是患者求助的医生，而从医生到医药代表，是职业上的转变，从人求于我到我求于人，从坐在屋里等客户到登门拜访找客户，工作性质完全不同，最需要提升的是情绪智力和商务谈判技能。这位学生参加工作及职业改变之后，心理并没有适时转化，还是一个学生的幼稚心态，抱怨别人、抱怨环境。如果不及时调整心态，其职业理想必将遭受更大挫折。

（六）从浮躁的心态向逐步理性化转化

转型需要时间，与企业的磨合需要时间，积累经验也需要时间，具备竞争力同样需要时间。青年学生真正融入职场，需要一个过渡过程。哪怕时间很短，这个过渡过程必须经过。企业会给职场新人提供实习的时间和机会，职场新人要积极努力，从浮躁的心态中走出来，尽快进入符合企业要求的状态，这是理性化的成熟表现。正如苏格拉底所说："让那些想要改变世界的人首先改变自己。"

企业看重应届大学生，主要是看到了隐藏在这些年轻人身上的"发展基因"。实习是一个大学生走向社会的阶梯，如果实习期间表现优异，机遇也就会随之而来，或者受到实习单位的青睐，或者把实习经营成跳板。

任何单位都需要谦虚谨慎、好学上进的员工,同时希望员工勤奋刻苦,具有把远大志向落到实处、责任感强、执着追求事业的态度。对待兢兢业业的实习生,根据业务需要单位有可能优先留下。在现实中,有些学生自以为不会留在实习单位,敷衍了事地对待实习工作,领导安排的工作不能完成,还总想偷偷出去应聘,结果,新的公司没聘上,实习的岗位又丢掉了。

(七)从家长、老师的呵护向自我保护转化

许多大学生在进入就业大军时,往往对就业的相关政策、实习权益等一知半解。原来依赖家长,现在需要自立,需要自己判断、自己选择。一般来说,职场新人的第一份职业体验是刻骨铭心的,它会使职场新人对相关职业产生一种固定印象,形成固定心理状态,从而影响今后的职业心态和职业规划。因此,走好职场的第一步,能够使大学生更好地为企业和社会服务,更好地发挥自己的潜力。若是为了在毕业前找到一份工作,或者迫于其他同学签约带来的压力而草率地接受一份自己并不满意的工作,都是不可取的。

对于一家自己向往的公司,作为实习生当然应该全力以赴地做好自己的工作,争取最终能被录用。但是我们也要警惕,会不会因一些用人单位的制度不完善而导致我们有苦难诉,单位是不是侵犯了我们的权益。在毕业之前,作为在校生,我们无法享受劳动法的保护。一旦我们毕业了,我们就要懂得保护自己,以防被一些公司作为廉价劳动力使用。学会在社会上独立地生存,学会保护自己。面对人生的种种挫折,学会应对,学会维权。

拓展阅读 牢固树立"五种意识"

构建有效的毕业生就业权益保护体系,切实维护多方主体利益,关系到和谐就业关系的建立,关系到学校和社会的稳定,也是当前毕业生就业市场有序建设的当务之急。

毕业生就业权益的保护是一个系统工程,我们在强调从法律和制度层面营造一个良好的背景和氛围的同时,也必须加强对于毕业生就业权益自我保护的指导和教育,这种指导和教育必须贯穿于学生的整个大学生活,必须很好地体现在学校的职业生涯规划教育中。毕业生要能够真正有效地做好在就业权益方面的自我保护,必须牢固树立以下"五种意识"。

1. 法律意识

毕业生小王通过新生入学教育的就业指导课,得知现在的就业市场陷阱重重。因此,学计算机专业的她除了在大一时认真学好法律基础课程外,还利用业余时间比较系统地学习了《劳动法》《合同法》等法律法规,对于劳动就业的规定有了大致的了解。毕业签约时,单位提出"试用期8个月,试用期满后签订劳动合同"的要求时,小王依据自己掌握的法律知识,以《劳动法》规定试用期最长不得超过6个月,试用期必须包含在劳动合同期限内为由与单位据理力争,最终使单位按照《劳动法》的规定签订就业协议,较好地保护了自己的合法权益。

从"学校人"到"职业人"的转化,需要了解与就业相关的法律法规、政策制度,了

解劳动用工的相关规定，并且在学习这些法律、政策、规定的过程中，逐步培养法律意识。

法律意识要求毕业生在求职过程中，运用法律的思维来思考碰到的一些问题，大体知道法律的规定是怎样的，了解哪些情况是违法的，哪些情况又是政策允许的。只有有了这种意识，才能认识到相关行为的性质及法律后果，才有了进行自我保护的前提。

2. 契约意识

毕业生小张就是由于契约意识淡薄，在就业时碰到了麻烦。小张事先在某公司毕业实习，实习结束后双方达成了就业录用意向。由于相互之间的情况比较了解，彼此比较信任，因此双方仅就就业录用的相关事项进行了口头约定，小张认为自己的工作就这么定下了。没想到的是，等他毕业后正式到公司报到时，公司以岗位已录满为由拒绝予以录用。由于双方之间没有签订书面的就业协议，孰是孰非，已无法定论，小张只能自吞苦果。

从某种意义上说，市场经济就是契约经济，市民社会就是契约社会，契约意识要求当事人尊重平等、信守契约。由于我国就业体制的特殊性，就业协议在明确单位和毕业生权利、义务等方面扮演着重要角色，因此契约意识的作用在毕业生就业过程中显得更加突出。

契约意识在就业过程中主要体现在两个方面：一是要求毕业生充分重视和深刻理解就业协议的重要性，要有通过就业协议来保护自己合法权益的意识；二是就业协议一旦签订即具有法律效力，必须具有严格遵守、履行就业协议内容的意识。

因此，谨慎签约、积极履约有利于毕业生通过协议书内容的约定保护自己的合法权益。协议一旦订立，双方都必须遵守，任何一方不得无故毁约、违约等，否则将受到经济和法律的制裁。

3. 维权意识

小吴毕业后到一家公司报到上班，工作一段时间后，发现公司存在无故克扣员工工资和无故不缴纳社会保险费的现象。员工们对公司的这一做法感到义愤填膺，但是考虑到自己的工作岗位和发展机会，没有人敢于站出来对此提出质疑。小吴知道公司的做法是违反《劳动法》的，强烈的维权意识使他认为一定要采取措施保护自己和同事的合法权益。于是他以匿名的方式向当地劳动监察部门举报了公司的恶劣行径。劳动监察部门接到举报信后，马上在查证属实的基础上对公司进行了处罚，同时责令公司返还克扣的员工工资，并按规定补交社会保险费。小吴通过自己的行动维护了自己和同事的正当权益。

毕业生在法律意识和契约意识的指引下，认识到自己的合法就业权益受到了侵害，是积极运用法律手段维护自己的合法权益呢？还是息事宁人、当作什么事都没发生过？

不同的处理方式体现了维权意识的不同。具有强烈的维权意识，在碰到问题时能够拿起法律武器积极主张权利，是毕业生走出权益自我保护的实质性一步。毕业生只有养成积极主张权利的维权意识，不畏法、不畏仲裁诉讼，才能够平等地与用人单位对话，据理力争，切实保障自己的合法权益。维权意识要求毕业生应当知道可以采用下列途径维护自己的就业权利：学校出面调解，向劳动监察部门申诉、举报，向劳动仲裁机构申请仲裁，向人民法院提起诉讼等。

4. 证据意识

毕业生小杨通过网络在一家颇有影响力的民营企业找到了工作。在正式就职之前，他来到该企业指定的培训中心交纳了相关的培训及服装费用。该企业承诺，如果职员在培训后因为企业的原因没有被录用，将退还培训中所有的费用。结果，由于企业人事调整，小杨没有进入该企业工作。当他要求该企业退还培训等费用时，因拿不出交费的证据而被拒绝。

法律是用证据说话的，毕业生在就业过程中应"多留一个心眼"，牢固树立证据意识。证据意识的培养主要体现在三个方面：一是收集证据的意识，要求毕业生在就业时要有意识地请对方出示或者提供相关资料，来佐证一定的事实，如要求公司出示营业执照、要求相关人员出示表明身份的证件等；二是保存证据的意识，要求毕业生注意保存现有的证据，以便将来在仲裁或诉讼时支持自己的观点，如注意保存单位在招聘时的海报，保存与单位往来的传真、邮件等；三是运用证据的意识，毕业生要有用证据证明案件事实的意识，知道什么样的事实需要什么样的证据证明，知道一定事实的举证责任是在对方还是己方，等等。

毕业生在就业过程中经常会碰到单位要求交押金的情况。签订劳动合同时要求劳动者提供押金的做法是法律明确禁止的，但是签订就业协议时单位是否可以收取押金法律没有明确规定。

一般认为可以参照签订劳动合同的做法，签订就业协议收取押金不合理。但是，在现在就业市场中，由于某些潜规则的存在，确实在很多场合存在着毕业生不交押金就无法签订协议得到工作的尴尬。在这种情况下，如果毕业生确实很想去这个单位工作的话，我们认为可以先交押金，但是一定要求单位出具表明"押金"字样的收据并且注意保存，以便日后作为证据使用。

5. 诚信意识

有专家指出，目前的毕业生就业市场是买方市场，一些用人单位在处于主动地位的情况下，无视求职者的利益，甚至用欺骗的手段使毕业生就业陷入困境；同时，使整个人才市场处在一种彼此不信任的非正常状态，用人单位缺乏诚信进而造成大学生在求职时诚信缺失。如一些企业参加招聘会是"醉翁之意不在酒"，有的是为做广告，有的是借机招聘廉价劳动力。

毕业生诚信意识的培养主要包括两个方面：一是毕业生自己在求职过程中必须如实向用人单位介绍自己的情况，要实事求是。如果毕业生故意隐瞒自身情况、欺骗用人单位，可能导致就业协议无效，并要承担缔约过失责任。二是要能够意识到用人单位是不是诚信，比如意识到单位介绍的情况是不是真实、其招聘的真实目的是什么，等等。第二点对毕业生要求更高，因为要判断用人单位是否诚信，必然要求毕业生有比较丰富的阅历和经验，并通过不同的方法和途径全面了解用人单位的情况。然而一些毕业生在这方面做得还不够，主要是因为严峻的就业形势，使得毕业生不敢向用人单位问太多的问题、提更多的要求，许多初涉职场的毕业生认为单位说的都是对的，单位要求的就应该去做，不知不觉中自己的权益已经遭受侵犯。因此，必须强化毕业生的诚信意识，特别是锻炼其中的第二种能力，以保护自己的合法权益。

【案例分析】在从"学校人"向"职业人"转化的过程中，我们必须注意这"五种意识"的培养，进而在面对人生种种选择的时候，才能真正做到学会应对、学会维权、学会自控。只有这样，你才能成为一个合格的职业人。

从学生到职业人的转化是一个复杂的过程，如果我们能够从上述几个方面吸取经验或者教训，学会自我控制，那么就可以在转化过程中少走弯路，更早到达理想的彼岸。

素养训练营

拓展活动一：自控能力讨论

形式：班会或小组讨论。

成果展示：最终形成书面的文本材料或者 PPT 材料并适时加以展示。

一、主题：联系身边实际谈一谈大学生存在哪些自控能力方面的问题。

二、根据本单元所学知识，总结自己在情绪和行为控制方面存在哪些问题，应该怎样改进？

三、主题：根据本单元所学知识，分析下列案例。

【案例】

小柯在大学毕业后的短短两年里，竟换了六家单位。每到一家单位，他总是和领导的关系搞得很僵。为了表示自己敢对领导不屑一顾，他常常故意违反单位有关规定，带朋友到单位来打长途电话、复印、上网等。领导批评他，他就顶撞，以至于每次试用期满，不是他主动"炒"了单位，就是单位的领导"炒"了他。

据小柯的同学反映，小柯上学时总觉得老师对自己比较冷淡，他把这归咎于自己相貌不好和不怎么会"来事儿"。久而久之，在小柯的脑子里就牢牢地树立起一个概念："老师看不上我，我也看不上老师。"他一方面有意无意地疏远冷淡老师，甚至把别人对老师正常的尊重态度视为"溜须拍马"；另一方面又常常把老师的好言规劝作消极的理解，把老师对他的正常要求当作是"成心挑刺儿"。走上工作岗位后，小柯这种情绪失控的坏毛病不但未改，而且愈演愈烈。

尽管小柯每次被辞退的具体原因各不相同，但所在单位的领导对他的评价却是一致的：目中无人，不守纪律，态度傲慢。而小柯呢？每次都是抱怨领导无德无能，任人唯亲。

小柯为何总是屡屡被单位辞退？难道是他"时运不济"，碰到的全是"鳖脚领导"？还是这些领导都戴了"有色眼镜"，对小柯的评价有失公允？请你帮小柯同学找到问题的症结所在。

拓展活动二：对自我控制能力的自查、自省和自我成长

形式：以日记、表格为载体自查、自省自身的自控能力，以床头名言、每天监督、评价表格等方式督促自我成长。

一、主题：联系自身实际以列举具体事例的方式评价自己当前的自我控制能力。

二、针对自己的问题，有针对性地列出提高自我控制能力的具体方案。

三、提高自己对自我控制能力重要性的认识，每天坚持自查、自省、自我提高，在持之以恒中提高自身的自我控制能力。

知识吧台

提高自我控制能力

一、提高自我控制能力的小技巧

自我控制包括两方面内容：一方面是自我克制，也就是说克制自己不去做能带来即时满足但对自己长远发展不利的行为；另一方面是自我发动，也就是发动自己去做对自己长远发展有利但眼前又极不愿意去做或缺乏勇气去做的行为。主要方法有：

（1）剥夺条件法。每种行为都有其赖以产生的条件，假如能够把这些条件剥离的话，这些行为也就不可能产生了。例如，一女学生上学期间喜欢吃零食，怎么控制自己呢？她想如果上学不带钱，这样，在校那段时间便控制了吃零食。

（2）去除诱因法。人们之所以会产生某种行为及情绪，往往与周围环境中的诱因息息相关。正是由于这些诱因的存在，才诱发了某种行为或情绪。如果能够把这些诱因去除了，那么这些行为或情绪也就不容易产生了。如某学生由于运动时脚受了伤，只能在宿舍里看书、做作业，但宿舍中你来我往会分散太多注意力，于是他拄着拐杖坚持去教室学习，摆脱了各种干扰和诱惑。

（3）积聚意志法。在某些时候做某些事情确实需要很大的意志力，如在大部分同学都尽情玩耍的周末要让自己去教室、阅览室看书就需要极大的意志力。这时你可先做些不需很大意志力的事情，虽然事小但对你来说这是一种意志的胜利，是一种进步，从中能够使你体会到一种成就感，由此会增强你去完成下一个需更大意志力目标的动力。当意志力积聚到一定的程度，就能推动你到阅览室去看书了。例如，一个戒烟者，只要做到"今天不吸烟"，以后天天如此，就能戒烟。不要小看这一天，只要做到了，就表明你有效地控制了自己，由此就会发生重大的转机，向成功迈出了坚实的一步。

（4）挫前提示法。把可能碰到的最坏的结果先想象一番，然后写下来，同时不忘在最后写一段鼓励自己的话语。这是头脑清醒时，理智自我对受挫后情感自我的提醒和安慰。这样，有助于对抗挫折和鼓舞自己的斗志。

二、调节和控制情绪十法则

（1）学会转移。当火气上涌时，有意识地转移话题或做点别的事情来分散注意力，便可使情绪得到缓解。在余怒未消时，可以用看电影、听音乐、下棋、散步等有意义的轻松活动，使紧张情绪松弛下来。

（2）学会宣泄。人在生活中难免会产生各种不良情绪，如果不采取适当的方法加以宣泄和调节，对身心都将产生消极影响。因此，如果一个人遇到不愉快的事情及委屈，不要压在心里，而要向知心朋友和亲人说出来或大哭一场。这种宣泄可以释放积于内心的郁积，对于人的身心发展是有利的。当然，宣泄的对象、地点、场合和方法要适当，避免伤害他人。

（3）学会自慰。当一个人追求某项事物而得不到时，为了减少内心的失望，常为失败找一些冠冕堂皇的理由，用以安慰自己，就像狐狸吃不到葡萄就说葡萄是酸的童话一样，因此，称作"酸葡萄心理"。

（4）语言节制法。在情绪激动时，自己默诵"冷静些""不能发火""注意自己的身份和影响"等词句，控制自己的情绪；也可以针对自己的弱点，预先写上"制

怒""镇定"等提示词语置于案头,或挂在墙上。

（5）自我暗示法。估计到某些场合下可能会产生某种紧张情绪,就先为自己寻找几条不应产生这种情绪的有力理由。

（6）愉快记忆法。回忆过去经历过的高兴事,或获得成功时的愉快体验,特别应该回忆那些与眼前不愉快体验相关的过去的愉快体验。

（7）环境转换法。处在剧烈情绪状态时,暂时离开激发剧烈情绪的环境和有关人物。

（8）幽默化解法。培养幽默感,用寓意深长的语言、表情或动作,用讽刺的手法,机智、巧妙地表达自己的情绪。

（9）推理比较法。对困难的各个方面进行解剖,把自己的经验和别人的经验相比较,在比较中寻觅成功的秘密,坚定成功的信心,排除畏难情绪。

（10）压抑升华法。不受重用、身处逆境、被人瞧不起、感到苦闷时,可把精力投入某一项你感兴趣的事情中,通过成功来改变自己的处境和改善自己的心境。

素养光荣榜

遇见未来的自己,提升自控力。

第十二单元

学会创新——
铸就事业之魂

> 开创则更定百度。尽涤旧习而气象维新；守成则安静无为，故纵胜废萎而百事隳坏。
>
> ——康有为
>
> 掌握新技术，要善于学习，更要善于创新。
>
> ——邓小平
>
> 创新需要一定的灵感，这灵感不是天生的，而是来自长期的积累与全身心的投入。没有积累就不会有创新。
>
> ——王业宁
>
> 不断变革创新，就会充满青春活力；否则，就可能会变得僵化。
>
> ——歌德

单元教学课件

单元微课

素养风向标

案例　邓中翰的"中国芯"

1992年，24岁的邓中翰从中国科技大学毕业后，直接进入美国加州大学伯克利分校就读。入学之初一个偶然的机会，他接触到1883年美国著名物理学家罗兰做的一次被称为美国科学"独立宣言"的著名演讲。其中这样提到中国，"中国人知道火药的应用已经若干世纪……因为只满足于火药能爆炸的事实，而没有寻根问底，中国人已经远远落后于世界的进步。我们现在只是将这个所有民族中最古老、人口最多的民族当成野蛮人。"

罗兰的话深深刺痛了邓中翰，他深深领悟到"科学是没有国界的，但科学家是有国界的"这句话的含义。邓中翰在伯克利拼命学习，5年时间取得电子工程学博士、经济管理学硕士、物理学硕士三个学位，是该校建校130年来第一位横跨理、工、商三学科的毕业生。

"那时每天只睡三四个小时，同时攻读三个学位，不是因为谁命令你往前赶，而是确实感觉有太多知识要学、太多知识要用。"邓中翰说。

1999年，邓中翰在硅谷创业成功的情况下，受邀回国发展集成电路产业。他在当时的信息产业部等部委支持下，在北京中关村创建了中星微电子有限公司，启动"星光中国芯工程"。2001年，"星光一号"研发成功。这是中国首枚具有自主知识产权、百万门级超大规模的数字多媒体芯片，也是第一块打入国际市场的"中国芯"，结束了中国无"芯"的历史。

同年夏天，邓中翰走进索尼会客室，接待他的是索尼的一位主管。邓中翰此去日本的目的是推介"星光一号"，把"星光一号"应用到索尼的产品中。但是这位主管得知他来自中国后，只留下5分钟时间给他，客气而冷淡地让他随便参观。这件事给了他很大触动，邓中翰告诉同行者："我还会回来！"

2005年，"星光五号"不但打入索尼，而且被大多数国际品牌采用。目前，"星光中国芯工程"拥有2500多项专利，占领计算机图像输入芯片市场60%以上份额。邓中翰也被业界称为"中国芯之父"。

2009年，41岁的邓中翰成为最年轻的中国工程院院士。2011年，邓中翰当选中国科协副主席。此时距离他回国创业只有14年。14年，他完成了从中国无"芯"到占领全球计算机图像输入芯片六成国际市场的跨越。

【思考与讨论】

创新给邓中翰的职业发展带来了什么？又给国家和民族的发展带来了什么？

素养加油站

一、认知创新

创新是以新思维、新发明和新描述为特征的一种概念化过程。创新起源于拉丁语，它原意有三层，即更新、创造新的东西、改变。《现代汉语词典》对创新的解释是"抛开旧的，创造新的"。与"创新"一词近义和相关的词主要有"创造"和"创造性"。创造是指想出新方法、建立新理论、做出新的成绩或东西；创造性是指努力创新的思想和表现。显而易见，从词义的角度看，"创新"与"创造"是相互包含的两个概念，也正因为如此，人们在使用中并不严格地加以区别。

创新作为一种理论，形成于20世纪。1912年，哈佛大学教授熊彼特第一次把创新这个概念引入到经济领域。他认为创新就是建立一种生产函数，实现生产要素的从未有过的组合。同时，他还从企业的角度提出了创新的五个方面：产品创新，就是生产出一种消费者还不熟悉的产品，或将产品质量提升到一个新的水平；工艺创新，就是针对产品的制造，研究和运用新的生产技术、操作程序、方式方法和规则体系等；市场创新，就是开辟新的市场；要素创新，就是在生产中引进新的生产要素；制度创新，就是企业的管理制度和管理结构方面的创新。

美国的管理大师德鲁克也曾经在20世纪50年代，把创新的概念引入到管理领域，形成了管理创新。他认为，创新就是指赋予资源以新的创造财富的能力的一种行为。

随着创新理论的发展，创新概念在向更为广泛的范围扩展，不仅包括科学研究和技术创新，也包括体制与机制创新、经营管理和文化创新，同时还覆盖了自然科学、工程技术、人文社会科学及经济和社会活动中的创新活动。

综合国内外学者对创新的研究成果，我们认为，创新是指人们为了发展的需要，运用已知的信息不断突破常规，发现或产生某种新颖、独特的有社会价值或个人价值的新事物、新思想的活动。创新的本质是突破，即突破旧的思维定式、旧的常规戒律。它追求的是"新异""独特""最佳""强势"，并必须有益于人类和社会的进步。其核心是"新"，它或者是产品的结构、性能和外部特征的变革，或者是造型设计、内容表现形式和制造手段的创造，或者是内容的丰富和完善。

创新是人的创造性劳动及其价值的实现。创新在实践活动上表现为开拓性，即创新实践不是重复过去的实践活动，它不断发现和拓宽人类新的活动领域。创新实践最突出的特点是打破旧的传统、旧的习惯、旧的观念和旧的做法。创新在行为和方式上必然和常规不同，它易于遭到习惯势力和旧观念的极力阻挠。

二、创新成就事业

当前，我们正身处深刻变革的社会，无论是科技变革，还是制度创新，每天都带给我

职业素养

们飞速的改变和巨大的冲击,每天我们都将面临各种新的事物,每天我们都将遇到新的问题和矛盾。在过去,如果说没有创新,我们仅靠经验还可以活得很好,那么,在今天飞速发展的社会里,没有创新,我们就不会生活、不会进步,就会逐渐被社会淘汰。这一切源于我们身处一个崭新的时代,面对的是全新的规则和体制。无论是一个人、一个企业,还是一个国家,在这种全新的框架中要生存、要发展,都必须学会创新。

创新是智慧人生的生命力所在,是职业人形成自身核心竞争力的重要支撑。

拓展阅读 马云的故事

大学毕业后,马云当了6年半的英语老师。期间,他成立了杭州首家外文翻译社,用业余时间承接了一些外贸单位的翻译工作。但一个偶然的机会,马云发现了一个"宝库"。在西雅图,对计算机一窍不通的马云第一次上了互联网。刚刚学会上网,他就想到了为他的翻译社做网上广告,上午10点他把广告发送上网,中午12点前他就收到了6个E-mail,分别来自美国、德国和日本,说这是他们看到的有关中国的第一个网页。"这里有大大的生意可做!"马云当时就意识到互联网是一座"金矿"。

于是马云有了一个想法,把中国企业的资料集中起来,快递到美国,由设计者做好网页向全世界发布,利润则来自向企业收取的费用。马云用两万元启动资金,开始成立中国第一家互联网公司——海博网络,产品叫作"中国黄页"。在早期的海外留学生当中,很多人都知道,互联网上最早出现的以中国为主题的商业信息网站,正是"中国黄页"。所以,国外媒体称马云为中国的Mr.internet。那时候,很多人还不知互联网为何物,但马云仍然坚信"互联网是影响人类未来生活30年的3000米长跑,你必须跑得像兔子一样快,又要像乌龟一样耐跑。"1996年,马云海博网络的营业额达到了700万,也就是这一年,互联网渐渐普及了。

这时马云又有了新的创意,用电子商务为中小企业服务。他研究认为,互联网上商业机构之间的业务量,比商业机构与消费者之间的业务量大得多。为什么放弃大企业而选择中小企业,马云打了个比方:"听说过捕龙虾富的,没听说过捕鲸富的。"他甚至起好了网站的域名,互联网像一个无穷的宝藏,等待人们前去发掘,就像阿里巴巴用咒语打开的那个山洞。1999年,马云在杭州创办了"阿里巴巴"网站。

很快,阿里巴巴声名大震,他在吸引到大量客户的同时也吸引人才和风险投资。现在"阿里巴巴"被业界公认为全球最优秀的B2B网站。来自国内外的点击率和会员呈暴增之势。一位想买1000副羽毛球拍的美国人可以在"阿里巴巴"上找到十几家中国供应商;位于中国西藏和非洲加纳的用户,可以在"阿里巴巴"网站上走到一起,成交一笔只有在互联网时代才可想象的生意。2003年,马云再次有了新的创意,"阿里巴巴"拓展自己的业务,进入全球商务的高端领域。

有首歌唱道:"阿里巴巴是个快乐的青年……"马云也是个快乐的青年,他讲述了一个中国版的创新故事。

小提示

马云成功的秘诀:在大家等待时创造性地将网络与创业结合,不断创造新观念、市场、产品、管理,不断创造新的奇迹。

你也能像马云一样扩展自己的业务,创造新的业绩吗?不要轻易说不能。教育家陶行知先生曾说:"人人是创造之人,天天是创造之时,处处是创造之地。"创新并不神秘,也不是高不可攀,只要我们能改变过去的模式,推出一种令人耳目一新的事物,这就是创新。创新不一定要发明新东西,一个绝妙的想法、一个新颖的主意,都是在创新。

"问渠哪得清如许,为有源头活水来。"在竞争日益激烈的今天,只有具备不断创新的素质,才能增强自身的核心竞争力,才能在激烈的竞争中永远立于不败之地。

三、加强创新意识培养

意识是思维的前提,创新意识是创新性思维的前提,是个体自觉、自发创新活动的前提。没有创新意识,就不会有自觉、自发进行创新活动的动机,就不会有自觉、自发创新活动的意向,就没有自觉、自发的创新活动。创新意识影响和制约着个体创新能力和创新潜力的充分发挥和施展。

人的创新意识一般潜伏在脑海的深处,不容易被发觉,因此,很多人浑浑噩噩地活了一辈子,不仅不知道如何去运用自己的思想创新,甚至还不知道自己有这种才能。

作为一名职业人,要想有所成就,就必须具有创新意识。如果因循守旧、墨守成规,老是跟在别人后面,没有创新意识,当然也就不会有创新。陶行知先生曾说:"能发明之则常新,不能发明之则常旧。"也就是说,要不断创新才会有新的气象,不去创新,活力就会丧失,就会落后。

拓展阅读 2015中国创新榜样——蔡玉水

蔡玉水,北京画院国家一级美术师。

颁奖词:

他与广大民众有一个约定,他用美好的艺术与城市、乡村有了一次"温暖地遇见"。

创新故事:

人们常常说,艺术来源于生活,而北京画院国家一级美术师蔡玉水却经常在思考,他的艺术能否回归生活?

身为艺术家,蔡玉水心怀天下。他注意到:"随着城市迎来经济的腾飞、艺术的盛宴,乡村却被忽略了。城市快速发展需要成千上万的农民工进城,那么广大的农村会怎样?大批的农民工会怎样?大批的留守儿童会怎样?大批的留守老人会怎样?于是,我被他们的问题所困扰,勇敢地迈出了这一步。"

近10年,蔡玉水开始了与广大民众的一个约定:他将自己的工作室建在了山东济南的一个偏远乡村双泉镇,扎根生活,用自己的艺术行为将万亩油菜花与雕塑艺术完美结合,实践了艺术与乡村"温暖地遇见"。他不仅创办了新中国成立以来首个"乡村艺术沙龙",还执导拍摄了大型艺术片《温暖地遇见》,同时和当地领导与群众共同规划、设计乡村的未来发展,践行着他"用艺术改变乡村"的梦想。

对于蔡玉水来说,如果能够通过他的艺术把乡村变得美好,可以留住年轻人,那么就留住了乡村的未来。

职业素养

2013年，双泉镇被评为"全国最美乡村示范基地"。由此，蔡玉水不仅将艺术带进了乡村，同时也带动了双泉镇经济社会的全面发展。

有人说，蔡玉水用艺术帮助乡村，让乡村逐渐变得美好起来。而蔡玉水却认为："不是我来帮助他们，而是他们这块神奇的土地，这方水土和父老乡亲成全了我的艺术生命，成全了我后半生的艺术态度。"

双泉镇书记曾对蔡玉水说："蔡老师，我们整个镇100多平方公里的土地就交给你了，你来帮我们设计。"此时，蔡玉水顿觉肩上责任重大。"你的画布、你的画纸就变得无限大了。你可能考虑的问题就不再是这么狭小了。"蔡玉水说。

一个成功的艺术家，其成功之处在于和这个时代能够产生共鸣，甚至可能会超前半步，蔡玉水无疑正是这样的艺术家。

在竞争日益激烈的今天，我们应如何调动潜藏在脑海深处的创新意识？

（1）培养竞争意识。创新意识要在竞争中培养。竞争是活力的源泉，具有创新意识是人具有活力的根本体现。培养创新意识，就不能离开竞争的环境。著名数学家华罗庚要求他的学生要不断创新，要在激烈的竞争中敢啃数学领域中的"硬骨头"，从而使自己立于不败之地。华罗庚本人就是创新的典范，他在数学领域里做了许多开拓性的工作，他的许多学生在他的影响下也做出了创新性贡献，最终在激烈的角逐中脱颖而出。

（2）培养问题意识。爱因斯坦曾指出，提出一个问题往往比解决一个问题更重要。将启蒙时期的好奇心向求知时期的好奇心转化，这是坚持、发展问题意识的重要环节。好奇使人产生疑问，疑问使人产生思考。要对自己接触到的现象保持旺盛的问题意识，要敢于在新奇的现象面前提出疑问，不要担心问题简单，也不要担心被人嘲笑。大胆提问和大胆质疑是意识创新的重要途径。提出问题是获得知识的先导，只有提出问题，才能解决问题，从而提高自己的认识。

（3）要大胆设想。在创新领域，想是第一步，做是第二步，只有想到了，才有可能去做。然而，想是不容易的，不是任何事情都可以想到，也不是任何人都能够想到。要鼓励自己大胆设想、提出多种解决问题的方案及最佳办法，从多角度培养自身的思维能力，激励创新。这种能力要在实践中培养，不能"坐而论道"。

四、发展科学思维能力

有了创新意识而没有科学思维，仅靠常规思维是不可能形成创新思想的。因为要想形成创新思想，必须确立新的现代思维方式。现代思维方式则是人们在传统思维方式的基础上经过扬弃，在主客体相互作用中形成的主体观念和把握客体的特定方式，是思维的多种要素、形式和方法通过组合和优化而建立的相对稳定和定型的思维结构及习惯性的思维程序。现代思维方式是在现代社会中应运而生的，也是最能在现代社会中发挥出创新性功能的思维模式。离开科学的现代思维模式，不可能有创新出现。

顾名思义，科学思维就是用科学的方法进行思维，它是科学方法在个体思维过程中的具体表现。反过来，我们也可以把科学本身看成是一种思维方式，科学探究过程就是用科学的思维方式获取知识的过程。因此，科学探究和科学思维在本质上是相通的，前者侧重于科学知识获得的过程，而后者侧重于学习者内在的思维过程。简单地说，科学思维就是一种实证的思维方式，一种建立在事实和逻辑基础上的理性思考，具体包括以下内容：

（1）相信客观知识的存在，并愿意通过探究活动去认识客观世界。

（2）对于未知的事物会做出猜想，并知道主观的猜想是需要客观事实来证明的。

（3）相信事实，只有在全面地考察事实之后才会做出结论。

（4）通过对事实进行合乎逻辑的推理而得出结论，并知道任何结论都是暂时性的，它需要更多的事实来证明，结论也可能被新的事实所推翻。

科学思维的两个基本要素，即尊重事实和遵循逻辑。科学思维的培养，有三个关键性的实践要点：第一是对问题的猜想，第二是事实的验证，第三是理性的思考。

科学思维是关于人和大自然关系的积极思考，它和技术思维不同。爱因斯坦曾说，近代科学的发展是以两个伟大成就为基础的：一是以欧几里德几何学为代表的古希腊哲学家发明的形式逻辑体系；二是文艺复兴时期证实的通过系统的实验有可能找出因果关系的重要结论。可以说，逻辑原则和实验原则是近代科学思维的两个主要特征。一种思维是否具备科学性，关键在于它是否具备这两个特征。具体地说，我们应利用以下方法发展科学思维能力。

1. 分析法与综合法

分析法是广泛应用的一种思维方法，它往往与综合法结合使用。所谓分析就是把研究对象的整体分解为几个部分、几个方面而分别加以考察，从而认识研究对象各部分、各方面的本质的思维方法。从表现形式上看，分析法在思维过程中，把整体分解为部分，即把全局分解为局部，把统一性分解为单一性。但从本质上看，分割仅是一种手段，根本目的在于认识事物的各个方面，以把握它们的内在联系及其在整体中所处的地位和作用，从偶然中发现必然，通过现象把握本质。分析的实质是由感性认识上升到理性认识，厘清事物的来龙去脉。这种由整体到局部，即从复合到单一的思维方法就是分析法。分析法的思维过程是执果索因的逆推过程，利用分析法可启发思维、开拓思路。

综合法是在分析的基础上把研究对象的各个部分、各个方面联结成为一个整体加以认识的思维方法。从表现形式上看，综合是把部分组合为整体，把局部组合为全局，把阶段联结成过程。这种组合并不是机械地凑合、简单地相加，而是按照事物各部分之间固有的、内在的、必然的联系，将其综合为一个统一的整体。综合法把与研究对象相联系的若干个别现象或个别过程连贯起来考虑，从而对整个事物或全部过程有一个完整和本质的认识。综合法与分析法的思维顺序恰好相反，它是由因导果，由已知到未知的推理过程，故也称"发展已知法"。

法拉第与电磁感应定律

1820年，丹麦物理学家奥斯特发现通电导线能使旁边的磁针偏转，说明通电导线周围能产生磁场（电可以产生磁）。同年，法国物理学家安培也发现两根通电导线之间有相互作用，电流同方向时相斥，异向时相吸。法拉第知道这个消息后立即想到："既然电可以产生磁，那么反过来，磁也应该可以产生电。"正是在这种分析与综合思维的指引下，法拉第经过11年的努力，终于用实验证实了这一假说，并且发现了感生电动势大小与磁通量变化率成正比的电磁感应定律。法拉第尽管始终坚信"磁也能产生电"的信念，但是他做了几百次实验始终未能成功,因为他还是利用传统思维去做实验:认为电流总是沿平直导线流动,所以实验中总是将各种变化的磁场作用到平直导线上(分析思维),然后去观察该导线上是否有电流产生,结果总是失败。直到后来他才想到电流可以沿任意方向流动,作为电流载体的导线也可以是任意形状,于是他把导线弯成圆形(综合思维),并制作成螺线管形式,然后把永久磁铁插进去再拔出来(以改变磁通量),结果成功了(分析与综合思维)。这正是电磁感应定律的实验基础。

【案例分析】综合是在分析的基础上进行的,没有分析也就没有综合,只是综合能够从整体上把握事物的本质,能够更深刻、更正确、更全面地认识事物的发展变化规律。分析和综合是抽象思维的两个方面,两者既对立又统一,贯穿于整个认识过程的始终。分析是为了综合,而综合必须依据分析。也就是说,从整体到部分之后还必须由部分再回到整体,这样才能对自然现象或过程有一个完整的认识。

2. 归纳法与演绎法

所谓归纳,就是从部分特殊事物的性质和关系中概括事物共有的特性或规律的逻辑推理方法。归纳是依据客观事实形成一般科学原理的重要手段,也是把低层次理论上升到高层次理论的有效方法。

万有引力定律的发现

传说牛顿在苹果树下,苹果掉在他的头上,他想到这是地球对苹果的引力作用,进而又想到月球可能也受到地球的引力作用。而这种引力的大小与苹果受到的地球引力大小有何关系呢?他受布里阿德(法国人)的启发,认为可能是与距离平方成反比关系。于是,他进行估算:月球到地心的距离较苹果到地心的距离大60倍,因而,地球表面的重力加速度应是月球向心加速度的3600倍。他根据月球与地球的距离及月球运行周期进行了验算,结果"差不多密合"。从思维方法来看,牛顿是用归纳法得出了万有引力定律。此定律后被一系列实验所证实:地球形状的测定、哈雷彗星的回归、海王星的发现……最终成为科学界公认的定律。

再如,人们知道:金是能导电的,银是能导电的,铜是能导电的,铅是能导电的,金、银、铜、铁、铅都是金属,所以金属都是能导电的——这就是归纳推理。

【案例分析】人们只有通过认识一个个具体的、个别的事物或现象后,才可能概括出相类似事物或现象共存的规律。也就是说,个别一定与一般相联系而存在。如果个别之中不存在一般,就不会有归纳法了。

和归纳法相反,演绎法则是从一般到个别的推理方法。作为出发点的一般性判断称为"大前提",作为演绎中介的判断称为"小前提"。把由"大前提"和"小前提"推算出来的"结果"称为演绎的结论。演绎推理的主要形式就是由"大前提""小前提""结论"组成的"三段论"。

例如:中国领土不容侵犯(大前提);钓鱼岛是中国领土(小前提);则钓鱼岛不容侵犯(结论)。

如上所述，由一般的规律、定理、规则得出特殊的结论，这叫作演绎推理。

归纳推理是从个别到一般，而演绎推理则恰恰相反，是从一般到个别。因此，两者关系可表示如下：

演绎所依据的一般性原理是从特殊现象中归纳出来的，而归纳又必须以一般性原理为指导，才能找出特殊现象的本质。所以，归纳离不开演绎，演绎也离不开归纳。虽然归纳和演绎是两种不同的思维方法，但它们之间互相渗透、互相依赖、相互联系、相互补充。

当我们解决实际问题时，根据概念和规律分析题目所描述的现象，使用的是演绎法；若根据题目描述的现象推导出一般性结论，使用的是归纳法。而归纳法和演绎法的交叉应用，则是我们解决问题时最常用的思维方法。

3. 类比法

所谓类比，是根据两个或两类对象的相同、相似方面来推断它们在其他方面也可能相同或相似的一种推理方法。类比不同于归纳、演绎，它是从特殊到特殊的推理方法。其模式如下：

已知对象有属性A、B、C及属性K；待研究对象有属性A、B、C，且属性K与属性A、B、C有关。则利用类比推理可得：待研究对象也可能有属性K。

拓展阅读　类比推理的故事

中国古代工匠鲁班上山伐木，被路边的茅草划破了手，而由茅草边缘的细齿得到启发，发明了锯；欧洲文艺复兴时期的著名画家达·芬奇曾根据对鸟类的研究，豪迈地喊出："人应该有翅膀。假如我们这一代人不能达到愿望，我们的后代是会达到的。"后来，美国的莱特兄弟终于研制出世界上第一架飞机，实现了达·芬奇的梦想。人们在对昆虫的研究中，经过类比联想，制造了振动陀螺仪，用于高速飞行的火箭和飞机；人们类比蜜蜂的眼睛，制造了偏光天文罗盘，用于航海；人们模仿蛙眼制造了电子蛙眼，用于监视系统；人们对水母进行类比联想，制造了自动漂流的浮标站，用于气象观测。通过类比联想进行发明创造的事例，真是举不胜举。

掌握了类比法，也可加深对职业知识的理解，提高分析问题和解决问题的能力。

4. 形象思维法

所谓形象思维是指在完成主体任务的思维过程中主动地感知形象，并自觉地在头脑中加工感性形象，能动地反映被研究对象的形象特征，把握被研究事物的本质，从而能动地指导实践的一种思维方式。简言之，形象思维就是"离不开形象和情感的思维"。之所以叫它"形象思维"，是因为它不像逻辑思维那样运用概念、判断、推理来进行思维。

形象思维主要有三个特点：

第一，形象思维的过程始终离不开形象。作家要写出好的作品，必须深入生活、深入实际，善于观察众多人物的体貌、性格，才能在作品中塑造个性迥异的人物形象；画家只有深入到大自然中写生，才能画出好的山水画。

第二，形象思维离不开想象和虚构。作家创作，虽然取材于实际生活，但并没有停留在真人真事上面，而是将其作为素材，经过想象和虚构、加工和整理，形成新的艺术形象，使之更具有代表性、启发性和感染力。如鲁迅笔下的祥林嫂，就是三位女性的原型形象组合起来的。对感知的形象进行想象和虚构的过程，实质上是自觉在头脑中加工感性形象认识，从而把握被研究对象本质的思维过程。

第三，形象思维始终伴随着强烈的感情活动。创作总是有感而发，触景生情。对感知的事物形象总伴随着热爱、赞美、同情、厌恶、愤怒等不同的感情，作者只有把这些感情倾注于创作的艺术形象之中，才能打动读者。

拓展阅读　魏格纳与"大陆漂移说"

"大陆漂移说"的提出是在20世纪初，一些地质学家和气象学家在观看世界地图过程中都发现南美洲大陆的外部轮廓和非洲大陆是如此相似，遂产生一种奇妙的想象，在若干亿年以前，这两块大陆原本是一个整体，后来由于地质结构的变化才逐渐分裂开来。

但是在20世纪初期曾进行过这类观察和想象的并非只有德国的魏格纳一个人，当时美国的泰勒和贝克也曾有过同样的观察和想象，并且也萌发过大陆可能漂移的想法，但是最终未能像魏格纳那样形成完整的学说。其原因就在于，这种新观点提出后，曾遭到传统"固定论"者（认为海陆相对位置固定的学者）的强烈反对，最终仍停留在原来的想象水平上。只有魏格纳利用气象学的知识对古气候和古冰川的现象进行逻辑分析后，所得结论使其仍坚持原来的想象。在这种想象的指引下，魏格纳进行了大量的地质考察和古生物化石的研究，最后以古气候、古冰川及大洋两侧的地质构造和岩石成分相吻合等多种论据为支持，提出了在近代地质学上有较大影响的"大陆漂移说"（这一学说在20世纪50年代进一步被英国物理学家的地磁测量结果所证实）。魏格纳在1915年出版了著名的《大陆和海洋的起源》一书，最终成了"大陆漂移说"的奠基人。

敢于怀疑、敢于坚持固然是难能可贵的，但是如果没有形象思维，魏格纳也不可能成就自己的"大陆漂移说"。

形象思维是反映和认识世界的重要思维形式，是培养人、教育人的有力工具。在科学研究中，科学家除了使用抽象思维，也经常使用形象思维。在市场经济高度发达的今天，形象思维更成了企业在激烈而又复杂的市场竞争中取胜不可缺少的重要条件。高层管理者离开了形象信息，离开了形象思维，他所得到的信息就可能只是间接的、过时的甚至不确切的，因此也就难以做出正确的决策。

5. 辩证思维法

辩证思维法是在思维过程中按照唯物辩证法进行思维的方法。辩证思维法的基本特征有3个：联系的特征、发展的特征、对立统一的特征。

联系的特征：是指在思维中的现象之间，事物内部诸要素之间的相互影响、相互作用、相互制约。唯物辩证法告诉我们，现象的因果联系是客观的、普遍的。在所考察的特定现象的特定关系中，原因和结果是紧密联系、相互统一的，就是说任何结果都是由一定的原因决定的，而任何原因都决定着一定的结果。切不可倒因为果，或倒果为因。例如，力是物体产生加速度的原因，并不是物体做加速运动的结果会产生力。

发展的特征：是指对事物认识的飞跃有个量的积累过程，不可能一次完成，认识过程有时可能产生曲折。同时，量变发展到一定程度会发生质变。

对立统一的特征：唯物辩证法认为一切事物内部都存在着矛盾，任何事物都是一分为二的。大到宇宙天体，小到基本粒子，无论是简单的机械运动，还是高级的生命运动，都毫不例外。

唯物辩证法认为事物变化的根本原因在于事物的内部即内因，外因只是条件，外因要通过内因而起作用。如电压是使导体产生电流的原因，而不能使绝缘体产生电流。

军人学会辩证法能多打胜仗，经商者学会辩证法能在竞争中立于不败之地。同样，学生学习和掌握了辩证法，就能进一步提高其学习能力，使自己的学习成绩明显上升。

"曹冲称象"的启示

"曹冲称象"是进行辩证思维培养的极好范例。有一天，曹操得到一头大象，曹操想称量这个庞然大物到底有多重，问他手下大臣有什么办法（在大约1800年前的三国时代，这还是很大的难题）。一位大臣说，可以砍倒一棵大树来制作一杆大秤，曹操摇摇头，即使能造出可以承受大象重量的大秤，谁能把它提起来呢？另一位大臣说，把大象宰了，切成一块块，就很容易称出来了。曹操更不同意了，他希望看到的是活着的大象。这时候年方7岁的曹冲想出了一个好主意：把大象牵到船上，记下船边的吃水线，再把大象牵下船，换成石块装上去，等石块装船达到同一吃水线时再把石块卸下来，分别称出石块的重量，再加起来，就得到了大象的重量。

【案例分析】曹冲在7岁时是否真有这样的智慧，难以考证（或许是故事作者的智慧也未可知），但这并不重要。重要的是这个故事中所包含的辩证思维：能从错误意见中吸纳合理的因素。第一位大臣给出的主意看似不切实际，因为没有人能提起如此重的大秤，但是它却包含着一个合理的因素，需要有能承受大象重量的大秤才能解决问题；第

二位大臣的主意更是荒谬，怎么能把活生生的一头大象拉去宰了呢？但是，在这个看似荒谬的意见中却包含着一个非常可贵的思想，化整为零。曹冲正是吸纳了两位大臣错误意见中的合理因素，设法找出了一个能承受大象重量又不用考虑是否有人可以提起的大秤，根据日常的生活经验，船正好能满足这种要求；然后他又想到利用石块代替大象，可以实现"化整为零"。就这样，曹冲利用辩证思维解决了常规方法无法解决的难题。

6. 创造思维法

所谓创造思维，是指发明或发现一种新方式用以处理问题的思维方法。创造思维与常规思维的最本质的差异在于常规思维通常都是逻辑思维，而创造思维则除逻辑思维，还包含了多种形式的非逻辑思维。它的主要特点如下：

职业素养

独特性：与众不同，前所未有；多向性：善于从不同角度去思考问题，从多方面去分析研究，抓住事物的本质，寻找问题的答案；非逻辑性：创造性的答案往往是非逻辑思维的产物；全面性：能从事物的联系和关系来思考问题，而不是孤立地思考问题，由此及彼地全面看问题才能获得创造成果；综合性：创造是多种思维方式的综合，综合中有创新；发展性：善于总结前人的经验教训，分析其原因，并在此基础上创新和发展。正如牛顿所说，"站在巨人的肩膀上看问题"。

创造思维的基础是必须有坚实的知识功底。俗话说"无知便不能"，如果没有知识，头脑是空的，那么"创造思维"又从何谈起呢？科学家的发明、灵感的产生都不是偶然的，而是与平时丰富的知识积累分不开。因此，我们在求学路上应勤奋读书，踏踏实实地把基础打好，才能培养出"创造思维"。我国唐朝著名诗人杜甫的名言"读书破万卷，下笔如有神"，就是最好的注释。

创造思维的动力是强烈的好奇心。好奇心可以激发人们去发现周围一切事物的差异，促使人们去思考、去怀疑。所有的科学家、发明家都具有强烈的好奇心。爱因斯坦、爱迪生、瓦特、杨振宁、李政道、丁肇中等正是有强烈的好奇心，才使他们在理论和实践中不断探索，使创造性思维能力达到了极高的境地。爱因斯坦说："思维的发展，在某种意义上就是对惊奇的不断摆脱。"获得诺贝尔物理学奖的丁肇中博士在一次实验中发现粒子喷注现象，从而产生了好奇心，使他找到了胶子存在的证据。创造思维必须是先有"踏破铁鞋无觅处"的先决条件，然后才有"得来全不费功夫"的创造思维成果。

素养成长路

一、培养创新的信心和意志

信心是一种强烈的情感，是对自己的充分信任和肯定。美国《商业周刊》在一篇有关企业家的文章中说，"成功的企业家都具有能感染他人的强烈自信。"有了这种强烈的情感，就能够克服重重困难，朝着自己所选择的目标坚定地走下去，也才能够深深感染其他人，给周围的人以勇气和决心，从而创造团结和谐、朝气蓬勃的企业氛围。只有信心百倍，我们才能跃出竞争的水面，找到属于自己的事业大地，为成功奠定基础。

回顾创新活动的历史，任何一项有成就的创新活动，无一不是克服了重重困难才取得的。所以，充分的自信和坚忍不拔的意志，是事业取得成功的重要基础。生活在机遇和挑战并存的今天，要有所作为、有所建树，坚定的自信心和顽强的意志更是不可或缺的重要品质。

（一）克服自卑，坚定信心，不断进取

居里夫人曾说："生活对于任何一个人都非易事，我们必须要有坚忍不拔的精神；最要紧的，还是我们自己要有信心。我们必须相信，我们对一件事情具有天赋的才能，并且，无论付出任何代价，都要把这件事情完成。当事情结束的时候，你要能够问心无愧地

说我已经尽我所能了。"一个人不但充满自信,而且能够不懈努力,那么他就能成为他希望成为的人。

我们要树立自信心,更重要的是挣脱自卑的桎梏。自卑是许多人会产生的一种心理状态。它的成因很复杂,有的是由于生理和智力的缺陷;有的是家庭教养不当或缺少家庭温暖;有的是由于过去的挫折和失败遗留下来的心灵创伤;也有的是由于脾气古怪,经常受人嘲笑;还有的是自我期待过高,遭到失败后一蹶不振、自暴自弃……但大部分人是由于"害怕失败"和"缺乏信心"所致。

自卑是创新的大敌,因为创新需在精神不受压抑的状态下才能产生,而自卑感却给人带来沉闷、紧张、焦虑和不安等一系列消极情绪,容易使思维处于一种抑制状态,产生一种"我什么都干不好"的心态。

拓展阅读 小张的经验

小张是一家啤酒厂的青年工人,学历不高。在现在强调学历的社会里,他的自卑感就可想而知了,他总认为自己不是搞发明创新的"材料"。

后来,他发现一些和他一同进厂、与他差不多的同事在参加了"小发明创新活动"后,提出了不少创新发明的设想,受到了厂领导的器重和奖励,这使小张受到了触动:别人行,为什么我不行?于是,他也开始参加小发明创新活动。几次试验下来,他对创新的神秘感渐渐消失了,自信心也随之增强。

人,一旦有了自信心,脑瓜子就会觉得好使起来。一天,他在参观一家机械厂时,忽然有所触动:假如把机械自动装置应用于啤酒生产线,那么生产的效率就会成倍提高。回厂后他经过艰苦试验,果然成功了。于是啤酒自动生产线就诞生了,填补了该行业的一项空白,获得了全国"五小"创新发明一等奖。

以此为发端,他在老师傅们的辅导下,利用工余时间进行创新发明活动,获得了一系列成果。

【小提示】成功,使得这位原先有强烈自卑感的青年变得信心十足,创新能力倍增。要有创新意识,首先得克服自卑感。

看来,自卑感是束缚人们发挥创新力的桎梏。自卑者,"口将言而嗫嚅,足将行而趑趄",聪明才智就像被冰封了一样,难以开发利用。自卑感是一种消极的自我暗示,在不知不觉的氛围中影响着你。比较明显的例子就是学习上遭受挫折的人,总认为自己先天素质差,连功课都学不好,还谈得上什么创新。他们首先关心的是:"我具有创新能力吗?""我能从哪些方面进行创新?"这种自卑心理使他们一开始就失去了锐气,一遇到困难就自我否定,从而泯灭了才气,使潜力得不到应有的发挥。许多科学家都深有感触地认为自卑感是吞噬聪明才智的恶魔。

为此,心理学家曾进行过一项前后持续了半个世纪的调查研究,结果表明:早年智力超常并不能保证成年后一定卓有建树;一个人的能力大小同儿童期的智力高低关系不大;伟人并不都是那些从小十分聪明的人,而是那些长年累月锲而不舍、精益求精的人。有学者在调查研究后总结:每个男人、女人和孩子都是一个潜在的发明家,他们中90%的

职业素养

人都曾想过要发明某种东西，可惜的是，大部分人的热情只能维持一个星期左右。许多人之所以不能让智慧之花结出创新之果，不是因为能力不够，是自我熄灭了创新之火的缘故。

叶剑英元帅说过："攻城不怕坚，攻书莫畏难。科学有险阻，苦战能过关。"青年学生要相信自己，因为自信心是照亮创新之途的火炬。青年学生应把"不可能"一词从自己的词典中彻底抹去，要坚信自信的巨大能量，定能融化封锁创新才能的坚冰，一旦找到创新的突破口，创新的潜力就会喷薄而出。

（二）坚定意志，克服困难，勇于创新

有的人老是抱怨命运不好、机会不公，其实即使是厄运，它也有两重性。一方面，它可以折磨人，使人处在一种难受、屈辱的境地；另一方面，它又可以锻炼人，能够磨炼人的意志。

著名作家雨果曾把厄运比作"试验杯"，他说："可喜可怕的考验，通过它，意志薄弱的人能够变得卑鄙无耻，意志坚强的人能够转为卓越非凡。"每当命运需要一个坏蛋或者一个英雄的时候，它便把一个人丢在这个试验杯里。因此，我们对命运应该有一个正确的理解，人的一生不可能没有坎坷，创新活动也不可能一帆风顺。只要我们意志坚强，就一定能够克服困难，朝着一个目标坚定不移地走下去，直至取得最后胜利。

"有志者事竟成"，这句箴言对于创新来说也是十分贴切的。意志是创新成功的先决条件，对创新有着重要激励与指向作用。凡是成就突出的科学家、艺术家都有着远大志向。爱迪生说："我的人生哲学就是工作，我要解开大自然的奥秘，并以此为人类造福。"

远大的志向固然重要，但空有志向而无踏实肯干的行动，也将一事无成。所谓"一日曝十日寒"，所谓"无志之人常立志"，都是缺乏坚定意志的表现。创新要成功，必须把意志和行动结合起来，脚踏实地。古今中外，凡成功人士无一不是如此。孙思邈，青年时期立志从医，他刻苦钻研，克服种种困难，最后成为一代宗师。他撰写的《千金要方》为我国医学事业做出了重大贡献。京张铁路是中国人自己修建的第一条铁路，詹天佑以惊人的毅力和卓越的才华，战胜罕见困难，终于提前两年全线通车，使洋人"建筑南口关以北铁路的中国工程师还没出生"的狂言不攻自破，大长了中国人

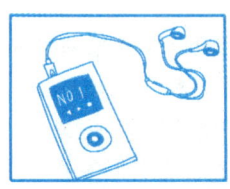

的志气。

意志作为创新的条件之一，在于意志的自觉性。正确认识，并能够自觉支配自己的行为，以期达到预期目标。农民科学家吴吉昌在身陷逆境、惨遭凌辱的困难条件下，始终清醒地认识到棉花改进品种是可行的，痴心不改，壮志依旧，终于取得成功。创新者的意志自觉性，有助于树立明确的创新目标，把注意力集中在创新目标上，充分发挥自己的创新性思维与想象，从而提高创新效能。

意志作为创新的条件之二，便是意志的果断性。意志的果断性是指一个人善于明辨是非，当机立断做出决定，并且执行决定。果断性不是盲动，不是蛮干，而是以正确认识和勇敢行动为特征的。在创新的各阶段，要很好地把握各个关键时刻，杜绝轻举妄动。同时，也千万不要犹豫不决，所谓"当断不断，必受其乱"，讲的就是这个道理。

意志作为创新成功的先决心理条件，还表现为意志的顽强性，即人在执行决定过程中，坚持不懈，不达目的誓不罢休。意志顽强性是进行创新最重要的意志品质，恒心和毅力是其密不可分的两个构成因素。马克思写《资本论》用了40年，摩尔根写《古代社会》耗时也是40年，达尔文写《物种起源》花费15年，李时珍编写《本草纲目》则达27年。居里夫妇为了从数吨铀矿渣中提炼出纯镭，数年如一日地艰辛工作着，全然不顾条件之艰苦、恶劣。他们的行为都可以给我们很大的启示。

二、培养创新能力

创新能力是创新素质的核心。研究创新素质的目的在于开发人的创新能力。为了更好地开发创新能力，就必须对创新能力及其形成机制有所了解。由于创新一词概念的复杂性，目前还难以给创新能力下一个准确的定义。简单地说，可以把创新能力理解为在创新活动中人所体现出来的总体活动能力。具体地说，创新能力就是人在提出新思想、研制新产品、开拓新市场、制定新战略、开发新技术、推出新产品等创新活动中所体现出来的创新素质水平，或者说，创新能力是创新素质水平的具体体现。培养创新能力有以下几种途径。

1. 增加知识储备

创新并非凭空设想，要有科学的根据和坚实的知识基础。科学创新的基础在于知识储备。知之甚少无法创新，唯有知识渊博，才能为创新提供一个比较宽厚的基础。知识薄弱，前人的创新尚且不知，未来的创新便是雾里看花。创新是对前人经验的创新性继承，是对于未来发展的链条式推动。创新不是孤单单的一棵独木，它是苍茫大地中的一片森林、一川流水、一脉山峦。唯有根基雄厚、连绵不绝、新陈代谢、循环往复，才能显示旺盛的精神和宏伟的气魄。创新能力所需要的正是这种精神和气魄，富于这种精神和气魄的强大机体就是知识储备。知识储备是培养创新能力的知识基础。

 《观书有感》

在南宋大理学家朱熹的五夫紫阳故居前有一荷塘，相传那首著名的《观书有感》就是他在池边苦读时，触动灵感，信手写就的：

半亩方塘一鉴开，天光云影共徘徊。
问渠哪得清如许，为有源头活水来。

这是一首借景喻理的名诗。全诗以荷塘作比，形象地表达了一种微妙难言的读书感受。荷塘并不是一泓死水，而是常有活水注入，因此像明镜一样，清澈见底，映照着天光云影。这种情景，同一个人在读书中弄懂问题、获得新知而大有收益、提高认识时的情形颇为相似。这首诗所表现了读书有悟、有得时的那种灵气流动、思路明畅、精神清新活泼而自得自在的境界。诗中所表达的这种感受虽然仅就读书而言，却寓意深刻，内涵丰富，可以做广泛的理解。特别是"问渠哪得清如许，为有源头活水来"两句，借水之清澈，暗喻人要心灵澄明，就得认真读书，时时补充新知。因此，人们常用这两句诗来比喻不断学习新知识，才能达到新境界。

小提示：我们也可以从这首诗中得到启发，只有不断学习、不断创新，方能才思不断，新水长流。

2. 培养创新思维

创新思维就是一种突破常规定型模式和超越传统理论框架，把思路指向新的领域和新的客体的思维方式。不迷信原有的传统观念和经典信条，对既定事物进行批判性的思考，创新思维体现的是一种叛逆精神。这种思维在一般人看来是不合情理甚至是荒谬的，但正是因为采取了这种思维，创造者才得以摆脱传统观念和习惯势力的桎梏，向着崭新的成果跃进，创造出新的观念和理论，导致革命的出现，实现新旧理论的更替。

可以说，科学史上的每一次飞跃都是创新思维的结果。或推翻原有的荒谬学说和过时理论，或突破原有理论限制把科学引向新的领域。

马克思喜欢以"怀疑一切"作为自己的座右铭，人类所创造的一切，他都用批判的眼光加以审视，人类思想所建树的一切，他都做过重新探讨。正是在这种批判的审视、探索中，他完成了光芒四射的两大发现：剩余价值学说和辩证唯物史观。

创新思维是一种非常奇特而又绝妙的技巧，往往能出奇制胜，最终达到创新的目的。培养创新思维是培养创新能力的思维基础。

3. 克服心理障碍

在时间和实践面前，任何犹豫彷徨、缺乏主见和背负沉重的包袱，都会有落伍的危险。定式思维，有它积极的意义和作用，但是定式思维的极端会导致思想僵化。因此，应努力克服这些影响创新思维的心理障碍，这是培养创新能力的心理基础。

 拓展阅读 从"我不行"到"我能行"

吴菲是一位大四的学生。暑假前夕，有一家美国机构的中国区总裁，到她所在的学校做了一场大型讲座。讲座十分出色，激发了她许多想法。她一边听讲座一边根据感受写了一篇文章，讲座结束时，她突然有一个冲动：把自己写的文章送给那位老总看看。

这个念头一出现，她立刻又犹豫了："我行吗？不会丢脸吧？"

但转念又一想："丢脸就丢脸吧，反正以后可能再也见不到他了！"于是在众人的"围困"之中，她把这篇文章交给了老总。没想到，两天之后，她突然接到了这位老总打来的电话，告诉她这篇文章写得很好，希望她写出更多这样的好文章。

不久，她开始实习了。她突然又有了一个想法：去北京实习，将来到那里发展！可在北京，她没有熟人，唯一认识的就是这位老总，于是想，能不能找找他？这时，她又一次有了畏惧的念头，那个"我不行"的想法，又像蛇一样地在她心中抬头了。但是她还是一咬牙，向这位老总表达了自己的愿望，并希望他帮忙联系一家新闻出版单位。

没想到，这位日理万机的老总，对她这种主动精神十分欣赏，很快帮她联系到一家著名的报社，并鼓励她发挥特长，走向成功。

不到两个月的实习，她便发了好几篇有分量的文章。在实习表上，报社给了她非常好的鉴定意见。毕业时，这份鉴定和她发表的文章，对她的应聘起到了很积极的作用，北京一家出版社很快录用了她。

吴菲在讲述这段经历的时候非常感慨：当初开口请这位老总帮忙，是经过很多次心理斗争的。一方面想到这位老总是位"大人物"，怎么可能给一个刚刚认识的学生帮忙？于是便打起了退堂鼓。另一方面，她又想：不试试怎么能知道？最终，勇气还是战胜了胆怯。没想到，事情一下就成了。她说："幸亏自己没有被当初的念头束缚。否则，即使是这样的一个梦，也难以实现了。"

小提示：吴菲的成功就在于她克服了"我不行"的心理障碍，把"我不行"变成"我能行"。

4. 善于提出问题

爱因斯坦在回答他为什么能够做出创新时说："我没有什么特别的才能，不过喜欢寻根问底地探究问题罢了。"由于知识的继承性，人们大脑里会形成一个比较固定的概念，而当某一经验与这个概念发生冲突时，惊奇开始发生，问题开始出现。此时，如果这种"惊奇"及由此产生的问题反作用于思维世界，那么便会产生摆脱惊奇、消除疑问的渴望，这就是创新的渴望。惊奇摆脱了，思维世界向前迈进了一步，于是创新的花朵开放了。另外，思考问题还应注意适当有所偏向，即思路稍加扭转，换一个角度看问题，问题很可能就会迎刃而解。这是培养创新能力的方法基础。

拓展阅读　戴震治学

戴震是清朝著名的训诂学家，从小读书就爱动脑筋。在学习时，他严格要求自己，不仅要领会书中的要旨，并且还进行独立思考。

一次在课堂上，老师给大家讲授《大学》中的章句，当先生讲到孔夫子的言行时，先生照本宣科地念。戴震便问："先生，我们怎么知道这是孔子的话呢？而且又怎么知道是由他的学生记录下来的？"

先生回答说:"这是大理学家朱熹说的呀?"

"朱熹是什么时代的人呢?"戴震又问。

"南宋人。"

"孔子又是什么时代的人呢?"戴震又问。

"春秋时期鲁国。"

"鲁国和南宋相隔多少年?"戴震又继续问。

先生掐指一算说:"一千多年吧。"

"二人生活的年代相隔得那么远,那朱熹又根据什么做出那样的判断呢?"戴震又问。

老师被他问得张口结舌,但连声赞叹道:"戴震真是一个了不起的孩子啊!"

【小提示】戴震在一生的治学过程中,就爱这样刨根问底,最终成为中国思想史上具有重大影响的一代宗师,使中国的训诂学达到了登峰造极的境界。大师的治学精神对今天的人们也是颇有教益的。

对每个人来说,要想有所创新,就必须学习和掌握前人的知识和经验。然而,在创新的过程中,如果一味相信现有的都是正确的,就只能是在原地踏步。善于提出问题就是要能够在习以为常的事物中发现不寻常的东西,在"大家都这么认为"的问题上提出自己独到的看法。

三、发挥自己的创新优势

一个人要想成功,就必须了解自己的优势,分析并总结自己的优势,科学合理地整合自己的优势,利用这些优势激发自己的最大潜能,让自己的优势转化为成功的能量。

优势,是指个人在某个方面具有突出的知识和才能,一般包括:与工作有关的专业优势;一般优势,如语言表达、人际关系、组织管理等;业务爱好方面的优势,如某种体育运动项目及摄影、绘画、书法、歌舞等。美国哈佛大学心理学家加德纳认为:一个人的智能是以组合的方式构成的,每个人都是具有多种能力的组合体,人的智能是多元的,除了言语(语言智能)、逻辑(数理智能)两种基本智能以外,还有视觉(空间智能)、音乐(节奏智能)、身体(运动智能)、自知(自省智能)等。因此,一个人的优势能直接影响其职业活动的效率,从事能够发挥优势的职业,是职场中与他人竞争的优势,也是获得职业成功的驱动力和能够创新的必要条件。

实践证明,很多成就卓著的成功人士,首先得益于他们充分了解自己的优势,然后根据自己的优势来进行定位或重新定位。例如,爱因斯坦的思考方式偏向直觉,所以他就没有选择数学而是选择了更需要直觉的理论物理作为事业的主攻方向。这样定位的结果造就了世界级的物理学大师。

 胡适的选择

大思想家、哲学家、文学家胡适早年考取官费出国留学。他最初选择的是农学,因家道破落,他的哥哥期望他学以致用,能够帮助复兴家业。

两年后,他终于发现他的志趣和能力并不在农学上,于是决定转系。他反复问自己:我的兴趣在什么地方?与我性情相近的是什么?我能做什么?按照这个标准,他就转到了文学院。在文学院以哲学为主,以文学、政治、经济学为辅。在这个领域,胡适如鱼得水,终于成为我国现代大哲学家、白话文的开创者。

后来胡适在对大学生的演讲中说:"现在的青年太倾向于现实了。不凭性之所近,力之所能去选课。譬如一位有作诗天赋的人,不进中文系学作诗,而偏要去医学院学外科,那么文学院便失去了一个一流的诗人,而国内却增添了一个三四流甚至五流的饭桶外科医生,这是国家的损失,也是你们自己的损失。"

做自己喜欢做的事情,做自己感兴趣的、擅长的事情,才能扬长避短,最大限度地发挥自己的才能。

那么,怎样寻找自己的创新优势呢?一般而言,每个人的优势主要从以下四方面加以认识。

(一)自己曾经学习了什么

在学校读书期间,自己从专业的学习中获取了哪些收益;社会实践活动提升了哪方面的知识和能力。在就读期间应注意学习的方法,善于学习,同时还要勤于归纳、总结,把单纯的知识真正内化为自己的智慧,为自己多准备一些可持续发展的资源。自己所学的知识、技能就是自己的优势,这种优势很可能就是你创新的起点和基础。

(二)自己曾经做过什么

在上学期间,自己曾担任过的学生会职务、参加社会实践活动取得的成绩及工作经验的积累等。为了使自己的经历更加丰富和突出,在进行实践时应尽量选择与职业目标一致的活动项目或工作,进行坚持不懈的努力,这样才会使自己的经历更具有说服力,更能对日后的工作起到积极的作用。

(三)自己最成功的是什么

在自己做过的诸多事情中,哪些事情是最成功的,是通过何种方式取得成功的?通过对成功细节的分析,可以更多地发现自己的优势。以此作为个人深层次挖掘的动力之源和魅力闪光点,增加自己的择业和从业信心。

(四)正确地评价自己

正确地评价自己是一道难题。古希腊哲学家苏格拉底曾提出一个著名的命题:"认识你自己。"他认为,人之所以能够认识自己,在于其理性,认识自己的目的在于认识最高真理,达到灵魂上的至善。"认识你自己"还被刻在古希腊阿波罗神殿的石柱上,与之相对的石柱上刻着另一句箴言"毋过",这两句名言作为象征最高智慧的"阿波罗神谕",告诫着人们应该有自知之明,不要做超出自己能力范围之外的事情。在我国,老子说过"知人者智,自知者明",大军事家的孙子则有"知己知彼,百战不殆"的名言传世。可以说,从古到今,人们对于自我的认识始终处于无尽的探索之中。

正确地评价自己可以从以下四个方面进行。

1. 通过与别人的横向比较认识自己

有比较才有鉴别,在个人自然条件、社会条件、处世方法等方面与周围的人进行比较,找准自己的位置。这种比较虽然常带有主观色彩,却是认识自己的常用方法。不过,在比较时,要寻找环境和心理条件相近的人,这样才较符合自己的实际水平和自己在群体中的位置,这样的比较才有意义。

2. 通过纵向的生活经历了解自己

成功和挫折最能反映个人性格或能力上的特点,通过自己成功或失败的经验教训来发现个人的特点,在自我反思和自我检查中重新认识自我,认识自己的长处和短处。如果你不能肯定自己是否具有某方面的性格、才能和优势,不妨寻找机会表现一番,从中得到验证。

3. 从别人的评价中认识自己

人人都会通过别人对自己的评价来认识自己,而且在乎别人怎样看待自己、怎样评价自己。当然他人评价比自己的主观认识具有更大的客观性,如果自我评价与周围人的评价有较大的相似性,则表明你的自我认识能力较好、较成熟;如果周围人的评价与自我评价相差过大,则表明你在自我认知上有偏差,需要调整。然而,对待别人的评价,也要有认知上的完整性,不可因自己的心理需要而只注意某一方面的评价,应全面听取、综合分析,恰如其分地对自己做出评价和调节。

4. 利用MBTI认识自己

MBTI(Myers & Briggs Type Indicator,迈尔斯和布里格斯的类型指引)是一种性格测试工具,以瑞士著名心理学家卡尔·荣格的心理类型理论为基础,后经Katharine Cook Briggs与女儿Isabel Briggs Myers的研究与发展,将该理论演变为一个工具。目前,MBTI已成为世界上应用最广泛的识别人与人差异的测评工具之一。MBTI主要用于了解受测者的个人特点、潜在特质、待人处事风格、职业适应性及发展前景等,从而提供合理的工作建议及人际决策建议。当然,MBTI也会为找出个体的创新优势提供科学依据。

素养训练营

拓展活动一:寻找你的创新优势

活动目标:结合自身专业,分析自己的创新优势,明白自己的不足,有针对性地培养自己的创新能力,为日后求职和职业发展做准备。

活动内容:

1. 结合自身实际,根据本单元所学知识,总结自己的创新优势。
2. 联系个人所学专业或所从事的职业,谈一谈怎样培养个人的创新素质。
3. 联系自己的学习、工作的实际,谈一谈你对某个问题的解决办法或某项工作的创新设想。

实施方法：班会或小组讨论。

活动场所：实训室或者教室。

成果展示方式：最终形成书面的文本材料或者PPT材料并适时加以展示。

拓展活动二：大学生校园活动创意设计大赛

活动目标：激发创新思维，提高活动策划能力，培养创新能力，积极争当校园主人。

活动内容：参赛者以个人或小组（限三人以下）为单位，提出一个既具有实际意义，又具有高度趣味性，并具有一定组织可行性的活动策划书。策划内容可从以下参赛项目中任选一项进行：加强校园安全类；丰富校园文化类；宣传校园文明礼仪类；校内文体类；学院专科类；其他项目。策划书着重介绍活动组织的操作流程，并阐述活动的意义。策划书中的设计方案可采取校内宣传、名人讲座、相关知识展览、知识竞赛等多种多样的方式。

活动流程：前期宣传和报名；策划书上报；初赛、复赛；公布比赛结果，颁发证书及奖品。

 知识吧台

创新小知识

一、创新意识的培养方法

现代心理学家认为，以下15条方法有助于创新意识的培养。

（1）多了解一些名家发明创造的过程，从中学习如何灵活地运用知识以进行创新。

（2）破除对名人的神秘感和对权威的敬畏，克服自卑感。

（3）不要强制人们只接受一个模式，这不利于培养发散性思维。

（4）要能容忍不同观念的存在，容忍新旧观念之间的差异。相互之间有比较，才会有鉴别、有取舍、有发展。

（5）应具有广泛的兴趣、爱好，这是创新的基础。

（6）增强对周围事物的敏感，训练挑毛病、找缺陷的能力。

（7）消除埋怨情绪，鼓励积极进取的批判性和建设性的意见。

（8）表扬为追求科学真理不避险阻、不怕挫折的冒险求索精神。

（9）奖励各种新颖、独特的创造性行为和成果。

（10）经常做分析、演绎、综合、归纳、放大、缩小、联结、分类、颠倒、重组和反比等练习，使知识融会贯通。

（11）培养对创造性成果和创造性思维的识别能力。

（12）培养以事实为根据的客观性思维方法。

（13）培养开朗态度，敢于表明见解，乐于接受真理，勇于摒弃错误。

（14）不要讥笑看起来似乎荒谬怪诞的观点，这种观点往往是创造性思维的导火线。

（15）鼓励大胆尝试，勇于实践，不怕失败，认真总结经验。

二、创新型人才的评价标准

（1）创新型人才往往在创新活动中具有超常的绩效。

创新是一个相对性概念，创新型人才同样具有相对性。所谓超常绩效，是指不仅相对于一般专业人员具有超常的创新绩效，而且相对于有一定创新成果的人同样具有超常的绩效。实践是检验真理的标准，创新实践绩效是检验创新型人才的第一参量。实践是理论的试金石，也是创新能力的试金石。

（2）创新型人才往往将创新作为实现个人价值的主要途径。既然创新活动是一种有计划、有目的、有理性的活动，是思维建制与实践的过程，这就意味着创新主体的心理动机和处世态度在一定意义上决定了其行动，而态度和动机往往是受到价值观和人生观所支配的。根据马斯洛的需求层次理论，实现个人价值是其中一个非常重要的需求层面。因此，将创新作为实现个人价值的主要途径的价值观和人生观的人就相当于有了创新思维的内驱力。

（3）创新型人才往往针对同一个事物能够从不同于他人的角度去观察。

创新的必要条件是变异对象，创新人才同一般专业人才的区别是具有较强的创新意识，只有从新的角度观察事物，才能发现新的问题，找到解决问题的新思路。

（4）创新型人才往往针对同一事物能够在看似无问题时提出问题。

能够看出一般专业人才看不出的问题才能解决问题，获得创新成果。因为发现问题在一定意义上是创新活动过程的开端。

（5）创新型人才往往针对同一问题能够在常人未想之时提出设想。

创新实践中，很多问题往往不是别人想不到而是尚未想到解决方法。判断创新成果的三个标准之一是新颖性，快人半拍、先人一步正是创新成功的要诀所在。

（6）创新型人才往往具有对新事物的好奇和对环境变化的敏感性。

对事物的好奇才能引起主体对事物的观察，对环境变化的敏感才能引起主体对现存事物适应性的思考。没有对事物的观察和思考就不会有创新问题和创新行动，更不会有创新成果的产生。

（7）创新型人才一般都善于求异思维，具有丰富的想象力。

求异思维是变异思考的条件，变异思考是创新的必要条件，而丰富的想象力则是求异思维的来源。

（8）创新型人才一般都比较善于联想和类比。

英国近代著名经验哲学家F.培根有句名言：类比联想支配发明。联想使人能够在不相干的事物之间寻找联系，类比使人能够从广阔的空间之中获得创新思路和方法的借鉴。

（9）创新型人才一般都非常尊重科学规律，但绝不墨守成规。

创新不是无源之水，也不是无本之木。一方面创新总是有基础或前提条件，另一方面创新必须遵循相应的科学规律，离开或违背科学规律的创新是注定要失败的。但是科学规律同样有其特定的条件，变化了的条件正是科学理论创新的时机。墨守成规不仅会使人丧失创新动机，还会使人的创新思路枯竭。

（10）创新型人才一般都富有挑战精神和坚强的毅力。

创新本身就意味着向某种存在挑战，探索意味着风险和困难，挑战精神是人们创新勇气的源泉，坚强的毅力是通向创新成功彼岸的心理品质条件。

在这10个参量之中，第一个参量的权重最高，是创新型人才评价的充分条件，在评价创新型人才中具有一票否决的效力。2～5项是创新型人才评价的必要条件，虽然具备了这4项特质的人不一定就是创新活动的成功者，但缺少了这些特质就很难获得创新成功。后5个参量表征的是创新型人才所具有的创新能力高低的量度，它们虽然不是创新型人才评价的充要条件，却是必要保证。这10个参量之间的关系是一种相容性、相互支持的关系，因此只有从这10个方面进行系统评价才能得到相对科学、合理的结论。

三、创新的驱动力

对生活最有持续作用的动力来自自己对未来的追求和远大的理想。这样，我们就有目标、有动力、有毅力去克服生活中的各种障碍。那么，怎样认识自己的理想呢？

（1）分析自己最擅长的事情是什么。

（2）找出自己最感兴趣的事情是什么。

（3）分析自己想成为一个什么样的人。

（4）问问自己最不想成为什么样的人。

（5）回想自己最得意的事情是什么。

（6）分析阻碍自己进步的最大障碍是什么。

（7）分析自己的最大优势是什么。

（8）分析自己可以在哪些方面有改善的必要和可能性。

对以上问题进行详细回答之后，你大致可以找到自己的优势、劣势及可能的理想，对自己有了进一步的认识，这样你就可以在学习中更加有目标，动力更加充足，毅力更加坚强。

素养光荣榜

1. 国之利器——京东方的创新故事。

2. 港珠澳大桥——超级工程背后的创新故事。

附录 A　职业素养测试题（A 卷）

一、名词解释（每题 4 分，共计 20 分）

1. 职业素养
2. 敬业
3. 沟通
4. 协作
5. 创新

二、判断题（每题 2 分，共 16 分）

1. 只有惩罚才能激发员工的积极性。
2. 工作能力可以在工作中逐渐培养。
3. 人生信仰是在人的社会实践中逐步形成的，是人的世界观的根本体现和反映。
4. 机遇是有时间限制的，时间过后，就再也得不到。
5. 能力胜于忠诚。
6. 高薪是企业留住人才的唯一条件。
7. 人才重在使用。
8. 机遇是客观存在的一种事物。

三、简答题（每题 6 分，共 30 分）

1. 善于抓住机遇的人应具有哪些基本素质？
2. 如果你是一名员工，怎样做到对企业的忠诚？
3. 你是如何理解职业技能和职业基本素养的关系？
4. 如何在今后工作中寻找自己的创新优势？
5. 语言交流时应注意什么或者最忌讳什么？

四、材料分析题（第一题、第二题每题 10 分，第三题 14 分，共 34 分）

1. 大雁有一种合作的本能，它们飞行时都呈 V 形。大雁飞行时定期变换领导者，因为为首的大雁在前面开路，能够帮助它两边的大雁形成局部的真空。科学家发现，大雁以这种形式飞行，要比单独飞行多出 12% 的距离。谈谈大雁飞行对你的启示。

职业素养

2. 一个公司有四个车间，通过很多方法提高劳动生产率。当劳动生产率提高到一个临界点，再提高就非常困难。如何提高劳动生产率呢？有人提出了一个主意，即分析这四个车间的员工构成并做了相应调整。第一个车间都是男工，加了几个女工进去，效率提高了。第二个车间都是青年人，加了几个中老年人进去，老成持重，效率提高了。第三个车间都是中老年人，加了几个年轻人进去，有新鲜活力，效率提高了。第四个车间有老少、有男女，分析发现，这个车间都是本地人，加几个外地人进去，都拼命地干，效率提高了。还是这么多人，就是把人员结构变换一下，效率提高了。

上面案例对你有什么启示？

3. 一个留学生在日本东京一家餐馆打工，老板要求洗盆子时要刷6遍。一开始他还能按照要求去做，刷着刷着，发现少刷一遍也挺干净，于是只刷5遍；后来，发现再少刷一遍还是挺干净，于是又减少了一遍，只刷4遍。同时暗中留意另一个打工的日本人，发现他还是老老实实地刷6遍，速度自然要比自己慢许多，出于"好心"，他悄悄地告诉那个日本人说："可以少刷一遍，看不出来的。"谁知那个日本人一听，竟惊讶地说："规定要刷6遍，就该刷6遍，怎么能少刷一遍呢？"

如果你是老板，你希望雇用哪种态度的员工？在工作中应如何培养敬业精神？

附录 B 职业素养测试题（B 卷）

一、名词解释（每题 4 分，计 20 分）
1. 职业素养
2. 学习
3. 主动
4. 团队
5. 自控

二、判断题（每题 3 分，共 15 分）
1. 模仿能力在未来的职场竞争中就是核心竞争力。
2. 诚实是一种强烈的情感，是对自己的充分信任和肯定。
3. 职业道德具有较强的社会性。
4. 人生最宝贵的东西是金钱。
5. 职业基本素养是职场人生的基石。

三、选择（多选）（每题 1 分，共 5 分，多选或少选都不得分）
1. 为了在职场中与同事的关系融洽，你认为在与同事交往中应该把握（　　）基本要素。
   A. 主动　　　　　B. 谦让　　　　　C. 严肃　　　　　D. 注意细节
2. 只有坚持到最后的人，才是成功的人。你认为学会坚持应该从（　　）做起。
   A. 勤奋不辍　　　B. 永不放弃　　　C. 耐得住寂寞　　D. 经得住挫折
3. 良好的职业生涯设计具备的特性是（　　）。
   A. 可行性　　　　B. 适时性　　　　C. 适应性　　　　D. 持续性
4. 衡量一个人是否具有创新能力的基本要素是（　　）。
   A. 有思想　　　　B. 有信心　　　　C. 有意志　　　　D. 有自尊
5. 个人简历，按表达的内容，可分为（　　）。
   A. 时序式　　　　B. 功能式　　　　C. 表格式　　　　D. 创造式

四、简述题（每题 4 分，共 20 分）
1. 作为一名大学，如何理解敬业精神？
2. 你如何看待大学生"跳槽"现象，打算今后如何成为一名务实的员工？
3. 在今后工作中，如何练就自己的表达能力？
4. 什么是协作？如何理解职场中的团队协作？
5. 在大学学习期间，如何提高自控能力？

五、论述题（每题10分，共20分）

1. 结合书中成功方程式的启示，谈谈学会学习的重要性。

2. 有人说诚信胜于能力，有人说诚信胜于金山……请你结合个人对现实社会的观察，谈谈对"诚信"的理解。

六、材料分析题（共20分）

老刘，从前是一家国企的高级工程师，是厂里培养的"土"专家：先送他读研，又出国培训，后来提拔他当设计室主任，掌握了企业的核心技术。为此，单位和他签订了无固定期劳动合同及专业技术人员保密协议，给他的待遇在国企算是很拔尖了。

一开始，他也很知足，曾信誓旦旦地在大会上表态："工厂就是我的家"。但过了两年，他无意中接触到竞争对手——一家私营企业的老板，这位老板亲自陪他到高级娱乐场所消费，花花世界的诱惑，打开他心中的另一扇窗。他动摇了，和对方暗送秋波，竟发展到出卖企业机密。事情败露后，又和企业翻了脸，跳槽到竞争对手的麾下。这样一来，名声臭了，连他的岳母背地里都骂他没良心。

谁知知识更新的速度一日千里，几年以后，这家私营企业榨干了他的油水，变了脸。因为一件小事，老板的儿子阴着脸讽刺他说："天知道，这些年你会不会像过去一样，明修栈道，暗度陈仓？"这刺激的话让他如梦方醒，但晚了，因为他的失信行为，在同行中早没有了后路，他得了严重的抑郁症。私营企业老板索性借辞退了他，他也变成一个废人。他岳母痛苦地对他说："看看，一报还一报。"

问题：你认为什么是诚信？看到以上材料后你有何感想？

参考文献

[1] 刘兰明.高等职业教育院校研究新论［M］.北京：高等教育出版社，2009.
[2] 刘兰明，等著.职业基本素养［M］.北京：高等教育出版社，2009.
[3] 周文.职场中你应该做的你不该做的［M］.北京：中国言实出版社，2008.
[4] 严正.成功心态成就一流员工的职业素养［M］.北京：机械工业出版社，2007.
[5] 孟森.真正职业化的员工：与公司同呼吸（选载）.北京：清华大学出版社，新浪读书.
[6] 阿尔伯特·哈伯德.自动自发：关于敬业、诚信的最完美读本（选载）.北京：机械工业出版社，2006.
[7] 杨丽敏.现代职业礼仪［M］.北京：高等教育出版社，2007.
[8] 朱增蕴.夯实人格塑造的基石（诚信篇）［M］.北京：化学工业出版社，2008.
[9] 杨建刚、何伟.敬业精神——优秀员工的职业基准［M］.北京：中华工商联合出版社，2007.
[10] 李金水.忠诚敬业没借口［M］.北京：海潮出版社，2007.
[11] 哈罗德.勤奋敬业.北京：群言出版社，2004.
[12] 王宇.完善自己.www.du8.com,2013.
[13] 骆文炎等.高职生诚信状况调查及对策分析［J］.职业技术教育，2004（20）.
[14] 徐义华.人文素养教程［M］.武汉：华中科技大学出版社，2007.
[15] 龚晓路.员工职业素养培训［M］.武汉：中国发展出版社，2005.
[16] 高宜远.赢得机会［M］.北京：中国档案出版社，2005.
[17] 何山.工作需要好人品［M］.北京：中国长安出版社，2005.
[18] 刘德良.职业品牌［M］.北京：机械工业出版社，2008.
[19] 冷洋.做雷锋式的员工［M］.北京：中国经济出版社，2008.
[20] 文柯.每天成功一点点［M］.北京：蓝天出版社，2008.
[21] 王剑、王政.悟透底牌［M］.北京：现代出版社，2007.
[22] 张路中.职场新人最重要的90天［M］.北京：中国时代经济出版社，2008.
[23] 吴成林.职场情商［M］.北京：新华出版社，2006.
[24] 张国宏.职业素质教程［M］.北京：经济管理出版社，2006.
[25] 伍秋林.大学生创业指导教程［M］.长沙：中南大学出版社，2008.
[26] 黄明涛.16节职业素质课［M］.长沙：中国致公出版社，2007.
[27] 雅瑟.小故事大道理全集［M］.长沙：海潮出版社，2007.
[28] 刘海飞.最成功的142个励志故事［M］.长沙：中国经济出版社，2007.
[29] 潘璋德，林增明.高职学生人文修养读本［M］.杭州：浙江大学出版社，2006.
[30] 劳动和社会保障部组织编写.职业道德［M］.北京：蓝天出版社，2001.
[31] 何流.创新能力自我训练［M］.北京：中国言实出版社，2006.
[32] 朱晓蓉.美国人的诚信.http://www.skycedu.com/ex/oblog/more.asp?name=朱晓蓉&id=1112.
[33] 米永仁.把握你自己：成功人生50讲［M］.北京：九州出版社，2006年.
[34] 王建国，谈振辉.研究型大学建设的思考与探索［M］.北京：清华大学出版社，2008.
[35] 诸葛亮对周瑜有效的"攻心战"，为何对司马懿失灵了，http://www.mie168.com/job/2005-01/167126.htm.
[36] 诚信与求职，湖南师范大学国家级精品课程教学网，http://www.hnsdjck.cn/2009/0416/46.html.